# 生物质高温气化技术原理

翟 明 郭 利 齐国利 邹 旬 张 玉 董 芃 著

科学出版社

北京

# 内 容 简 介

本书是一本系统论述生物质高温气化技术原理的专著,主要介绍在生物质高温气化过程中生物质热解及焦油高温裂解特性、生物质高温热解焦理化结构演化、生物质高温热解焦气化特性、生物质高温热解气化反应动力学,以及生物质高温气化装置优化设计等方面的研究成果,重点突出高温气化过程焦油含量变化及灰熔融带来的特殊影响。

本书内容丰富、新颖,可供固体燃料气化技术、生物质能源热转化利用等方面的研究人员与科技工作者阅读参考,也可作为高等院校相关专业的研究生参考书。

**图书在版编目(CIP)数据**

生物质高温气化技术原理/ 翟明等著. —北京:科学出版社,2025.6
ISBN 978-7-03-077188-9

Ⅰ.①生… Ⅱ.①翟… Ⅲ.①生物质–高温分解–气化 Ⅳ.①TK62

中国国家版本馆 CIP 数据核字(2023)第 242182 号

责任编辑:刘翠娜 吴春花 / 责任校对:王萌萌
责任印制:师艳茹 / 封面设计:无极书装

科学出版社 出版
北京东黄城根北街 16 号
邮政编码:100717
http://www.sciencep.com

涿州市般润文化传播有限公司印刷
科学出版社发行 各地新华书店经销
*
2025 年 6 月第 一 版 开本:787×1092 1/16
2025 年 6 月第一次印刷 印张:16 1/4
字数:373 000
**定价:130.00 元**
(如有印装质量问题,我社负责调换)

# 前　言

生物质作为绿色低碳可再生能源，是仅次于煤炭、石油、天然气的第四大能源。我国生物质能资源十分丰富，仅每年产生的各类农业废弃物就相当于 $3.08\times10^8$t 标准煤。生物质气化是清洁、高效、低成本利用生物质能源的有效方式，在分布式能源利用、生物质清洁供热等方面具有十分广阔的前景。然而，在生物质热解气化过程中生物质焦油和生物质灰会带来设备堵塞和结焦结渣等问题，严重影响设备的安全和稳定运行。因此，生物质气化技术的关键在于焦油和灰分的减量及处理，生物质高温气化技术对解决上述问题具有重要价值。

本书围绕生物质高温气化技术，主要介绍在生物质高温气化过程中生物质焦油裂解、热解焦理化结构演化，以及热解焦气化特性、气化反应动力学、气化装置优化设计等方面的理论知识和实验结果。全书共分 6 章。第 1 章为绪论，介绍生物质物料种类、生物质热化学转化技术、生物质热解和气化的研究现状及面临的挑战。第 2 章针对生物质热解及焦油高温裂解特性，介绍生物质热解实验系统设计及实验方法，展示生物质高温热解特性及焦油高温裂解特性，并给出生物质高温热解过程的热力学分析结果。第 3 章分别针对粉料生物质和成型生物质，详细介绍生物质高温热解焦的物理、化学结构及其演化过程。第 4 章介绍生物质高温热解焦在水蒸气和空气两种气化介质条件下的气化特性，详细介绍相关实验系统、实验方法和实验结果，并进一步展示相关气化模型和数值模拟结果。第 5 章则进一步从分子层面，深入介绍生物质高温热解气化过程中的反应动力学机理，着重介绍气化反应动力学从分子建模到阐明气化机制的全计算分析过程。第 6 章介绍生物质高温气化流程分析及气化装置的结构参数优化。

与本书内容相关的研究得到了国家自然科学基金面上项目(编号: 51976049)的资助。与作者一起工作的同事和学生，包括徐尧博士、王鑫雨博士等对研究工作的开展做出了重要的贡献。本书的出版得到科学出版社的支持。在完成修改稿过程中王弼晟、刘冠男等在公式与参考文献录入、图表绘制等诸多方面进行了协助。作者在此对他们表示衷心的感谢！

由于作者水平有限，书中难免存在不足之处，敬请读者批评指正。

作　者

2024 年 10 月

# 目　　录

# 第1章 绪 论

20 世纪以来，世界能源结构以化石燃料为主，随着社会的进步，人们不断开发及消耗化石能源，使得化石能源日益减少，并带来许多环境问题，人们开始意识到利用可再生能源和提高能源效率是减少化石能源消耗的有效措施[1-3]。而生物质能作为唯一可储存和运输的可再生能源，其利用不仅可以有效减少化石能源的消耗，还可以通过减少 $CO_2$ 等温室气体的排放来减轻温室效应，并在降低企业能源成本等方面发挥积极的作用[4,5]。生物质作为可再生能源，其在总能源构成中的比例正逐步上升[6]。生物质的资源化利用在减少温室气体排放、减轻环境污染方面，符合国家"十四五"规划中生物质能发展、温室气体减排和环境保护的目标，为实现"双碳"目标提供了有力支撑[7]。

## 1.1 生物质物料的主要特性

生物质主要包括农林废弃物、水生植物、油料植物、城市生活垃圾、工业废弃物和排泄物等[8,9]。其中，林业废弃物包含各种硬木和软木，农业废弃物包含稻壳、玉米秸秆、小麦秸秆、甘蔗渣和芒草等[10]。

从生物学角度来看，构成生物质的主要成分是纤维素、半纤维素、木质素和少量的其他提取物和灰分[11]，不同生物质的典型化学组成见表 1-1。木本类植物生长比较慢，具有密集的纤维结构，含有较高的木质素，而草本植物一般为一年生，纤维比较松散，相应木质素的含量比较低，相反纤维素的含量却比较高。不同的生物质其组成不同，而纤维素和木质素的相对比例是确定生物质类型和选择生物质处理方式的一个因素。纤维素的热解产物包括不凝气体、焦炭和大量的醛、酮及有机酸类物质，半纤维素与纤维素的热解产物相比，其焦油产量少，而不凝气体产量高，木质素热解产生的焦炭量要远多于纤维素和半纤维素[12,13]。生物质的热解过程可以看作由纤维素、半纤维素、木质素热解过程的线性叠加[14]。

表 1-1 不同生物质的化学组成[15]　　　　　　　（单位：%）

| 类型 | 纤维素 | 半纤维素 | 木质素 | 其他提取物 | 灰分 |
| --- | --- | --- | --- | --- | --- |
| 软木 | 41 | 24 | 28 | 2 | 0.4 |
| 硬木 | 39 | 35 | 20 | 3 | 0.3 |
| 松树皮 | 34 | 16 | 34 | 14 | 2 |
| 小麦秸秆 | 40 | 28 | 17 | 11 | 7 |
| 稻壳 | 30 | 25 | 12 | 18 | 16 |
| 泥煤 | 10 | 32 | 44 | 11 | 6 |

从物理化学角度来看，生物质由可燃质、无机物和水分组成，主要含有 C、H、O 等元素，它们占生物质总量的 95%以上，除此之外还含有灰分和水分[5]。因为本书的研究主要集中于生物质热化学转化，因此更关心生物质在物理化学方面的特性。生物质的化学成分是指元素分析中生物质所含各种元素的多少。生物质的成分与煤的成分相差很大，由于生物质原料中氧含量高，因此热解过程中 CO 含量相对要高一些。另外，生物质中的 N、S 含量明显低于煤，因此燃料内 N 和 S 形成的污染物排放量相对于煤很低，对环境更加友好。

生物质的工业分析是指生物质所含有的挥发分、固定碳和灰分的比例，它将决定生物质的利用方法。生物质的干基挥发分占 70wt%左右，有的文献中关于生物质挥发分的比例更高为 70wt%~90wt%[6]，而煤的挥发分一般低于 30wt%[①]，热解的产物主要是焦炭。这是因为几乎所有的生物质的 C 含量都要比煤低得多，相应的 H/C 和 O/C 值要比煤高得多，这些分子组成特点致使生物质的发热量远低于煤，而挥发分却比煤高得多，这就使生物质热解的主要产物是气体，但也应注意到，木质类生物质含灰分极低，只有 1%~3%，草本类生物质含量会稍多一些，但是同煤相比，生物质的灰含量仍然是较低的。

## 1.2 生物质热化学转化技术

生物质转化为生物质能主要通过两种途径，一种是热化学转化法，另一种是生物化学法。通常，就反应时间而言，热化学过程比生物化学过程效率更高，并且转化有机物的能力更强。例如，木质素是典型的非发酵材料，因此不能通过生物化学方法降解，而能通过热化学方法降解。热化学转化过程主要包括燃烧、热解、气化和液化，图 1-1 为生物质能转化的热化学过程和产物[16]。

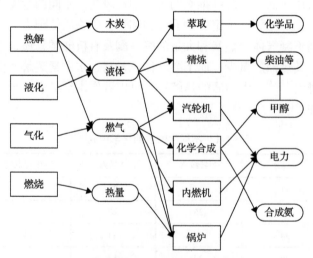

图 1-1 生物质能转化的热化学过程和相关产物

---

① wt%表示质量分数。

燃烧是生物质转化方法中最广泛的利用途径。生物质能源有 97% 的贡献来源于燃烧。在一些发展中国家，生物质燃烧在人们的日常生活中占有重要地位，它是人们做饭和供热的主要能源。与化石燃料相比，生物质燃料的热值相对较低，这是因为生物质有两类明显的特性：高含水量和含氧量。污染和腐蚀燃烧室是生物质燃烧的典型问题。污染是由于生物质灰中存在碱金属和 Si、S、Cl、Ca、Fe 等其他元素。通常，草本类生物质(秸秆和草)所含的碱金属、S、Cl 等比木质类生物质要高。生物质的燃烧设备主要有固定床、移动床、流化床和回转窑炉[17]。

热解是指生物质在高温缺氧或无氧的条件下转换成固焦炭、液体(生物质油和焦油)和不可凝气体的热分解过程。液体、气体和焦炭的比例取决于原料、反应温度和压力、反应区停留时间和加热速率等，其中温度和挥发性产物的停留时间对于以获得生物质气为目的的热解工艺影响最为显著[18]。根据终温和升温速率的不同，生物质热解产物分布也不同，大致可分为[19]：①低温和较长反应时间下的慢速热解，最大焦炭产率为 30%，最近的加压热解研究表明，可得到更高的焦产率；②500~600℃的快速热解，液体产物收率为 80%，但必须有很高的反应速率和极短的停留时间；③高于 700℃的快速热解，气体产物收率达 80%；④低于 600℃、中等反应速率下的传统热解，气、液、固产物的收率基本相等。热解的研究越来越重要，不仅是热解技术被认为是一种工业上可以实现的生物质转化过程，而且热解是气化和燃烧过程最重要的第一步反应[20]，热解反应在热化学过程中起着决定性的作用，由于生物质所含挥发分比例高，绝大部分生物质转化为气体是在热解阶段完成的。

气化是一个利用低氧或适当的氧化剂(如水蒸气和 $CO_2$)把碳转化为可燃气体的过程。当用空气或氧气作为气化介质时，气化与燃烧相似，但气化是生物质局部燃烧的过程。气化也可以看作热解的一种特殊形式，为了获得更高的可燃气体产量就要在更高的温度下进行。生物质气化过程有以下几个优点：减少 $CO_2$ 排放、设备紧凑占地小、准确的燃烧控制和热效率高。气化产物之一的合成气是一种生物能源的气态形式。

液化是一个在高压低温下进行的热化学过程，在该过程中生物质裂解成若干小分子片段，并能溶于水或其他合适的溶剂中。这些小分子片段很不稳定容易发生反应，能够与分子量不同的油性物质重新聚合。液化和热解在目标产物(液体产物)上有一定的相似性。然而，它们的工艺条件并不一致。具体来说，与热解相比，液化反应温度要求较低，压力要求较高(液化要在 5~20MPa 的压力下进行，而热解只需要 0.1~0.5MPa)。此外，液化不需要物料干燥，但干燥过程却是影响热解的关键因素。此外，催化剂在液化过程中是必不可少的，而在热解过程中并非关键因素。相对热解而言，液化技术更具有挑战性，因为它需要更加复杂昂贵的反应器和燃料输送系统。木质纤维素等生物质材料在液化制取生物质油上应用最为广泛。木质纤维材料具有丰富的羟基团，因此能够将其液化产物转换成可供生物聚合物生成的中间产物，如环氧树脂、聚氨酯泡沫、胶合板黏合剂等[21]。

与气体和液体燃料不同，生物质不易储存和运输，这也是人们希望将固体生物质转化成液体和气体燃料的重要原因。生物质干基挥发分约占 70%，C 含量远低于煤，生物质热解以气体为主。因此，如果以制气为目的，热解和气化是非常有意义的。气体燃料的应用范围比固体燃料广，如玻璃吹制和干燥等过程，不能用煤或是生物质燃烧后产生的烟气，但是可利用气化生成的洁净产气控制燃烧放热量。同时，气体比固体燃料更易传输与分配。产气还可作为生产化肥、甲醇和汽油的原料。基于气化的能源系统具有生产高附加值化学品的功能，实现多联产。气化对环境的影响较小，例如：气化发电厂的总耗水量比传统电厂的耗水量小，而且可以循环利用；气化电厂的污染物排放量很小，$SO_2$、$NO_x$ 和颗粒与燃用天然气的电厂的排放量相当[22]。气化电厂的硫一般以 $H_2S$ 和 $COS$ 形式存在[23]，易转化成元素硫或是 $H_2SO_4$，市场潜力大。燃烧系统中硫以 $SO_2$ 形式存在，需与吸收剂反应，生成 $CaSO_4$，市场潜力小。气化比燃烧产生的 $NO_x$ 少[24]。气化过程中氮以 $NH_3$ 形式出现，水洗可净化，不需要催化还原系统[25]。

# 1.3　生物质热解研究现状

## 1.3.1　生物质热解原理及热力学评估

生物质热解是一个复杂的热化学分解过程，生物质有机物在缺氧条件下加热并分解成碳固体和挥发性物质。该过程产生的固体残渣称为生物质焦，挥发物的可凝部分为生物油，不可凝部分为热解气[26-28]。通过生物质热解获得的产物种类更多，使得热解过程应用更加广泛[29,30]。热解是气化过程的第一个反应阶段[31,32]。因此，热解作为气化的第一步起着重要的作用[33]，是生物质热化学转化中必不可少的初始步骤[34,35]。图 1-2 为生物质热解进程图[36]。

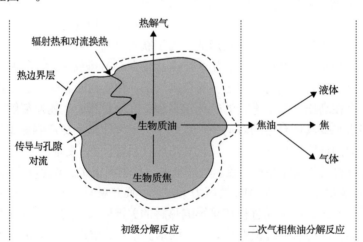

图 1-2　生物质热解进程[36]

生物质热解主要的三类产物分别为生物质焦、生物质油和热解气。生物质焦是生物质热解后残留的固体产物，挥发分低而含碳量高。生物质油是大分子有机混合物。热解气是热解初级大分子裂解形成的，包括 $CO_2$、$CO$、$H_2$、碳氢化合物、氮和硫的氧化物等。这三类产物的产率在不同的工艺条件下差异较大[37]。

生物质焦油是热解气化过程中产生的副产品。焦油是由 100 多种化合物组成的混合物[38]。焦油的产率主要取决于热解反应操作条件和原料的性质。焦油主要是由纤维素、半纤维素和木质素分解形成的。图 1-3 为不同反应温度下形成的焦油[39]。初级焦油主要是含氧烃，随着热解温度的升高，含氧烃首先转化为轻质烷烃、烯烃和芳烃，随着温度的进一步升高转化为高级烃和更大的多环芳烃。焦油在较低温度下会凝结堵塞热解气化设备的管路、过滤器、发动机火花塞、燃气孔和气缸等地方，造成设备清理和维修工作的增加，运行成本也随之增长，焦油的形成也降低了生物质能的利用，严重地阻碍了生物质能的工业化利用。因此，焦油脱除也是一个重要的研究内容。

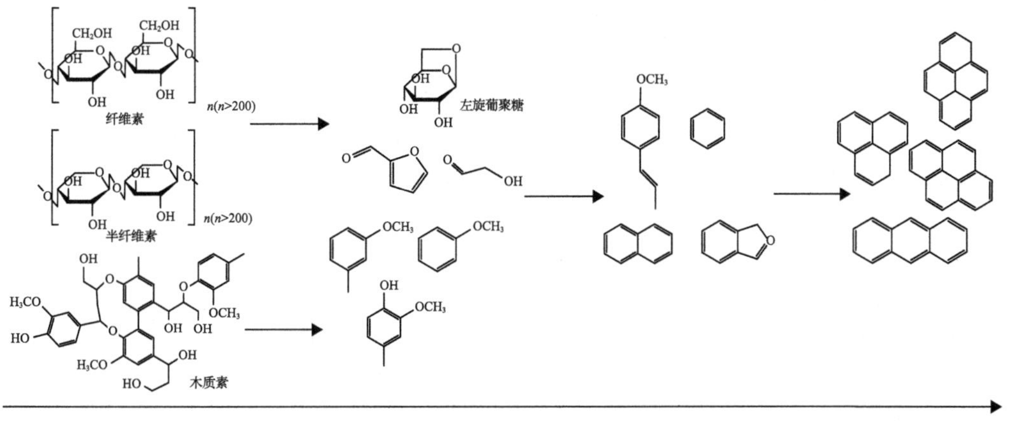

图 1-3　不同反应温度下形成的焦油[39]

　　焦油的脱除方法为物理净化和化学转化。物理净化法主要利用淋洗法、过滤法和电捕集法去除焦油[40]，物理净化法仅降低气体中的焦油含量，不能彻底去除。处理不当会造成严重的二次污染[41]。化学转化法有催化裂解和热裂解法，催化裂解能降低反应温度，但催化剂通常存在热稳定性较差，易磨损、易失活和中毒等问题；热裂解是在高温下将焦油裂解为沸点低于常温的气态产物，同时能提高产气的热值[42]。热裂解是一种有效、成本低的焦油去除方式，但需要高温（＞1000℃）条件[43,44]。热解气化温度通常低于1000℃，导致产生的气体中含有一定量的焦油。焦油的存在是热解气应用中的一个关键问题，会给后续利用带来诸多困难[45-48]，而提高气化温度可以有效降低焦油含量，同时提高产气的热值[49]。

　　生物质热解过程可以产生高能量产品，同时也会生成如焦油等有害副产品，而热解过程的可行性可以通过热力学分析来确定。热力学分析是评估和增强热化学转化效率的有力工具，主要包含能分析和㶲分析。Qian 等[50]通过使用功能㶲效率评估生物质三种利用途径（热解、氧气气化和厌氧消化）能量利用的有效性，得出秸秆比肥料更适合热解过程，当温度高于 850℃时，厌氧消化的功能㶲效率低于热解和气化过程。Torres 等[51]通过四个指标对木质纤维素废物缓慢热解进行评估，确定生物质热解过程的能、㶲、经济和环境性能。在 300～800℃的热解温度范围内，㶲效率在 81.16%～85.33%变化，总成本的15.38%～19.16%与㶲损失有关，在较高温度下对环境影响较小，超过 700℃主要产物是气体。Zhang 等[52]研究塑料废物在回转窑中热解的能和㶲分析，得出塑料混合物热解的能效率和㶲效率分别为 60.9%～67.3%和 59.4%～66.0%。可以通过燃烧部分热解气体和焦实现回转窑自热。通过热力学分析可以从热力学角度得出热解过程的能量转化关系，更好地理解生物质热解机理。

### 1.3.2 生物质焦结构影响因素

热力学分析不能针对生物质焦物理化学结构进行评估，而生物质焦表面上具有较多的含氧官能团和碱金属元素，可作为活性位点增加生物质焦的反应性。同时，生物质焦比生物质挥发性物质少，N、S、O 含量低[53]。在生物质热解过程中生物质种类、粒径、升温速率和挥发分的交互作用等会影响生物质焦结构，如孔结构、碳质结构和表面官能团等结构[54-56]，影响生物质焦的反应性[57,58]。在生物质高温热解过程中生物质焦结构会发生改变，焦结构的改变直接影响生物质焦水蒸气气化特性。因此，充分认识生物质焦结构演化，对生物质焦气化反应的顺利进行起着至关重要的作用。

(1) 热解条件对生物质焦形态和孔隙结构的影响

相关文献中已经进行了一些涉及生物质的热解实验[59-61]，孔隙结构和微晶结构已被确定为生物质焦的重要参数[62,63]。挥发分析出后，生物质焦中孔结构的演化为随后的气化提供了气体的扩散通道，C 与 $O_2$、$CO_2$ 或水蒸气的反应在孔表面发生。生物质焦孔结构和表面微观结构高度依赖于生物质的热解过程，特别是热解温度和加热速率[64-67]。Asadullah 等[68]研究了生物质快速热解的焦结构特征及其反应性，得出生物质焦的结构比燃烧反应中碱金属和碱土金属的催化作用更重要。Morin 等[69]研究了快速热解对粉料生物质(山毛榉杆和山毛榉树皮)焦理化特性的影响。研究表明，提高热解温度可以有效降低产气中焦油含量。Yu 等[70]研究了温度(300～900℃)和粒径(0.21～0.50mm、0.84～1.70mm 和 2.06～3.15mm)对固定床热解山毛榉焦结构的影响。研究表明，随着温度升高，焦油和热解气的产率增加，而生物质焦的产率下降，尤其是热解温度在 300～450℃时。在热解温度低于 400℃时，粒径对生物质热解的影响显著。Borrego 等[71]在 950℃的滴管炉中，研究三种生物质(稻壳、木屑和森林残留物)在高加热速率下的热解特性，选择的热解气氛为 $N_2$ 和 $CO_2$，用以比较 $CO_2$ 在富氧燃烧热解阶段的热解行为。$CO_2$ 和 $N_2$ 以不同的方式影响着焦的孔隙结构，在 $CO_2$ 气氛下产生的稻壳焦和森林残留物焦的孔体积比 $N_2$ 中产生的更大，而木屑焦正好相反。在 $N_2$ 和 $CO_2$ 气氛下产生的生物质焦总体上具有相似的形态、比表面积和反应性。Tong 等[72]基于非等温热重法研究了不同高温热解条件对松木屑焦 $CO_2$ 气化反应性的影响规律，得出热解温度的升高有助于孔隙结构的发展，改善扩散路径，促进气化反应进行。Shen 等[73]在滴管炉中以 1300℃ Ar 气氛，对粉料木槌和松木(粒径 250～355μm)进行快速热解，研究不同颗粒热解时间(0.31～0.68s)的生物质焦结构演化。研究表明，木槌和松木颗粒在热解过程中经历了严重变形，导致颗粒长度、直径和纵横比显著降低。然而，与松木颗粒的广泛熔化行为不同，木槌木的纤维结构在热解的早期阶段得以保留。

(2) 热解条件对生物质焦碳基质结构的影响

生物质焦中碳基质结构能够为生物质焦气化反应提供活性位点，是限制生物质焦气化速度的另一重要因素。Kim 等[74]通过流化床反应器对松木热解，研究不同反应温度

（300～500℃）对生物质焦的影响，反应温度升高，生物质焦碳化明显，生物质焦中的氧和氢被去除，剩余的碳元素以稳定的形式重新排列，形成的碳主要为芳香碳结构。Zhang等[75]对纤维素慢速热解进行研究，结果表明，热解温度的升高导致生物质焦中 C、H 和 O 含量的阶段性变化，低温生成的焦主要是脂肪族碳，提高热解温度可增加石墨结构的形成。Fu 等[76]在 200～900℃，采用新型 V 形下管反应器对玉米秸秆进行快速热解，研究热解焦结构演变规律，得出随着热解温度升高到 900℃，玉米秸秆的 H/C 和 O/C 值分别降低了 85.5%和 59.8%，含氧结构大量损失，特别是醚和 C═O 官能团的损失，导致碳的芳香结构更有序。Zhao 等[77]研究了热解条件对生物质焦结构和化学形态的影响，得出反应温度在 500～600℃，碳结构由小芳环系统转变为大芳环系统，C—O 和 C—C 键是通过热缩聚和环化产生的。Surup 等[78]研究了生物质来源和热解温度对慢速热解条件下生物质焦结构的影响，发现在 1600℃下制备的橡木焦的碳结构比云杉焦的碳结构更有序。此外，还观察到热解温度与碳结构的石墨化程度之间的相关性，随着温度的升高，碳结构的石墨化程度增加。

（3）热解条件对生物质焦中矿物质类型和浓度的影响

生物质焦表面含有各种形式的碱金属、碱土金属和相当数量的 $SiO_2$，导致生物质灰易熔化和挥发。因此，在生物质高温热解过程中灰分的熔融会直接影响生物质焦理化结构，造成高温气化过程中生物质焦转化率下降、结焦、结渣和受热面腐蚀等问题[79,80]。在生物质热化学转化过程中，生物质灰给设备的运行带来了巨大的挑战，主要是由灰的特点决定的[81]。所谓"灰"，指的是以各种形式存在的所有无机组分，包括有机结合的阳离子、无机盐和矿物质[82]。对于碱金属，如具有高迁移性的钾，即使在远低于 900℃的温度下，通过破坏 Si—O—Si 键，形成低熔点硅酸盐或与硫生成碱金属硫酸盐。氯化钾是最稳定的高温气相含碱物质之一。生物质中的氯含量通常决定了在气化过程中可能蒸发的碱的量[83]。这些元素在特定炉温下挥发，与烟气中的 S 和灰中的其他元素反应形成化合物沉积在对流受热面上，最终会降低气化效率[84]。

除了灰的化学成分，灰熔点是与灰相关问题中的一个重要参数，其表示灰熔融的温度范围。在该温度范围内灰的形态是熔融流体或半熔融塑性状态。高灰熔点表明炉内的灰会迅速冷却至非黏性状态。而低灰熔点表明灰将在塑性或熔融状态下保持更长时间，导致潜在的沉积、附聚和腐蚀现象。对于生物质来说，灰熔点不能在所有情况下预测灰相关问题，通常需要结合灰的化学成分，以便能够更好地判断灰熔融行为以及在燃烧/气化过程中与灰相关的问题[85]。为了提高气化炉的运行效率，实现生物质灰的高附加值利用，生物质灰中无机元素的熔融转化对生物质焦结构的影响研究是近年来的一个重要问题。

Panahi 等[34]通过高速摄像的方法直接观察研究了两种生物质在滴管炉中热解和燃烧的行为特征，得出在生物质进入辐射区时点火发生在滴管炉顶部的喷射器尖端部位，点燃后，挥发分燃烧产生的火焰围绕着几乎熔化为球形的生物质，通过扫描电镜和直接观察能够发现热解脱挥发分过程中生物质焦的熔化和收缩。Cetin 等[86]研究了热解压力（1～

20bar[①])和加热速率(20~50℃/s)对生物质焦结构的影响,得出热解压力影响生物质焦颗粒尺寸和形状,高加热速率会使生物质焦颗粒发生塑性变形。生物质灰的熔融和转化一直是广泛研究的焦点,通用的反应机制已被提出,并且各种形成灰的元素比例关系可以用来预测和描述典型的生物质灰的熔融特性[82, 87]。然而,通过直接灰熔融实验研究生物质灰熔融行为的影响还不够全面[88]。

(4)成型对生物质焦结构的影响

生物质具有含水量高、氧含量高、吸附性强、密度低、运输和储存困难等问题[53]。生物质因其纤维结构坚韧且成分不均匀,研磨过程需耗费大量能量[89]。为解决这一问题,在生物质原料的利用过程中,通常采用压制成型等预处理方法,以降低堆积密度并改善其物理特性[90,91]。然而,当对成型生物质进行高温热解及焦气化利用时,热解条件对成型生物质焦的孔隙结构和碳质结构演化有着至关重要的影响[92]。Wang 等[93]研究压制条件对稻草颗粒在固定床反应的热解焦结构的影响,制备了直径为 8mm 的圆柱颗粒,在 600℃下进行热解,成型颗粒热解焦产率明显高于生物质,造粒压力对生物质焦产率、孔隙率和碳结构影响不显著。Efika 等[94]研究在固定床反应器中,在 800℃下不同升温速率(5~350℃/min)对木屑颗粒产率的影响,得出气体和液体产率在高升温速率下产率增加,而固体产率随升温速率的增加而下降。Hu 等[95]研究不同加热速率下成型生物质颗粒热解焦的理化性质,结果表明,热解后成型生物质焦体积密度和抗压强度显著降低,升温速率增加,晶体高度和表面积减少。Chen 等[96]对成型木屑的热解过程中焦化学结构的演化行为进行研究,结果表明,生物质热解分为两个阶段,分别为生物质的热解及芳环系统的缩合反应。成型木屑焦的化学结构的轴向和径向不均匀性主要是由加热过程中颗粒温度的传热引起的,而挥发分与碳相互作用可以消除化学结构的不均匀性。Muvhiiwa 等[97]对木屑颗粒(直径 6mm,长度 5~30mm)在不同温度下在等离子体反应器中进行热解及气化,得出随着热解温度的升高,K、Si、Mg、Al 和 Fe 元素团聚。然而,在成型生物质高温热解过程中碱金属等元素团聚现象更加明显,会改变成型生物质焦结构,影响成型生物质焦气化反应。

# 1.4　生物质气化研究现状

## 1.4.1　生物质气化工艺

生物质气化工艺可根据气化设备的种类分为固定床(上吸式、下吸式和交叉式)、流化床、携带床等[98]。

在上吸式固定床气化炉中,生物质颗粒在炉内由上至下运动,气化剂运动方向与之相反,如图 1-4 所示。颗粒在炉内从上到下依次经历干燥、热解、焦转化和部分氧化阶段,最终逐渐转化成可燃气体。由于生物质颗粒的运动方向与气化剂的运动方向相反,该工艺可有效地利用燃烧释放的热量,气化效率高[99],且能够处理高水分和高灰分的生物质原料。但是,热解产生的焦油被高温上升气流带走,所以最终的气化产气中含有

---

① 1bar=$1×10^5$Pa。

10%~20%（*w/w*，质量比）的焦油[100]。在下吸式固定床气化炉中，生物质与气化剂在炉内均是由上至下运动，最终产气从气化炉的底部排出，如图 1-5 所示。下吸式固定床的结构导致产气在排出炉体前经过高温的部分氧化区，从而使焦油被有效裂解，焦油减少量可达到焦油生成量的 99.9%，优化后的下吸式固定床气化炉，甚至可将产气中的焦油含量降低到 10mg/Nm$^3$[101]。但是，与上吸式固定床气化炉相比，下吸式固定床气化炉的传热效率低，仅适合处理水分含量低的生物质原料且最终约有 5%的碳仍未转化[102]。在交叉式固定床气化炉中，生物质在炉内由上向下运动，气化剂从气化炉两侧进入。这种结构形式导致气化炉内的热解和干燥区在气化炉上部，部分氧化和焦转化区出现在气化剂入口附近。由于灰渣由底部排出，该工艺装置不需要炉排，结构更加紧凑，并且可以小规模运行，启动时间比下吸式和上吸式固定床气化炉快。但是，由于该工艺中的氧化区和焦转化区是分开的，这限制了生物质原料的类型，另外，产气出口温度高，从而使得产气中 CO 含量

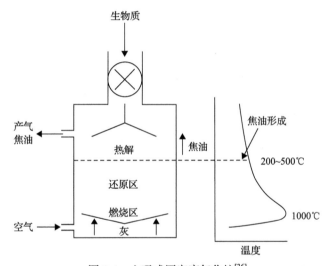

图 1-4　上吸式固定床气化炉[36]

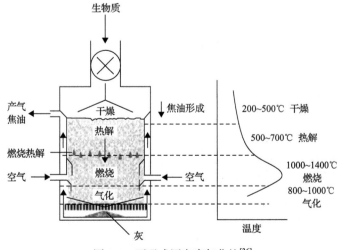

图 1-5　下吸式固定床气化炉[36]

较高而 $H_2$ 和 $CH_4$ 含量较低。Sansaniwal 等[103]认为该工艺已不再具有竞争力。

在流化床气化工艺中，生物质和床料在气化剂的作用下在炉内呈"沸腾"状态，这使得生物质与气化剂能够充分接触，整个炉内温度均匀，气化效率比固定床约高 4 倍。但是，由于流化床的运行温度一般在 973～1173K，产气中焦油量可达 $10000\mathrm{mg/m^3}$[104]。鼓泡流化床气化炉和循环流化床气化炉是两种常见的流化床气化炉，如图 1-6 所示。在鼓泡流化床气化炉中，气流速度相对较低，通常需增加热载体，适合于处理尺寸较大的生物质原料，而在循环流化床气化炉中，一般不增加热载体，适用于颗粒尺寸较小的生物质原料。

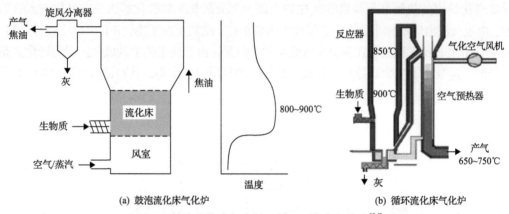

图 1-6　鼓泡流化床气化炉和循环流化床气化炉[36]

携带床气化：如图 1-7 所示，产气温度非常高（>1200℃），所以即使产生焦油也会全部转化为产气，焦油产率可以忽略。各种气化工艺的优缺点如表 1-2 所示。

除气化炉形式外，气化剂组分对气化工艺的运行特性也有影响。Puig-Arnavat 等[105]建立了一个热力学平衡模型以研究水蒸气和氧气对产气成分、产率和热值的影响。结果表明，富氧对产气中 $H_2$ 浓度的影响要比水蒸气的影响更大。Sharma 等[106]研究了空气-水蒸气气氛下生物质的气化特性。结果表明，随着水蒸气与生物质量的比值（$S/B$）的增加，$H_2$ 含量随之增大。气化当量比的增加意味着提供的 $O_2$ 量增加，这会降低产气中 $H_2$ 含量。水蒸气含量的增加有利于水煤气转换反应，从而导致产气中 $H_2$ 含量的提高。Karatas 等[107]的研究表明，气化产气的热值不会随 SBR 的变化而发生明显变化，并且产气热值可达到

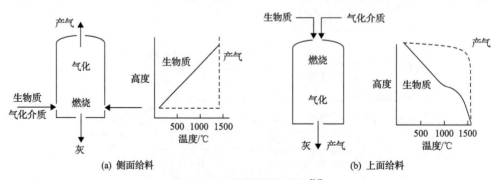

图 1-7　两种携带床气化炉[36]

**表 1-2　各种气化工艺的优缺点**

| 类型 | 优点 | 缺点 |
|---|---|---|
| 上吸式固定床 | 简单、成本低；产气温度约 250℃；可加压运行；碳转化率高；产气含尘量低；热效率高 | 焦油含量高；易结渣；进料尺寸小；填料效率低 |
| 下吸式固定床 | 简单；焦油含量相对较低 | 给料要求尺寸小、灰分低；规模受限，且易结渣，产气仍有焦油 |
| 鼓泡流化床 | 填料效率高；适用高灰分燃料；可加压运行；产气中 $CH_4$ 含量高；规模可控；易控制温度 | 运行温度受灰烧结温度所限；产气温度高；产气中含焦油和微粒量高；飞灰含碳量高 |
| 循环流化床 | 工艺灵活；运行温度可达 850℃ | 易腐蚀和磨损；运行不易控制；产气仍有焦油 |
| 携带床 | 优化气固混合，运行温度高（1300～1600℃），压力大，规模大 | 易腐蚀和磨损，仅适合大型设备；实际运行中往往达不到很高的温度 |

$9.9MJ/Nm^3$。Kihedu 等[108]比较了空气-水蒸气和空气气化特性，结果表明，在空气-水蒸气气化过程中的碳转化率达到约 91.5%，而空气气化过程中最高的碳转化率为 84.3%。Hernández 等[109]研究了水蒸气对空气气化过程的影响，结果表明，气化剂中水蒸气含量的最佳范围为 40%～70%。Hanaoka 等[110]研究了空气和水蒸气气氛下，生物质在固定床中的气化特性，结果表明，当气化温度为 1173K 时，产气组分及含量为：CO 35.5%、$CO_2$ 27.0%、$H_2$ 28.7%。

近年来，虽然已经开发了许多气化工艺系统用来制取生物质气化产气，然而除了十几个大型系统可长期运行外，大部分工艺系统仅处于示范阶段[111]。这是因为，产气中焦油的存在不仅会降低生物质的利用率而且会堵塞输送管路，进而使得气化设备无法正常运行。另外，清洁设备和维修设备也会导致运行成本的极大增加。因此，寻找一种高效的焦油脱除方法对发展生物质气化工艺具有重要意义。

### 1.4.2　生物质焦油脱除方法

通过物理方法将产气中的焦油进行转移、脱离和通过化学方法将产气中的焦油进行进一步转化是两种常用的焦油脱除方法。

物理方法主要包括过滤法、洗涤法、旋风分离法等。Jong 等[112]对比了采用石英过滤器和玻璃过滤器对焦油脱除的效果，结果表明，石英过滤器与玻璃过滤器分别可去除75.6%～94.0%和 77.0%～97.9%的焦油。Rabou 等[113]发现使用旋风分离法可将焦油含量从 $8g/Nm^3$ 降低到 $4.5g/Nm^3$。旋风分离法适用于分离粒径较大的颗粒，当颗粒粒径为0.1mm 时，分离效率可达 60%～70%[114]。Phuphuakrat 等[115]对比了水和蔬菜油作为洗涤剂对焦油脱除的效果，结果表明，当选择水作为洗涤剂时可去除约 31.8%的焦油，而当选择蔬菜油作为洗涤剂时最高可去除约 60.4%的焦油。Bhave 等[116]研究了一种产气发生炉冷却-清洗系统，当进入该系统的产气中焦油和粉尘含量低于 $600mg/Nm^3$ 时，可得到清洁产气的焦油和粉尘含量低于 $150mg/Nm^3$。Zwart 等[117]对油基气体净化系统 OLGA 进行了研究，结果表明，该系统可脱除 99%的苯酚和 97%的水溶性焦油化合物，这足以防止苯酚或其他水溶性焦油化合物的污染，但是会导致废水处理成本的急剧增加。

化学方法包括催化裂解法和高温裂解法。在对催化裂解法研究方面，Ammendola 等[118]发现 Ni/Al$_2$O$_3$ 催化剂的重整活性高于白云石催化剂而低于 Rh/LaCoO$_3$/Al$_2$O$_3$ 催化剂，使用 Ni/Al$_2$O$_3$ 催化剂可将超过 93%的焦油转化为轻质气体。Lv 等[119]发现采用 Z409R 作为催化剂，当温度在 923～1123K 范围内时 83%的焦油可以被转化。Caballero 等[120]比较了三种商用蒸汽重整镍基催化剂(Topsøe R-67、BASF G1-50 和 ICI 46-1)的催化效果，结果表明，在 1113K 温度条件下 99.8%的焦油可在 0.2～0.3s 被转化。Rapagnà 等[121]比较了橄榄石和煅烧白云石的催化活性，结果表明，橄榄石在除焦油和提高气化活性方面优于白云石，在天然矿物中掺入其他活性金属可提高焦油的重整活性。Tursun 等[122]发现采用橄榄石和 NiO/橄榄石作为催化剂可分别降低 55%和 94%的焦油量。Virginie 等[123]发现采用 Fe/橄榄石作为催化剂，Fe/橄榄石中 Fe$^{2+}$向 Fe$^{3+}$的转变有利于促进挥发物燃烧。

在对高温裂解法研究方面，El-Rub 等[124]发现苯酚的热裂解反应发生在 973～1173K 温度范围内，在 973K 时转化率为 6.3wt%，在 1073K 时转化率高于 97wt%，在 1173K 时转换率高于 98wt%。Myrén 等[125]研究了桦树、芒草和稻草热解焦油在 973K、1123K 和 1173K 温度下的热裂解特性，结果表明，除了苯和萘的含量随温度的升高而增加外，其他轻质焦油化合物的含量均随温度的升高呈现降低趋势。Han 等[126]指出要获得足够高的焦油裂解效率所需的温度和停留时间分别为 1523K 和 0.5s。Yan 等[127]在 873～1673K 温度范围内研究了焦油裂解特性，结果表明，焦油产率随气化温度的增加而显著降低，为了将焦油组分中的苯和甲苯完全裂解，温度需高于 1473K。齐国利[128]研究了焦油在固定床内二次热裂解特性，结果表明，焦油产率随着温度的提高而逐渐减少，1073K 时焦油产量为 1200mg/Nm$^3$，1273K 时为 522mg/Nm$^3$；当温度达到 1473K 时，即使停留时间为 0.5s，焦油产率仅为 11.7mg/Nm$^3$。

在各种焦油脱除方法中，物理方法虽然具有设备简单、成本低廉、操作方便等优点，但这种方法仅仅是将焦油从产气中分离出来，不仅浪费了焦油所携带的能量，还可能导致环境的二次污染。催化裂解方法尽管可将焦油进行再次转化，但是会存在催化剂失活现象，在使用上具有一定的局限性。通过高温裂解方法能将焦油进一步裂解为不可凝的轻质气体，该方法的使用不限定气化剂成分，可以从根本上解决焦油问题。需要注意的是，虽然气化温度的提高有利于焦油的进一步转化，但是在高温气化过程中生物质中含有的碱金属和碱土金属会形成低熔点共熔物，进而影响生物质气化行为。因此，在使用高温裂解法去除焦油时，需要深入了解生物质高温气化特性。

### 1.4.3 生物质焦气化特性

生物质焦转化是生物质气化过程的限速阶段，且直接影响着生物质的转化效率，对气化系统的整体性能和效率具有决定性意义。焦的转化过程受自身晶体结构、孔结构、炭结构、活性位点等多种因素影响，因而许多学者致力于研究生物质气化过程中颗粒的理化特性。

制焦条件对生物质焦颗粒理化特性的影响是研究人员首先关注的问题。Guizani 等[129]研究了在 H$_2$O、CO$_2$ 及其混合气氛下焦的气化反应特性。研究结果表明：在 H$_2$O 气氛中获得的焦的孔隙结构比在相同的转化率下 CO$_2$ 气氛中获得的焦的孔隙结构更加丰富。在

$H_2O$ 气氛下，颗粒中优先产生 1nm 的微孔并在转化过程中产生中孔，而在 $CO_2$ 气氛下，颗粒中主要形成微孔且具有明显的双峰孔径分布现象。Keown 等[130]研究了生物质焦在 $O_2$ 气氛中结构的演变。结果发现：在热解温度为 973K 与 1173K 条件下得到的焦结构相似，而 773K 条件下得到的焦结构与这两者明显不同。较小的芳环和脂族结构会被 $O_2$ 优先消耗，从而使焦颗粒中含有更丰富的大芳环碳结构。He 等[131]研究了焙烧生物质焦的 $CO_2$ 气化特性，研究发现，一旦制焦温度高于 1073K，焦的反应性会明显降低，这是由焦结构演变以及碱金属和碱土金属含量变化所导致的。

焦颗粒的理化特性会随着焦的转化而发生明显变化。Fu 等[132]研究了稻壳生物质在快速热解条件下所制得的焦在水蒸气气化过程中的结构演变。结果表明：随着焦的转化，颗粒结构会发生剧烈变化。在焦转化过程中，优先消耗脂肪族结构和较小的芳环结构，使得焦结构更有序并富含较大的芳环结构，颗粒最大孔隙结构出现在焦转化率为 48.6% 时。Wu 等[133]研究了杨树、玉米秸秆和柳枝颗粒在 $H_2O$ 和 $CO_2$ 气化过程中的孔隙变化。结果表明：焦的反应过程主要在颗粒的大孔中进行，随着碳转化率从 0 增加至 90%，颗粒的大孔孔径和比表面积几乎单调增加。当焦转化率达到 97% 时，颗粒中的孔结构会急剧减小。Fatehi 等[134]建立了焦转化过程的结构演变模型。利用该模型发现：颗粒中微孔和中孔的演化对焦转化过程有重要影响。焦的反应性与焦表面积以及反应物和孔表面接触的可能性有关。与反应物接触的有效表面积首先由于颗粒温度的升高而降低，接着由于孔的扩大而增大。这导致在转化前期，焦的反应性相对缓慢地单调增加，而在转化后期焦的反应性迅速增加。Wang 等[135]研究了气化气氛和颗粒尺寸对焦结构的影响，研究结果表明，在 $H_2O$ 和 $CO_2$ 气氛下颗粒尺寸对焦结构的影响最小。Wu 等[136]研究了在 $H_2O$ 气化过程中焦的结构演化。结果表明：生物质焦结构具有高度异质性和无序性，随着气化过程的进行，较大的芳环结构增加。Komarova 等[137]发现焦的非均相反应主要发生在中孔表面，这些中孔很可能是微孔在焦转化初期形成的。焦的孔隙率随着转化的进行呈线性增加的趋势。当碳转化率达到 50% 时，焦的粒径会发生明显变化。

随着温度的增加，颗粒中灰分的熔化会进一步影响颗粒的结构，该现象也被许多学者所发现。Cetin 等[138]研究了热解压力和加热速率对焦结构的影响。结果表明，高加热速率会导致焦颗粒的熔化，随着热解压力的增加，焦颗粒的尺寸增大，而比表面积降低。他们对该现象的解释为，在高压热解过程中，挥发物由于环境压力高而无法释放，这破坏了熔融焦中的微孔结构，从而产生较大的球形空腔。Dall'Ora 等[139]研究了热解条件对焦结构和反应性的影响。结果表明：在高加热速率($10^4 \sim 10^5$K/s)条件下产生的松木焦颗粒为球形且内部具有空腔结构；山毛榉焦颗粒的球形度低于松木焦颗粒，其表面光滑且内部为多孔结构。山毛榉中的灰分含量(尤其是 Ca 和 K 含量)高于松木，灰分熔化是造成这两种焦颗粒形貌区别的主要原因。Biagini 等[140]研究了在不同条件下生物质焦的形态变化。结果表明：在高加热速率下颗粒容易发生熔化，对于具有高挥发物含量的生物质，熔化现象更加明显。Morin 等[141]发现，山毛榉焦颗粒中碳化木纤维的位置因熔化而呈现出光滑结构。Cetin 等[142]研究了热解条件对生物质焦结构和气化反应性的影响。结果表明：生物质在高温热解过程中，颗粒首先膨胀，接着因熔化形成液滴，最后液滴破裂并释放挥发物。在高加热速率下，焦颗粒因塑性形变形成了与原始生物质不同的结构。

　　灰分的熔化除了影响颗粒的结构，还会影响焦颗粒的反应性和转化率。Tong 等[143]研究了孔结构对焦化反应性的影响，结果表明：在高温热解过程中，生物质焦的表面结构逐渐被破坏，同时，比表面积、总孔体积和平均孔径均增加。在较高的热解温度下，生物质焦具有更多的微孔和中孔。热解温度的升高有助于孔隙率的发展并改善气体扩散路径，从而促进了气化反应性，但是热解温度对活性位点的影响阻碍了气化反应性的增加。Ma 等[144]研究发现在气化温度低于灰分的熔融温度条件下，灰分对气化反应具有明显的催化作用，而一旦气化温度高于灰分的熔融温度，灰分的聚集和熔化会阻碍气化反应的进行，灰分聚集和熔化在气化反应早期对气化反应的影响并不明显。类似的现象也被 Calemma 等[145]发现，他们通过对比脱灰和未脱灰焦的反应性，发现在高转化率下，脱灰焦的反应性高于未脱灰焦的反应性。Lin 等[146]也观察到焦的气化反应速率在碳转化率达到 50%时会出现异常下降，其原因是熔融灰堵塞了孔隙，从而减少了反应的可用表面积。另外，灰分的熔化还会影响气化效率，Li 等[147]认为该现象是由在气化过程中非黏性多孔焦向黏性非多孔焦的转变所导致的。Liu 等[148]研究了整个气化过程中焦颗粒的形貌演变。结果发现，当气化温度低于变形温度时，焦的最终收缩率明显低于气化温度、高于流动温度时的收缩率。当气化温度高于流动温度时，分散的无机杂质先形成球形颗粒，然后逐渐聚集而形成熔渣层进而阻碍了焦的进一步转化。

　　虽然已经观察到高温气化过程中灰分的熔化现象，但是灰分熔化对气化过程的作用机制尚不明晰。受限于此，在建立生物质颗粒模型时，通常对熔融灰分的作用进行极大的简化。Haseli 等[149]建立了一个包含升温、热解和焦转化三个阶段的球形生物质颗粒模型。模型中生物质灰分被忽略。在 Wurzenberger 等[150]建立的单颗粒生物质模型中，将焦的转化速率与焦颗粒的比表面积相关联，且焦的比表面积仅通过经验函数计算。Porteiro 等[151]采用平均等效结构计算颗粒的比表面积。在 Li 等[152]建立的模型中，假设焦的转化速率与颗粒外表面有关而与颗粒内表面无关。

### 1.4.3.1　生物质焦气化原理

　　生物质焦气化反应相比于生物质热解反应较慢，因此，生物质焦气化反应速率直接影响生物质热解及其焦气化反应的总体进程，具体反应如下[153]：

$$Char + O_2 \longrightarrow CO_2 + CO \tag{1-1}$$

$$Char + CO_2 \longrightarrow CO \tag{1-2}$$

$$Char + H_2O \longrightarrow CH_4 + CO \tag{1-3}$$

$$Char + H_2 \longrightarrow CH_4 \tag{1-4}$$

碳气化反应：

$$2C + O_2 \rightleftharpoons 2CO \quad -221.3 \text{ kJ/mol} \tag{1-5}$$

$$C + CO_2 \rightleftharpoons 2CO \qquad +172.0 \text{ kJ/mol} \tag{1-6}$$

$$C + H_2O \rightleftharpoons CO + H_2 \qquad +131.0 \text{ kJ/mol} \tag{1-7}$$

$$C + 2H_2 \rightleftharpoons CH_4 \qquad -74.8 \text{ kJ/mol} \tag{1-8}$$

产气燃烧反应：

$$2CO + O_2 \longrightarrow 2CO_2 \qquad -566.0 \text{ kJ/mol} \tag{1-9}$$

$$CH_4 + 2O_2 \rightleftharpoons CO_2 + 2H_2O \qquad -802.3 \text{ kJ/mol} \tag{1-10}$$

$$2H_2 + O_2 \longrightarrow 2H_2O \qquad -483.7 \text{ kJ/mol} \tag{1-11}$$

水气置换反应：

$$CO + H_2O \rightleftharpoons CO_2 + H_2 \qquad -41.2 \text{ kJ/mol} \tag{1-12}$$

甲烷化反应：

$$2CO + 2H_2 \longrightarrow CH_4 + CO_2 \qquad -247.0 \text{ kJ/mol} \tag{1-13}$$

$$CO + 3H_2 \rightleftharpoons CH_4 + H_2O \qquad -206.0 \text{ kJ/mol} \tag{1-14}$$

$$CO_2 + 4H_2 \longrightarrow CH_4 + 2H_2O \qquad -165.0 \text{ kJ/mol} \tag{1-15}$$

生物质焦的气化反应是非均相反应，在反应的过程中，气化介质与生物质焦直接作用。生物质焦的转化过程如图 1-8 所示[154]。

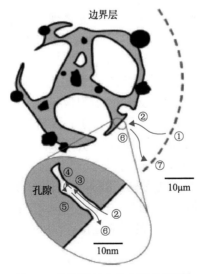

图 1-8 焦颗粒转化的主要步骤[154]

根据朗缪尔(Langmuir)异相反应理论，生物质焦的气化是通过气化剂分子向碳的晶格结构表面扩散，因化学吸附络合在晶格界面上并形成络合物。高温会使络合物进行分解，生成产气，经由生物质焦内部孔隙扩散到焦表面，进而到环境中，残余的碳表面再吸附气化剂。生物质焦气化反应包括以下步骤：①气化剂从气相扩散到固体碳的外表面(外扩散)；②气化剂由孔隙进入焦表面(内扩散)；③气化剂吸附在焦的内表面，形成中间络合物；④中间络合物之间或与气相分子之间反应(表面反应)；⑤吸附态产气分子从碳表面解吸；⑥产气分子通过生物质焦的内部孔隙扩散出来(内扩散)；⑦气化气/气化产气。生物质焦气化过程主要为扩散过程和表面反应。

### 1.4.3.2　生物质焦气化影响因素

生物质焦气化过程中碳的转化水平决定气化炉的总体效率[155]，而碳的转化率取决于碳的反应性，影响碳反应性的因素有许多，如气化剂种类($O_2$、$CO_2$、水蒸气)、碳质结构和孔隙结构等。生物质焦的反应性受到分子水平的碳结构以及催化物质(碱金属和碱土金属)的浓度影响，在生物质和煤热解过程中固相的有机分子重新排列形成碳的微晶结构[156]。同时，在特定的传质过程中，气相的有机物以及碱金属和碱土金属元素会重新吸附在多孔焦的内、外表面[157]。因此，明晰生物质焦理化特性对生物质焦气化反应的影响是生物质焦气化的关键问题。

(1)形态和孔隙结构的影响

生物质焦的形态和孔隙结构会影响生物质焦内部的气体扩散。Avila 等[158]考察了 10 种生物质焦的反应性和形态之间的相关性，发现厚壁生物质焦的反应性低，而薄壁生物质焦的反应性高，主要归因于传热传质的差别。生物质焦的孔隙结构特征主要取决于热解条件(温度、压力和加热速率)。Senneca[159]得出高加热速率获得的生物质焦反应性较高，孔隙体积较大，主要由中孔和大孔组成。而低加热速率获得的生物质焦则孔隙体积较小，主要由微孔组成。然而，生物质焦的初始反应性(转化率 5%)与其总的比表面积(TSA)并不完全相关，中孔和大孔的比表面积是体现焦反应性更好的指标。因此，气化过程中焦的反应性应该更加全面，应该考虑焦结构等方面的影响，而不仅仅只考虑焦的表面积[160]。罗凯等[161]对甘蔗渣进行热解反应，通过对比反应前后的形态变化，证实了高温会导致生物质焦表面变平，与气化初始阶段相比，生物质焦的反应性在气化结束时可增加 10 倍。Fu 等[162]证明了这种反应性的增加不仅仅与 TSA 的增加有关。对于稻壳焦水蒸气气化，转化率为 49%时 TSA 最高，但 TSA 降低超过这个转化水平，可能是因为毛孔聚结和坍塌。同时，Klose 等[163]通过研究证实并非 TSA，而是反应表面积(RSA)和生物质焦与 $CO_2$ 和水蒸气气化的反应速率具有相关性。Zoulalian 等[164]在进行生物质焦气化反应动力学研究过程中，也是采用 RSA 来评估生物质焦表面的固有化学反应性，得到了和实验吻合较好的数值模拟结果。因此，并非所有生物质焦表面都参与气化反应，表面官能团(SFG)构成了生物质焦中的反应性位点，SFG 的分解是导致 $CO_2$、CO、$H_2O$ 和 $H_2$ 释放的主要因素。

(2)碳基质结构的影响

高温和长停留时间能够促进碳基质结构排列。碳基质结构越有序，反应性越低。

Asadullah 等[68]发现，从桉树木材获得的焦对氧的反应性随着温度从 700℃升高到 900℃
而降低。温度的升高伴随着含氧官能团的损失和碳基质的有序排列导致氧的反应性降低。
生物质中的高含氧量促进碳链的交联并抑制碳基质的有序排列。Tay 等[165]采用拉曼光谱
研究了不同气氛下气化过程中焦的碳基质结构特征，发现 800℃的气化过程中 $H_2O$ 的存
在对碳基质结构的演化起着决定性的作用。Keown 等[166]进行了类似的研究，发现甘蔗焦
的碳基质结构在与水蒸气接触后发生剧烈变化。Li 等[167]研究了 $CO_2$、$H_2O$ 及其混合物气
化过程中碳基质结构的演化，发现不同气化介质对碳质结构具有不同影响，$CO_2$ 和 $H_2O$
气化反应遵循不同的途径。Haykiri-Acma 等[168]使用热重分析技术研究了一些农业和废物
生物质样品在水蒸气和氮气混合气体中的气化特性。结果表明，气化特性完全取决于灰
分和固定碳含量以及灰分中存在的成分。建议将低灰分和高固定碳含量的生物质材料用
于气化过程。

(3)矿物类型和浓度的影响

某些矿物质可以催化或抑制气化反应。K、Ca 和 Na 被认为是催化物质而 Si 和 P 则会
抑制气化反应[169]，Kannan 等[170]得出 $SiO_2$ 与 K 反应形成硅酸盐降低气化反应性，从而阻
断 K 的催化作用。Kajita 等[171]研究表明 $Al_2O_3$ 具有能使 K 的催化作用失活的功能。图 1-9
为 $H_2O$-750-30 生物质焦加热过程中的扫描电镜和能量色散 X 射线分析[172]。Klinghoffer
等[172]发现矿物质可以在反应过程中迁移并形成簇或保持均匀分散在整个焦粒子中。
Henriksen 等[173]发现 Si 形成簇阻碍气体进入孔隙。Dupont 等[174]发现生物质焦对水蒸气
的反应性可以表示为温度和水蒸气分压的动力学参数的乘积，以及 K 和 Si 浓度的经验关
联式。Dupont 等[174]的研究也表明气化过程中生物质焦反应性的演化与 K/(Si+P)有关，
生物质焦表面出现的亮点是矿物质和氧元素迁移到生物质焦表面造成的。

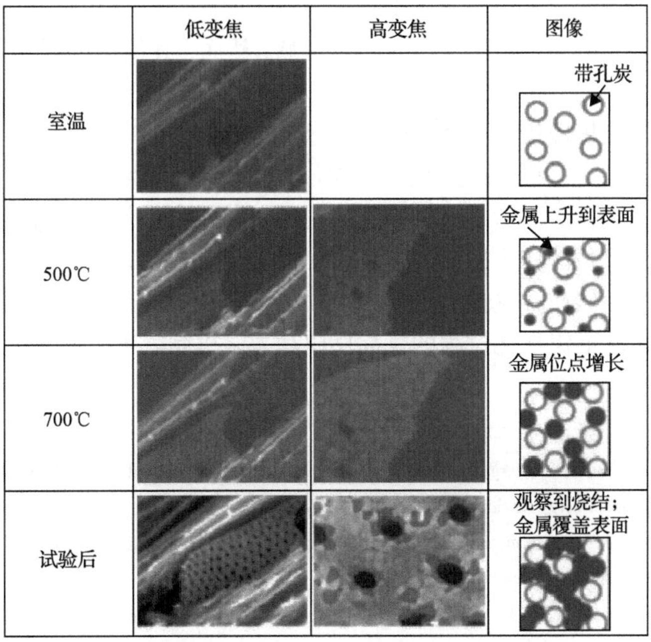

| | 低变焦 | 高变焦 | 图像 |
|---|---|---|---|
| 室温 | | | 带孔炭 |
| 500℃ | | | 金属上升到表面 |
| 700℃ | | | 金属位点增长 |
| 试验后 | | | 观察到烧结；金属覆盖表面 |

图 1-9 $H_2O$-750-30 生物质焦加热过程中的扫描电镜和能量色散 X 射线分析[172]

上述研究表明，生物质焦的孔隙结构、碳基质结构、表面官能团的性质及催化矿物的存在都会影响气化过程。因此，影响气化过程的生物质焦的性质可归为三类：生物质焦的孔隙结构性质(孔隙率和孔径分布特征)；生物质焦的碳基质结构性质(石墨化/有序化特征)；生物质焦的化学性质(表面官能团及催化矿物成分特征)。

可以通过改变热解反应条件，改变生物质焦的物理及化学结构。反应器温度、加热速率和停留时间直接影响生物质焦的产率。生物质焦的化学结构取决于热解温度[175]。随着温度升高，由于生物质组分的热解和残余炭的裂解，O 和 H 原子在气相中释放。此外，一些矿物挥发使生物质焦含碳量增加[176,177]。生物质焦的孔隙、碳基质结构和表面化学性质主要受热解温度和停留时间的影响。由于生物质热解和焦裂解反应，表面官能团随温度升高而降低。提高温度和停留时间会使碳基质结构变得更有序，生物质焦更趋于石墨化结构[178,179]。

# 1.5　研究现状简析

生物质气化的目的是得到高品质的气化产气，但是产气中焦油的存在将堵塞输送管路，使得设备无法正常运行，清洁设备和维修设备也会导致运行成本的极大增加。通过将气化温度提高至 1473K 以上，可以在不限定气化剂种类的前提下将焦油裂解为不可凝的轻质气体，进而从根本上解决焦油问题。然而在传统的生物质气化工艺中，气化温度都相对较低，这不利于焦油的充分裂解。在生物质高温热解过程中能量的消耗是真实存在的，需要针对生物质高温热解过程中能量平衡及损耗进行评估。然而，针对生物质高温热解过程的热力学研究相对薄弱，尤其是通过热力学研究方法对生物质高温过程中产物的能量转化关系及转化效率方面并未有较为深入的研究。

生物质中的灰分对高温热解反应有显著影响，然而，其作用机理尚未得到全面认识，这些影响涉及多个方面，包括生物质焦的孔隙结构、碳质结构、表面官能团的变化，以及灰分熔融对生物质焦理化特性演化的影响。

生物质在高温气化过程中，其颗粒结构(如孔隙结构、碳结构、形貌)会由于灰分的熔化而发生明显改变，进而影响其气化反应过程。该现象虽然已被许多学者观察到，但是灰分熔化对气化过程的作用机制尚不明确，受限于此，也缺少考虑灰分熔化影响的生物质熔融气化模型。然而，这些方法难以全面描述以生物质焦结构为出发点的高温气化机制。针对高温条件下焦气化过程的全局反应动力学机制尚未有充足的研究。

# 参 考 文 献

[1] Abbasi T, Abbasi S A. Biomass energy and the environmental impacts associated with its production and utilization[J]. Renewable and Sustainable Energy Reviews, 2010, 14(3): 919-937.

[2] Hosseini S E, Wahid M A. Utilization of palm solid residue as a source of renewable and sustainable energy in Malaysia[J]. Renewable and Sustainable Energy Reviews, 2014, 40: 621-632.

[3] Houshfar E, Skreiberg Ø, Todorović D, et al. NO$_x$ emission reduction by staged combustion in grate combustion of biomass fuels and fuel mixtures[J]. Fuel, 2012, 98: 29-40.

[4] Krzywanski J, Czakiert T, Blaszczuk A, et al. A generalized model of SO$_2$ emissions from large-and small-scale CFB boilers by

artificial neural network approach. Part 2. SO₂ emissions from large- and pilot-scale CFB boilers in O₂/N₂, O₂/CO₂ and O₂/RFG combustion atmospheres[J]. Fuel Processing Technology, 2015, 139: 73-85.

[5] Wolf K J, Smeda A, Mueller M, et al. Investigations on the influence of additives for SO₂ reduction during high alkaline biomass combustion[J]. Energy & Fuels, 2005, 19(3): 820-824.

[6] 世界能源统计年鉴 2024. [2024-08-26]. https://kpmg.com/cn/zh/home/insights/2024/08/statistical-review-of-world-energy-2024.html.

[7] 张东旺, 范浩东, 赵冰, 等. 国内外生物质能源发电技术应用进展[J]. 华电技术, 2021, 43: 70-75.

[8] Bentsen N S, Felby C, Thorsen J T. Agricultural residue production and potentials for energy and materials services[J]. Progress in Energy & Combustion Science, 2014, 40: 59-73.

[9] Lauri P, Havlík P, Kindermann G, et al. Woody biomass energy potential in 2050[J]. Energy Policy, 2014, 66: 19-31.

[10] Demirbaş A. Biomass resource facilities and biomass conversion processing for fuels and chemicals[J]. Energy Conversion and Management, 2001, 42(11): 1357-1378.

[11] Lede J, Li H, Villermaux J. Pyrolysis of biomass[J]. ACS Symposium, 2009, 3(6): 172-186.

[12] Anatal M J, Rogers F E, Friedman H. Kinetic of cellulose pyrolysis in nitrogen and steam[J]. Combustion Science and Technology, 1980, 21: 141-152.

[13] Zaror C A, Hutchings I S, Pyle D L, et al. Secondary char formation in the catalytic pyrolysis of biomass[J]. Fuel, 1985, 64(7): 990-994.

[14] Demirbas A. Mechanisms of liquefaction and pyrolysis reactions of biomass[J]. Energy Conversion and Management, 2000, 41(6): 633-646.

[15] 刘荣厚, 牛卫生, 张大雷. 生物质热化学转换技术[M]. 北京: 化学工业出版社, 2005:4-5.

[16] Bridgwater A V, Peacocke G V C. Fast pyrolysis processes for biomass[J]. Renewable and Sustainable Energy Reviews, 2000, 4(1): 1-73.

[17] 日本能源学会. 生物质和生物能源手册[M]. 史仲平, 华兆哲, 译. 北京: 化学工业出版社, 2007: 97-103.

[18] Maggi R, Delmon B. Comparison between slow and flash pyrolysis oils from biomass[J]. Fuel, 1994, 73(5): 671-677.

[19] Bridgwater A V, Peacocke G V C. Fast pyrolysis processes for biomass[J]. Renewable & Sustainable Energy Reviews, 2000, 4(1): 1-73.

[20] Babu B V. Biomass pyrolysis: A state-of-the-art review[J]. Biofuels Bioproducts & Biorefining-Biofpr, 2008, 2(5): 393-414.

[21] Demirbas A. Biomass resource facilities and biomass conversion processing for fuels and chemicals[J]. Energy Conversion and Management, 2001, 42(11): 1357-1378.

[22] Rezaiyan J, Cheremisinoff N P. Gasification Technologies: A Primer for Engineers and Technologists[M]. Taylor and Francis Group, Boca Raton: CRC Press, 2005: 15.

[23] Higman C, van der Burgt M. Gasification[M]. 2nd ed. New York: Gulf Professional Publishing Elsevier, 2008: 1-30.

[24] van Loo S, Koppejan J. The Handbook of Biomass Combustion and Co-firing[M]. London: Earthscan, 2008: 10-20.

[25] 张玉. 生物质高温旋风分级热解气化工艺关键技术研究[D]. 哈尔滨: 哈尔滨工业大学, 2016.

[26] Wang H, Wang X, Cui Y, et al. Slow pyrolysis polygeneration of bamboo (*Phyllostachys pubescens*): Product yield prediction and biochar formation mechanism[J]. Bioresource Technology, 2018, 263(27): 19065-19078.

[27] Deng S, Tan H, Wang X, et al. Investigation on the fast co-pyrolysis of sewage sludge with biomass and the combustion reactivity of residual char[J]. Bioresource Technology, 2017, 239: 302-310.

[28] 吕薇, 王鑫雨, 齐国利. 固定床内稻壳热解的能和㶲分析[J]. 哈尔滨理工大学学报, 2017, 22(4): 116-121.

[29] Anca-Couce A. Reaction mechanisms and multi-scale modelling of lignocellulosic biomass pyrolysis[J]. Progress in Energy & Combustion Science, 2016, 53: 41-79.

[30] Zhai M, Wang X, Zhang Y, et al. Characteristics of rice husk tar pyrolysis by external flue gas[J]. International Journal of Hydrogen Energy, 2015, 40(34): 10780-10787.

[31] Xu Y, Zhai M, Jin S, et al. Numerical simulation of high-temperature fusion combustion characteristics for a single biomass

particle[J]. Fuel Processing Technology, 2019, 183: 27-34.

[32] Benedetti V, Patuzzi F, Baratieri M. Characterization of char from biomass gasification and its similarities with activated carbon in adsorption applications[J]. Applied Energy, 2017, 227: 92-99.

[33] Chen H, Chen X, Qin Y, et al. Effect of torrefaction on the properties of rice straw high temperature pyrolysis char: Pore structure, aromaticity and gasification activity[J]. Bioresource Technology, 2016, 228: 241-249.

[34] Panahi A, Levendis Y A, Vorobiev N, et al. Direct observations on the combustion characteristics of *Miscanthus* and beechwood biomass including fusion and spherodization[J]. Fuel Processing Technology, 2017, 166: 41-49.

[35] Wang X, Panahi A, Qi H, et al. Product compositions from sequential biomass pyrolysis and gasification of its char residue[J]. Journal of Energy Engineering, 2020, 146(5): 04020049.

[36] Basu P. Biomass Gasification, Pyrolysis and Torrefaction: Practical design and theory[M]. London: Academic Press, 2018.

[37] Hu X, Gholizadeh M. Biomass pyrolysis: A review of the process development and challenges from initial researches up to the commercialisation stage[J]. Journal of Energy Chemistry, 2019, 39(12): 109-143.

[38] 陈超. 生物质多级高温气化定向制备合成气的特性研究[D]. 杭州: 浙江大学, 2015.

[39] Liu W, Li W, Jiang H, et al. Fates of chemical elements in biomass during its pyrolysis[J]. Chemical Reviews, 2017, 117(9): 6367-6398.

[40] Phuphuakrat T, Namioka T, Yoshikawa K. Absorptive removal of biomass tar using water and oily materials[J]. Bioresource Technology, 2011, 102(2): 543-549.

[41] Lackner M, Winter F, Agarwal A K, et al. Handbook of Combustion[M]. London: Wiley-VCH, Weinheim, 2010.

[42] Wang X, Lv W, Guo L, et al. Energy and exergy analysis of rice husk high-temperature pyrolysis[J]. International Journal of Hydrogen Energy, 2016, 41(46): 21121-21130.

[43] Corella J, Toledo J M, Molina G. A review on dual fluidized-bed biomass gasifiers[J]. Industrial & Engineering Chemistry Research, 2007, 46(21): 6831-6839.

[44] Li C, Hirabayashi D, Suzuki K. A crucial role of $O_2$ and $O_{22}$ on mayenite structure for biomass tar steam reforming over $Ni/Ca_{12}Al_{14}O_{33}$[J]. Applied Catalysis B: Environmental, 2009, 88(3-4): 351-360.

[45] Zhang W, Liu H, Ul Hai I, et al. Gas cleaning strategies for biomass gasification product gas[J]. International Journal of Low-Carbon Technologies, 2012, 7(2): 69-74.

[46] Lyu S, Cao T, Zhang L, et al. Assessment of low-rank coal and biomass co-pyrolysis system coupled with gasification[J]. International Journal of Energy Research, 2020, 44(4): 2652-2664.

[47] Pereira E G, Silva J N D, Oliveira J L D, et al. Sustainable energy: A review of gasification technologies[J]. Renewable and Sustainable Energy Reviews, 2012, 16(7): 4753-4762.

[48] Susastriawan A A P, Saptoadi H, Purnomo. Small-scale downdraft gasifiers for biomass gasification: A review[J]. Renewable and Sustainable Energy Reviews, 2017, 76: 989-1003.

[49] Zhai M, Wang X, Zhang Y, et al. Characteristics of rice husk tar secondary thermal cracking[J]. Energy, 2015, 93: 1321-1327.

[50] Qian H, Chen W, Zhu W, et al. Simulation and evaluation of utilization pathways of biomasses based on thermodynamic data prediction[J]. Energy, 2019, 173: 610-625.

[51] Torres E, Rodriguez-Ortiz L A, Zalazar D, et al. 4-E (environmental, economic, energetic and exergetic) analysis of slow pyrolysis of lignocellulosic waste[J]. Renewable Energy, 2020, 162: 296-307.

[52] Zhang Y, Ji G, Ma D, et al. Exergy and energy analysis of pyrolysis of plastic wastes in rotary kiln with heat carrier[J]. Process Safety Environmental Protection, 2020, 142: 203-211.

[53] Wang X, Zhai M, Wang Z, et al. Carbonization and combustion characteristics of palm fiber[J]. Fuel, 2018, 227: 21-26.

[54] Zhai M, Zhang Y, Dong P, et al. Characteristics of rice husk char gasification with steam[J]. Fuel, 2015, 158: 42-49.

[55] Wang G, Zhang J, Chang W, et al. Structural features and gasification reactivity of biomass chars pyrolyzed in different atmospheres at high temperature[J]. Energy, 2018, 147: 25-35.

[56] Fu P, Hu S, Xiang J, et al. Pyrolysis of maize stalk on the characterization of chars formed under different devolatilization

conditions[J]. Energy & Fuels, 2009, 23(5): 4605-4611.

[57] Asadullah M, Zhang S, Li C. Evaluation of structural features of chars from pyrolysis of biomass of different particle sizes[J]. Fuel Processing Technology, 2010, 91(8): 877-881.

[58] Mermoud F, Salvador S, van de Steene L, et al. Influence of the pyrolysis heating rate on the steam gasification rate of large wood char particles[J]. Fuel, 2006, 85(10-11): 1473-1482.

[59] Soria J, Li R, Flamant G, et al. Influence of pellet size on product yields and syngas composition during solar-driven high temperature fast pyrolysis of biomass[J]. Journal of Analytical & Applied Pyrolysis, 2019, 140: 299-311.

[60] Rezaei H, Yazdanpanah F, Lim C J, et al. Pyrolysis of ground pine chip and ground pellet particles[J]. The Canadian Journal of Chemical Engineering, 2016, 94(10): 1863-1871.

[61] Hu Q, Yang H, Xu H, et al. Thermal behavior and reaction kinetics analysis of pyrolysis and subsequent in-situ gasification of torrefied biomass pellets[J]. Energy Conversion and Management, 2018, 161: 205-214.

[62] Zhao H, Wang B, Li Y, et al. Effect of chemical fractionation treatment on structure and characteristics of pyrolysis products of Xinjiang long flame coal[J]. Fuel, 2018, 234: 1193-1204.

[63] Wu Z, Ma C, Jiang Z, et al. Structure evolution and gasification characteristic analysis on co-pyrolysis char from lignocellulosic biomass and two ranks of coal: Effect of wheat straw[J]. Fuel, 2019, 239: 180-190.

[64] Zanzi R, Sjöström K, Björnbom E. Rapid pyrolysis of agricultural residues at high temperature[J]. Biomass & Bioenergy, 2002, 23(5): 357-366.

[65] Blasi C D. Combustion and gasification rates of lignocellulosic chars[J]. Progress in Energy & Combustion Science, 2009, 35(2): 121-140.

[66] Panahi A, Vorobiev N, Schiemann M, et al. Combustion details of raw and torrefied biomass fuel particles with individually-observed size, shape and mass[J]. Combustion and Flame, 2019, 207: 327-341.

[67] Vorobiev N, Becker A, Kruggel-Emden H, et al. Particle shape and stefan flow effects on the burning rate of torrefied biomass[J]. Fuel, 2017, 210: 107-120.

[68] Asadullah M, Zhang S, Min Z, et al. Effects of biomass char structure on its gasification reactivity[J]. Bioresource Technology, 2010, 101(20): 7935-3943.

[69] Morin M, Pécate S, Hémati M, et al. Pyrolysis of biomass in a batch fluidized bed reactor: Effect of the pyrolysis conditions and the nature of the biomass on the physicochemical properties and the reactivity of char[J]. Journal of Analytical & Applied Pyrolysis, 2016, 122: 511-523.

[70] Yu J, Sun L, Berrueco C, et al. Influence of temperature and particle size on structural characteristics of chars from beechwood pyrolysis[J]. Journal of Analytical & Applied Pyrolysis, 2018, 130: 127-134.

[71] Borrego A G, Garavaglia L, Kalkreuth W D. Characteristics of high heating rate biomass chars prepared under $N_2$ and $CO_2$ atmospheres[J]. International Journal of Coal Geology, 2009, 77: 409-415.

[72] Tong W, Liu Q, Yang C, et al. Effect of pore structure on $CO_2$ gasification reactivity of biomass chars under high-temperature pyrolysis[J]. Journal of the Energy Institute, 2019, 93(3): 962-976.

[73] Shen Q, Sui B L, Wu H. Evolution of char properties during rapid pyrolysis of woody biomass particles under pulverized fuel conditions[J]. Energy & Fuels, 2021, 35(19): 15778-15789.

[74] Kim K H, Kim J Y, Cho T S, et al. Influence of pyrolysis temperature on physicochemical properties of biochar obtained from the fast pyrolysis of pitch pine (Pinus rigida)[J]. Bioresource Technology, 2012, 118: 158-162.

[75] Zhang C, Chao L, Zhang Z, et al. Pyrolysis of cellulose: Evolution of functionalities and structure of bio-char versus temperature[J]. Renewable Sustainable Energy Reviews, 2021, 135: 110416.

[76] Fu P, Yi W, Li Z, et al. Evolution of char structural features during fast pyrolysis of corn straw with solid heat carriers in a novel V-shaped down tube reactor[J]. Energy Conversion and Management, 2017, 149: 570-578.

[77] Zhao Y, Feng D, Zhang Y, et al. Effect of pyrolysis temperature on char structure and chemical speciation of alkali and alkaline earth metallic species in biochar[J]. Fuel Processing Technology, 2015, 141: 54-60.

[78] Surup G R, Nielsen H K, Heidelmann M, et al. Characterization and reactivity of charcoal from high temperature pyrolysis (800-1600℃)[J]. Fuel, 2019, 235: 1544-1554.

[79] 郭晓娟, 钟少芬. 生物质锅炉结焦、结灰分析及应对措施[J]. 科技创新与应用, 2017(21): 93, 95.

[80] 李海英, 张泽, 姬爱民, 等. 生物质灰结渣和腐蚀特性[J]. 环境工程技术学报, 2017, 7(1): 107-113.

[81] Miller S F, Miller B G. The occurrence of inorganic elements in various biofuels and its effect on ash chemistry and behavior and use in combustion products[J]. Fuel Processing Technology, 2007, 88(11-12): 1155-1164.

[82] Boström D, Skoglund N, Grimm A, et al. Ash transformation chemistry during combustion of biomass[J]. Energy & Fuels, 2011, 26(1): 85-93.

[83] 韩旭, 张岩丰, 姚丁丁, 等. 生物质气化过程中碱金属和碱土金属的析出特性研究[J]. 燃料化学学报, 2014, 42(7): 792-798.

[84] Thunman H, Seemann M, Berdugo Vilches T, et al. Advanced biofuel production via gasification-lessons learned from 200 man-years of research activity with Chalmers' research gasifier and the GoBiGas demonstration plant[J]. Energy Science Engineering, 2018, 6(1): 6-34.

[85] Arvelakis S, Koukios E G. Physicochemical upgrading of agroresidues as feedstocks for energy production via thermochemical conversion methods[J]. Biomass & Bioenergy, 2002, 22(5): 331-348.

[86] Cetin E, Gupta R, Moghtaderi B. Effect of pyrolysis pressure and heating rate on radiata pine char structure and apparent gasification reactivity[J]. Fuel, 2005, 84(10): 1328-1334.

[87] Näzelius I L, Fagerström J, Boman C, et al. Slagging in fixed-bed combustion of phosphorus-poor biomass: Critical ash-forming processes and compositions[J]. Energy & Fuels, 2015, 29(2): 894-908.

[88] Du S, Yang H, Qian K, et al. Fusion and transformation properties of the inorganic components in biomass ash[J]. Fuel, 2014, 117: 1281-1287.

[89] Panahi A, Toole N, Wang X, et al. On the minimum oxygen requirements for oxy-combustion of single particles of torrefied biomass[J]. Combustion & Flame, 2020, 213: 426-440.

[90] Chhiti Y, Peyrot M, Salvador S. Soot formation and oxidation during bio-oil gasification: Experiments and modeling[J]. Journal of Energy Chemistry, 2013, 22(5): 701-709.

[91] Hernández J J, Aranda-Almansa G, Bula A. Gasification of biomass wastes in an entrained flow gasifier: Effect of the particle size and the residence time[J]. Fuel Processing Technology, 2010, 91(6): 681-692.

[92] Yao Z, He X, Hu Q, et al. A hybrid peripheral fragmentation and shrinking-core model for fixed-bed biomass gasification[J]. Chemical Engineering Journal, 2020, 400: 124940.

[93] Wang T, Meng D, Zhu J, et al. Effects of pelletizing conditions on the structure of rice straw-pellet pyrolysis char[J]. Fuel, 2020, 264: 116909.

[94] Efika C E, Onwudili J A, Williams P T. Influence of heating rates on the products of high-temperature pyrolysis of waste wood pellets and biomass model compounds[J]. Waste Management, 2018, 76: 497-506.

[95] Hu Q, Cheng W, Mao Q, et al. Study on the physicochemical structure and gasification reactivity of chars from pyrolysis of biomass pellets under different heating rates[J]. Fuel, 2022, 314: 122789.

[96] Chen Y, Syed-Hassan S S A, Xiong Z, et al. Temporal and spatial evolution of biochar chemical structure during biomass pellet pyrolysis from the insights of micro-Raman spectroscopy[J]. Fuel Processing Technology, 2021, 218: 106839.

[97] Muvhiiwa R, Kuvarega A, Llana E M, et al. Study of biochar from pyrolysis and gasification of wood pellets in a nitrogen plasma reactor for design of biomass processes[J]. Journal of Environmental Chemical Engineering, 2019, 7(5): 103391.

[98] Mckendry P. Energy production from biomass(Part 3): Gasification technologies[J]. Bioresource Technology, 2002, 83: 55-63.

[99] Loha C, Karmakar M K, De S, et al. Gasifiers: Types, Operational Principles, and Commercial Forms[M]. Coal and Biomass Gasification: Recent Advances and Future Challenges, 2018: 63-93.

[100] Thomson R, Kwong P, Ahmad E, et al. Clean syngas from small commercial biomass gasifiers; a review of gasifier development, recent advances and performance evaluation[J]. International Journal of Hydrogen Energy, 2020, 45:

21087-21111.

[101] Rahman M D M, Henriksen U B, Ahrenfeldt J, et al. Design, construction and operation of a low-tar biomass (LTB) gasifier for power applications[J]. Energy, 2020, 204: 117944.

[102] Dimpl E. Small-scale electricity generation from biomass part I—Biomass gasification[J]. Fed, Minist.Eco.Corp.Dev, 2011.

[103] Sansaniwal S K, Pal K, Rosen M A, et al. Recent advances in the development of biomass gasification technology: A comprehensive review[J]. Renewable and Sustainable Energy Reviews, 2017, 72: 363-384.

[104] Bosmans A, Wasan S, Helsen L. Waste-to-clean syngas: Avoiding tar problems[C]. Proceedings of the 2nd International Academic Symposium on Enhanced Landfill Mining. Haletra; Houthalen-Helchteren, 2013: 181-201.

[105] Puig-Arnavat M, Bruno J C, Coronas A. Modified thermodynamic equilibrium model for biomass gasification: A study of the influence of operating conditions[J]. Energy & Fuels, 2012, 26: 1385-1394.

[106] Sharma S, Sheth P N. Air-steam biomass gasification: Experiments, modeling and simulation[J]. Energy Conversion and Management, 2016, 110: 307-318.

[107] Karatas H, Akgun F. Experimental results of gasification of walnut shell and pistachio shell in a bubbling fluidized bed gasifier under air and steam atmospheres[J]. Fuel, 2018, 214: 285-292.

[108] Kihedu J H, Yoshiie R, Naruse I. Performance indicators for air and air-steam auto-thermal updraft gasification of biomass in packed bed reactor[J]. Fuel Processing Technology, 2016, 141: 93-98.

[109] Hernández J J, Aranda G, Barba J, et al. Effect of steam content in the air-steam flow on biomass entrained flow gasification[J]. Fuel Processing Technology, 2012, 99: 43-55.

[110] Hanaoka T, Inoue S, Uno S, et al. Effect of woody biomass components on air-steam gasification[J]. Biomass and Bioenergy, 2005, 28: 69-76.

[111] Ciuta S, Tsiamis D, Castaldi M J. Gasification of Waste Materials: Technologies for Generating Energy, Gas and Chemicals from Municipal Solid Waste, Biomass, Nonrecycled Plastics, Sludges, and Wet Solid Wastes[M]. London: Academic Press, 2017.

[112] Jong W D, Uenal O, Andries J, et al. Biomass and fossil fuel conversion by pressurised fluidised bed gasification using hot gas ceramic filters as gas cleaning[J]. Biomass & Bioenergy, 2003, 25:59-83.

[113] Rabou L, Zwart R, Vreugdenhil B J, et al. Tar in biomass producer gas, the energy research centre of the netherlands (ECN) experience: An enduring challenge[J]. Energy & Fuels, 2009, 23:6189-6198.

[114] 何伯翠. 秸秆热解气化气中焦油生成机理及除焦方法[J]. 皖西学院学报, 2002, 18: 46-48.

[115] Phuphuakrat T, Namioka T, Yoshikawa K. Absorptive removal of biomass tar using water and oily materials[J]. Bioresouree Technology, 2011, 102: 543-549.

[116] Bhave A G, Vyas D K, Patel J B. A wet packed bed scrubber-based producer gas cooling-cleaning system[J]. Renewable Energy, 2008, 33:1716-1720.

[117] Zwart R W R, Van der Drift A, Bos A, et al. Oil-based gas washing: Flexible tar removal for high-efficient production of clean heat and power as well as sustainable fuels and chemicals[J]. Environmental Progress and Sustainable Energy: An offical Publication of the American Institute of Chemical Engineers, 2009, 28(3): 324-335.

[118] Ammendola P, Piriou B, Lisi L, et al. Dual bed reactor for the study of catalytic biomass tars conversion[J]. Experimental Thermal & Fluid Science, 2010, 34:269-274.

[119] Lv P, Yuan Z, Wu C, et al. Bio-syngas production from biomass catalytic gasification[J]. Energy Conversion & Management, 2007, 48: 1132-1139.

[120] Caballero M A, Corella J, Aznar M P, et al. Biomass gasification with air in fluidized bed. hot gas cleanup with selected commercial and full-size nickel-based catalysts[J]. Industrial & Engineering Chemistry Research, 2000, 39:1143-1154.

[121] Rapagnà S, Jand N, Kiennemann A, et al. Steam-gasification of biomass in a fluidised-bed of olivine particles[J]. Biomass & Bioenergy, 2000, 19:187-197.

[122] Tursun Y, Xu S, Abulikemu A, et al. Biomass gasification for hydrogen rich gas in a decoupled triple bed gasifier with olivine

and NiO/olivine[J]. Bioresource Technology, 2019, 272: 241-248.

[123] Virginie M, Adánez J, Courson C, et al. Effect of Fe-olivine on the tar content during biomass gasification in a dual fluidized bed[J]. Applied Catalysis B Environmental, 2012, 121-122:214-222.

[124] El-Rub Z A, Bramer E A, Brem G. Experimental comparison of biomass chars with other catalysts for tar reduction[J]. Fuel, 2008, 87:2243-2252.

[125] Myrén C, Hornell C, Bjornbom E, et al. Catalytic tar decomposition of biomass pyrolysis gas with a combination of dolomite and silica[J]. Biomass & Bioenergy, 2002, 23:217-227.

[126] Han J, Kim H. The reduction and control technology of tar during biomass gasification/pyrolysis: An overview [J]. Renewable and Sustainable Energy Reviews, 2008, 12:397-416.

[127] Yan Z, Kajitani S, Ashizawa M, et al. Tar destruction and coke formation during rapid pyrolysis and gasification of biomass in a drop-tube furnace[J]. Fuel, 2010, 89:302-309.

[128] 齐国利. 生物质热解及焦油热裂解的实验研究和数值模拟[D]. 哈尔滨: 哈尔滨工业大学, 2010.

[129] Guizani C, Jeguirim M, Gadiou R, et al. Biomass char gasification by $H_2O$, $CO_2$ and their mixture: Evolution of chemical, textural and structural properties of the chars[J]. Energy, 2016, 112: 133-145.

[130] Keown D M, Li X, Hayashi J I, et al. Evolution of biomass char structure during oxidation in $O_2$ as revealed with FT-Raman spectroscopy[J]. Fuel Processing Technology, 2008, 89:1429-1435.

[131] He Q, Guo Q, Ding L, et al. $CO_2$ gasification of char from raw and torrefied biomass: Reactivity, kinetics and mechanism analysis[J]. Bioresource Technology, 2019, 293:122087.

[132] Fu P, Hu S, Xiang J, et al. Evolution of char structure during steam gasification of the chars produced from rapid pyrolysis of rice husk[J]. Bioresource Technology, 2012, 114: 691-697.

[133] Wu R, Beutler J, Price C, et al. Biomass char particle surface area and porosity dynamics during gasification[J]. Fuel, 2020, 264: 116833.

[134] Fatehi H, Bai X S. Structural evolution of biomass char and its effect on the gasification rate[J]. Applied Energy, 2017, 185:998-1006.

[135] Wang S, Wu L, Hu X, et al. Effects of the particle size and gasification atmosphere on the changes in the char structure during the gasification of mallee biomass[J]. Energy & Fuels, 2018, 32:7678-7684.

[136] Wu H, Yip K, Tian F, et al. Evolution of char structure during the steam gasification of biochars produced from the pyrolysis of various mallee biomass components [J]. Industrial & Engineering Chemistry Research, 2009, 48:10431-10438.

[137] Komarova E, Guhl S, Meyer B. Brown coal char $CO_2$-gasification kinetics with respect to the char structure. Part I: Char structure development[J]. Fuel, 2015, 152: 38-47.

[138] Cetin E, Gupta R, Moghtaderi B. Effect of pyrolysis pressure and heating rate on radiata pine char structure and apparent gasification reactivity[J]. Fuel, 2005, 84:1328-1334.

[139] Dall'Ora M, Jensen P A, Jensen A D. Suspension combustion of wood: Influence of pyrolysis conditions on char yield, morphology, and reactivity[J]. Energy & Fuels, 2008, 22: 2955-2962.

[140] Biagini E, Tognitti L. Characterization of biomass chars[C]. Seventh International Conference on Energy for Clean Environment, Portugal, 2003.

[141] Morin M, Pécate S, Hémati M, et al. Pyrolysis of biomass in a batch fluidized bed reactor: Effect of the pyrolysis conditions and the nature of the biomass on the physicochemical properties and the reactivity of char[J]. Journal of Analytical and Applied Pyrolysis, 2016, 122: 511-523.

[142] Cetin E, Moghtaderi B, Gupta R, et al. Influence of pyrolysis conditions on the structure and gasification reactivity of biomass chars[J]. Fuel, 2004, 83: 2139-2150.

[143] Tong W, Liu Q, Yang C, et al. Effect of pore structure on $CO_2$ gasification reactivity of biomass chars under high-temperature pyrolysis[J]. Journal of the Energy Institute, 2020, 93: 962-976.

[144] Ma Z, Bai J, Bai Z, et al. Mineral transformation in char and its effect on coal char gasification reactivity at high temperatures.

Part 2: Char gasification[J]. Energy & Fuels, 2014, 28: 1846-1853.

[145] Calemma V, Radovic L R. On the gasification reactivity of Italian Sulcis coal[J]. Fuel, 1991, 70: 1027-1030.

[146] Lin S Y, Hirato M, Horio M. The characteristics of coal char gasification at around ash melting temperature[J]. Energy & Fuels, 1994, 8: 598-606.

[147] Li S, Whitty K J. Physical phenomena of char–slag transition in pulverized coal gasification[J]. Fuel Processing Technology, 2012, 95: 127-136.

[148] Liu M, Shen Z, Liang Q, et al. Morphological evolution of a single char particle with a low ash fusion temperature during the whole gasification process[J]. Energy & Fuels, 2018, 32: 1550-1557.

[149] Haseli Y, van Oijen J A, de Goey L P H. Reduced model for combustion of a small biomass particle at high operating temperatures[J]. Bioresource Technology, 2013, 131: 397-404.

[150] Wurzenberger J C, Wallner S, Raupenstrauch H, et al. Thermal conversion of biomass: Comprehensive reactor and particle modeling[J]. AIChE Journal, 2002, 48: 2398-2411.

[151] Porteiro J, Granada E, Collazo J, et al. A model for the combustion of large particles of densified wood[J]. Energy & Fuels, 2007, 21: 3151-3159.

[152] Li J, Paul M C, Younger P L, et al. Prediction of high-temperature rapid combustion behaviour of woody biomass particles[J]. Fuel, 2016, 165: 205-214.

[153] Galadima A, Muraza O. Waste to liquid fuels: Potency, progress and challenges[J]. International Journal of Energy Research, 2015, 39(11): 1451-1478.

[154] Kleinhans U, Halama S, Spliethoff H. The role of gasification reactions during pulverized solid fuel combustion: A detailed char combustion model based on measurements of char structure and kinetics for coal and pre-treated biomass[J]. Combustion & Flame, 2017, 184: 117-135.

[155] Baratieri M, Baggio P, Fiori L, et al. Biomass as an energy source: Thermodynamic constraints on the performance of the conversion process[J]. Bioresource Technology, 2008, 99(15): 7063-7073.

[156] Sheng C. Char structure characterised by Raman spectroscopy and its correlations with combustion reactivity[J]. Fuel, 2007, 86(15): 2316-2324.

[157] Bharadwaj A, Baxter L L, Robinson A L. Effects of intraparticle heat and mass transfer on biomass devolatilization: Experimental results and model predictions[J]. Energy & Fuels, 2004, 18(4): 1021-1031.

[158] Avila C, Pang C H, Wu T, et al. Morphology and reactivity characteristics of char biomass particles[J]. Bioresource Technology, 2011, 102(8): 5237-5243.

[159] Senneca O. Kinetics of pyrolysis, combustion and gasification of three biomass fuels[J]. Fuel Processing Technology, 2007, 88(1): 87-97.

[160] Bai Y, Wang Y, Zhu S, et al. Structural features and gasification reactivity of coal chars formed in Ar and $CO_2$ atmospheres at elevated pressures[J]. Energy, 2014, 74: 464-470.

[161] 罗凯, 陈汉平, 王贤华, 等. 生物质焦及其特性[J]. 可再生能源, 2007, 25(1): 17-19, 22.

[162] Fu P, Hu S, Xiang J, et al. Evolution of char structure during steam gasification of the chars produced from rapid pyrolysis of rice husk[J]. Bioresource Technology, 2012, 114: 691-697.

[163] Klose W, Wölki M. On the intrinsic reaction rate of biomass char gasification with carbon dioxide and steam[J]. Fuel, 2005, 84(7-8): 885-892.

[164] Zoulalian A, Bounaceur R, Dufour A. Kinetic modelling of char gasification by accounting for the evolution of the reactive surface area[J]. Chemical Engineering Science, 2015, 138: 281-290.

[165] Tay H, Kajitani S, Zhang S, et al. Effects of gasifying agent on the evolution of char structure during the gasification of Victorian brown coal[J]. Fuel, 2013, 103: 22-28.

[166] Keown D M, Hayashi J I, Li C. Drastic changes in biomass char structure and reactivity upon contact with steam[J]. Fuel, 2008, 87(7): 1127-1132.

[167] Li T, Zhang L, Dong L, et al. Effects of gasification atmosphere and temperature on char structural evolution during the gasification of Collie sub-bituminous coal[J]. Fuel, 2014, 117: 1190-1195.

[168] Haykiri-Acma H, Yaman S, Kucukbayrak S. Gasification of biomass chars in steam-nitrogen mixture[J]. Energy Conversion and Management, 2006, 47(7-8): 1004-1013.

[169] Bouraoui Z, Dupont C, Jeguirim M, et al. $CO_2$ gasification of woody biomass chars: The influence of K and Si on char reactivity[J]. Comptes Rendus Chimie, 2016, 19(4): 457-465.

[170] Kannan M P, Richards G N. Gasification of biomass chars in carbon dioxide: Dependence of gasification rate on the indigenous metal content[J]. Fuel, 1990, 69(6): 747-753.

[171] Kajita M, Kimura T, Norinaga K, et al. Catalytic and noncatalytic mechanisms in steam gasification of char from the pyrolysis of biomass[J]. Energy & Fuels, 2009, 24(1): 108-116.

[172] Klinghoffer N B, Castaldi M J, Nzihou A. Catalyst properties and catalytic performance of char from biomass gasification[J]. Industrial & Engineering Chemistry Research, 2012, 51(40): 13113-13122.

[173] Henriksen U, Hindsgaul C, Qvale B, et al. Investigation of the anisotropic behavior of wood char particles during gasification[J]. Energy & Fuels, 2006, 20(5): 2233-2238.

[174] Dupont C, Jacob S, Marrakchy K O, et al. How inorganic elements of biomass influence char steam gasification kinetics[J]. Energy, 2016, 109: 430-435.

[175] Brassard P, Godbout S, Raghavan V, et al. The production of engineered biochars in a vertical auger pyrolysis reactor for carbon sequestration[J]. Energies, 2017, 10(3): 288.

[176] Keiluweit M, Nico P S, Johnson M G, et al. Dynamic molecular structure of plant biomass-derived black carbon (biochar)[J]. Environmental Science & Technology, 2010, 44(4): 1247-1253.

[177] Azargohar R, Nanda S, Kozinski J A, et al. Effects of temperature on the physicochemical characteristics of fast pyrolysis bio-chars derived from Canadian waste biomass[J]. Fuel, 2014, 125: 90-100.

[178] Guizani C, Jeguirim M, Valin S, et al. Biomass chars: The effects of pyrolysis conditions on their morphology, structure, chemical properties and reactivity[J]. Energies, 2017, 10(6): 796.

[179] Guizani C, Haddad K, Limousy L, et al. New insights on the structural evolution of biomass char upon pyrolysis as revealed by the Raman spectroscopy and elemental analysis[J]. Carbon, 2017, 119: 519-521.

# 第2章　生物质热解及焦油高温裂解特性

生物质气化使用最多的是下吸式固定床气化炉,虽然下吸式固定床气化炉较上吸式固定床气化炉和流化床气化炉焦油产率低,但由于下吸式固定床气化炉采用两侧供风,同时因为其具有较大的截面积,很难在气化炉全截面下形成均匀的焦炭层,进行焦油的二次裂解,因此生物质气中的焦油含量仍然不理想,即使生物质气经过水洗过滤,其仍会携带部分焦油。生物质气中焦油含量高和废水污染问题导致一些气化站"一年建、二年用、三年停"的状况[1],这就需要从源头上极大地减少生物质气中的焦油含量,基于此,本章提出了生物质高温热解气化的工艺思想。图 2-1 为生物质高温热解气化工艺原理图。生物质气和高温空气在高速燃烧器中燃烧产生高温烟气,利用高温烟气来热解进入旋风炉中的生物质,旋风炉中产生的高温生物质气首先经过蒸汽发生器,生产蒸汽的同时降低生物质气的温度,产生的蒸汽一部分回用、气化旋风炉中的固定碳,另一部分可以供给蒸汽用户,从蒸汽发生器引出的生物质气进入蓄热式高温空气发生器,在这里实现冷空气转换为热空气,生物质气的温度降为常温,然后进入分离器,分离出生物质气所携带的灰尘粒子,然后进入生物质气储气罐。生物质气储气罐中一部分供给高速燃烧器产生高温烟气,其余的供给生物质气用户。高速燃烧器的优点是燃烧的热强度高、流速高[2]。之所以选用旋风炉作为热解气化设备,是因为旋风炉温度高(其温度可达 1600℃以上)、停留时间一般可以达到 2~5s,如采用特殊设计,停留时间可以更长,这就为生物质热解及焦油高温热裂解提供了适合的条件。另外,由于采

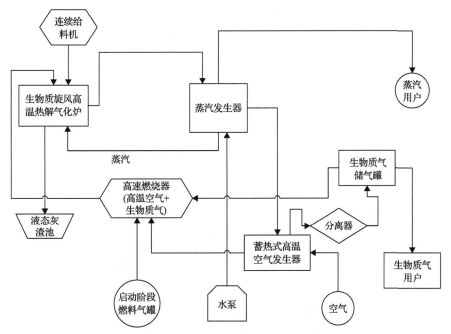

图 2-1　生物质高温热解气化工艺原理图

用生物质气余热利用蒸汽发生器系统以及生物质气余热利用空气加热器等节能设备和技术，所以该系统的热效率高。而且该系统简单可靠，可以连续运行，易于操作控制和维护。

本章基于生物质高温热解气化工艺的原理，设计并制造双床联合的生物质高温热解实验系统，目的是把生物质热解和焦油的高温热裂解分开，以便准确考察温度、停留时间对生物质热解过程中焦油裂解率、焦油成分、焦油种类及生物质气成分的影响。具体的执行步骤分为三步：第一步，利用丙烷和空气燃烧产生的高温烟气热解生物质(稻壳和木屑)，由于采用了外加高温烟气作为生物质热解的热源，因此容易控制反应器内的温度分布；第二步，利用丙烷和空气燃烧产生的高温烟气预热蓄热陶瓷材料，然后让生物质气通过这个预热的蓄热式陶瓷裂解器，在700～1300℃的高温环境下(由陶瓷裂解器和持续的高温烟气共同维持)实现生物质气中焦油的裂解净化；第三步，生物质气经过蓄热式高温陶瓷裂解器后，进入冷凝器，利用外部水冷的方式收集生物质气中所携带的焦油，并将生物质气冷却到常温。

## 2.1 实验系统设计及实验方法

### 2.1.1 实验系统设计

本章设计的生物质高温热解及焦油收集系统主要包括一级燃烧器、二级燃烧器、生物质热解主床、蓄热式焦油裂解反应器、焦油冷凝器、混合室等，如图2-2所示，其中2是一级燃烧器，3是二级燃烧器，燃烧器的设计见图2-3。

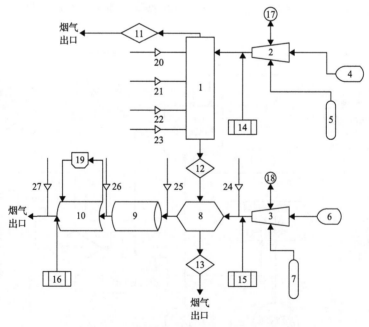

图2-2 生物质高温热解及焦油收集系统图

1-生物质热解主床；2、3-燃气燃烧器；4、6-空气压缩机；5、7-丙烷气瓶；8-混合室；9-蓄热式焦油裂解反应器；10-焦油冷凝器；11～13-不锈钢球阀；14～16-烟气分析仪；17、18-压力传感器；19-水泵；20～27-热电偶

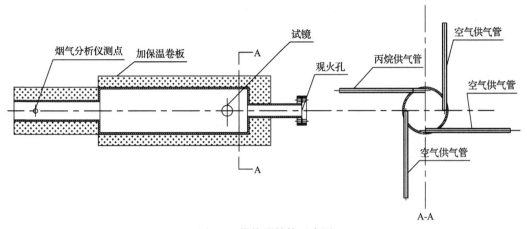

图 2-3　燃烧器结构示意图

考虑到燃烧器用丙烷作为燃料，燃烧器内的火焰温度高，所以燃烧器的外壁用
1Cr18Ni9Ti 不锈钢材料，在不锈钢的内壁焊上不锈钢网，内衬耐火混凝土和骨料，燃烧
器外面包保温材料，这样设计的优点是一方面可以防止燃烧器不被较高的火焰温度烧坏，
另一方面可以减少燃烧器的散热损失，以创造生物质焦油高温热裂解所需的不同温度环
境(特别是高温环境)。燃烧器所用丙烷和空气的给入方式都采用切向进入，丙烷和空气
的燃烧为旋流燃烧，燃气和空气喷口的面积比与燃气完全燃烧时燃气与空气量的比相同。
为了能够观察到点火和燃烧的情况，在燃烧器的端面设置观察窗。生物质热解主床的详
细设计见图 2-4。

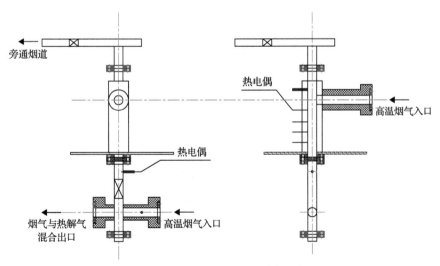

图 2-4　生物质热解主床结构示意图

主床是生物质物料热解的场所，所用材料为内壁衬有耐火混凝土的不锈钢，从上到
下分布有四支热电偶，热电偶 20 测量烟气进入生物质热解主床的入口温度，热电偶 21～
23 测量生物质物料的实际热解温度，热电偶 24 测量二级燃烧器出口的烟气温度，热电
偶 25 测量生物质热解气和高温烟气的混合气体出口温度，热电偶 26 测量蓄热式焦油裂

解反应器的出口温度，热电偶 27 测量焦油冷凝器出口的烟气温度。二级燃烧器与一级燃烧器在点火设计、混合室设计、燃烧室设计相同，不同的是二级燃烧器在尾部加装数根直径较小的陶瓷管，目的是避免火焰过长和增加尾部烟气的蓄热。蓄热式焦油裂解反应器是可凝气体发生高温热裂解的场所，见图 2-5。所用材料选择不锈钢内衬陶瓷蓄热体，目的是增加蓄热式焦油裂解反应器的蓄热能力，也就是提高蓄热式焦油裂解反应器内的温度，蓄热式焦油裂解反应器的长度为 0.5～2m，直径为 48～219mm，不同的截面积和长度可以为生物质气创造不同的停留时间，研究停留时间对焦油高温热裂解反应的影响。其中，蓄热陶瓷管用耐火混凝土黏合，然后装入不锈钢管，待混凝土完成初步养护并达到一定强度后，用文火烘干。

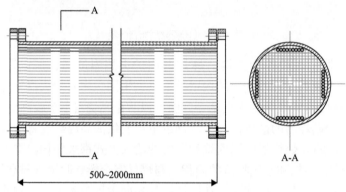

图 2-5　蓄热式焦油裂解反应器结构示意图

焦油冷凝器的结构见图 2-6，该冷凝器外壁用不锈钢制作，管内装有 5 根小管径薄壁不锈钢管，管间用隔板分开，避免出现冷却水循环的死角，用不锈钢管的目的是抗腐蚀，选用薄壁的目的是增加冷却效果。二级冷凝器，用 10 组蛇形玻璃管作为冷凝器，使气体温度进一步降低到常温，保证挥发分中的可凝成分全部冷凝下来，增加测量的精度。

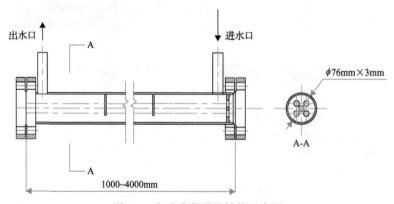

图 2-6　焦油冷凝器的结构示意图

实验系统的工作原理及工作过程：首先丙烷气瓶提供的燃气和空气压缩机提供的空气在二级燃烧器内充分燃烧，通过烟气分析仪来测试尾部高温烟气中的 $O_2$ 含量，从而测定不同 $O_2$ 含量条件下的焦油量和成分，同时保证焦油的减少是由于高温热裂解而不是燃烧所致，从二级燃烧器排出的高温烟气进入蓄热式焦油裂解反应器，温度稳定后，打开旁通管路的阀门，使一级燃烧器(丙烷和空气燃烧)燃烧产生的高温烟气(高温烟气要燃料略微过剩，以保证生物质在缺氧条件下热解)，进入生物质热解主床，利用高温烟气的热量把生物质物料热解。热解主床中生物质热解后的挥发分和高温烟气的混合物进入蓄热式焦油裂解反应器，在蓄热式焦油裂解反应器内，生物质热解后的挥发分中的可凝挥发分在高温条件下发生高温热裂解反应，由可凝挥发分转变为不凝气体，从蓄热式焦油裂解反应器排出的混合气体进入一级冷凝器，在一级冷凝器中把混合气体温度降低为 30℃以下的混合气体，冷凝下来的焦油流淌到焦油收集器中，然后将冷凝下来的气体排入大气，如果一级冷凝器的出口温度超过 30℃，则启动二级冷凝器。

冷凝器中冷凝管内凝结下来的焦油不能全部流淌到焦油收集器中，有一部分黏结在冷凝管的管壁上，本章根据相似相溶的原理，利用丙酮清洗冷凝管，把管壁上黏附的焦油全部收集，根据丙酮液前后的质量差来确定管壁上黏附的焦油质量，这改变了以前的研究者通过测量气体流量和生物质热解后残余质量的较为粗糙的测量方法，使实验结果在现有的实验条件下更精确。

### 2.1.2　实验测量方法

(1)温度的测量

燃烧器出口处温度的测量，采用温度测量范围是 0～1600℃的 S 型热电偶，该型热电偶的允许误差为 ±0.25%。S 型热电偶在正常长期使用温度为 800～1300℃时测量的精度最高，而在 800℃以内的测温准确度不高。因此，800℃以内的温度测量采用 K 型热电偶。S 型热电偶的优点：在热电偶系列中准确度最高，稳定性最好，测温温区宽，使用寿命长等。它的物理、化学性能良好，热电势稳定性及在高温下抗氧化性能好，适用于氧化性和惰性气氛中。S 型热电偶的缺点：热电势、热电率较小，灵敏度低，高温下机械强度下降，对污染非常敏感，贵金属材料昂贵，因而一次性投资较大。为了减少热电偶的反应时间，缩短温度的稳定时间，本实验不采用铠装热电偶，所用热电偶的前端偶丝裸露和烟气直接接触。

(2)流量的测量

空气和燃气流量的测量采用转子流量计，转子流量计本身的计量误差比较大，因此实际的燃气流量和空气流量要根据烟气分析仪测定高温烟气中是否含有 $O_2$ 来校核。如需要不同的烟气温度，则同时调节燃气和空气的流量，以烟气分析仪中的 $O_2$ 含量来控制。

(3)压力的测量

实验中所用压力传感器为 PC10 系列扩散硅压阻式传感器。这类传感器的特点是：灵敏度高，响应时间短，小于 50μs，动态特性好，准确度高、重复性好，能长时间稳定运行。

(4)烟气成分的测量

实验中采用 Desto350 烟气分析仪测量燃烧器烟气出口处的烟气成分。根据烟气分析仪测得的 $O_2$、$CO_2$、CO 含量及燃气供气量，可以计算出实际空气流量和空气过量系数，并得到空气流量计的误差。利用烟气分析仪对烟气进行实时监控，能够确保实验条件在设定的工况下稳定运行。

### 2.1.3 实验系统工作过程

本章实验测试结果均是在蓄热式焦油裂解反应器（长度分别为 0.5m、0.8m、1.2m、1.5m、2m；管径分别为 48mm、76mm、108mm、159mm、219mm），焦油冷凝器（长度分别为 1m、1.5m、2m、3m、4m）烟气中的 $O_2$ 含量在 0.2%条件下得到的。实验为热态实验，操作不当将导致实验设备的损坏和人员的伤害，具有一定的危险性，也会影响实验结果的准确性，所以必须注意各种仪器设备启停的先后顺序，具体的实验工作过程及步骤如下：

1）用电子天平称量物料，然后把物料装入生物质热解主床，用不锈钢法兰连接好实验台的各部分，开启不锈钢球阀 11；

2）关闭不锈钢球阀 12，打开不锈钢球阀 13，打开空气阀，启动空气压缩机 6，向二级燃烧器中通入冷空气进行吹扫；

3）启动数据采集系统，查看热电偶、压力传感器显示数据是否正常；

4）拧下二级燃烧器上点火孔的盖，空气流量控制在 $1m^3/h$ 左右，点燃点火枪，通入流量为 $0.16m^3/h$ 的丙烷燃气，着火后撤出点火枪，加大空气流量，然后关上点火孔盖，调节燃气流量和空气流量，确保燃烧稳定；

5）燃烧稳定后，关闭不锈钢球阀，启动水泵，冷凝系统开始工作，保证冷凝器出口的烟气温度在 30℃以下；

6）从燃烧算起，运行大约 2h，当温度和压力相对稳定，且燃烧器出口和蓄热式焦油裂解反应器都达到所要求的温度时，对冷凝器出口烟气用烟气分析仪进行采集分析，确定烟气中 $O_2$ 含量在 0.2%以下；

7）打开空气阀，启动空气压缩机 4，向一级燃烧器中通入冷空气进行吹扫；

8）旋开一级燃烧器上点火孔的盖，空气流量控制在 $2.4m^3/h$ 左右，点燃点火枪，通入流量为 $0.16m^3/h$ 的丙烷燃气，着火后撤出点火枪，加大空气流量，然后关上点火孔盖，调节燃气流量和空气流量，确保燃烧稳定；

9）从燃烧起，一级燃烧器运行大约 1h，当温度和压力相对稳定时，对旁通烟道的出口烟气用烟气分析仪进行采集分析，保证烟气中 $O_2$ 含量在 0.2%以下；

10）调节燃气和空气流量，并控制 $O_2$ 含量，当一级燃烧器产生的烟气在生物质热解主床口测得的温度为实验温度时，开启不锈钢球阀 12，同时逐步调整不锈钢球阀 11 的开度，直到完全关闭，这样做的原因是避免压力的变化，导致燃气燃烧器 2 中的火焰产生振动；

11）当蓄热式焦油裂解反应器内的温度从降低到升高时，说明生物质热解主床中的物料已经反应完毕，首先打开不锈钢球阀 11，关闭不锈钢球阀 12，停止向一级燃烧器供燃气，然后停止向二级燃烧器供燃气；

12）实验结束时，保持空气供气，待燃烧装置温度降到 100℃以下时，关闭冷却水泵和空气压缩机，最后关闭计算机，切断电源；

13）待实验系统冷却到室温，把实验系统各连接部分拆开，清理生物质热解主床中的残留物，并用电子天平称量，然后把布风板上的孔清理干净；

14) 清理冷凝器中残留的焦油。粘在冷凝器管壁上的焦油难于清理，如不将这部分焦油清理出来将影响测量的准确性，根据相似相溶的原理，本实验采用丙酮清洗管壁焦油的方法。具体步骤为：用法兰盖片把冷凝器的一端封死，在开口端倒入称量后的丙酮，用另一法兰盖片把开口端封死，然后反复摇动冷凝器，使粘在管壁上的焦油完全溶解，打开一端的法兰盖片，把丙酮和焦油混合物倒入玻璃容器，倒入的同时振动冷凝器，使残留液滴全部进入玻璃容器，完成后，为了确保称量的准确性，用盖片将玻璃容器密封，防止丙酮的挥发，最后用电子天平称量丙酮和焦油混合物的重量，并用气相色谱-质谱联用(GC-MS)分析焦油的化学成分。

### 2.1.4　实验系统测试

(1)温度测试

由于燃烧器燃烧室的压力稳定，瞬时温度变化对本实验没有影响。点火后分别测量二级燃烧器出口烟气温度、蓄热式焦油裂解反应器出口烟气温度，具体见表 2-1。气体温度在燃烧室中部达到最高值，在进出口处较中部低，由于燃烧室内壁采用耐火混凝土和骨料浇注，外包保温材料，所以燃烧器出口中心温度较理论燃烧温度虽有所降低，但可以满足实验的高温要求，同时也说明燃气燃烧基本在燃烧室内完成，因此所设计的燃烧器容积能够满足实验所要求的最高温度。

表 2-1　二级燃烧器出口和蓄热式焦油裂解反应器出口的烟气温度　　(单位：℃)

| 测试项目 | 测试温度 | | | |
|---|---|---|---|---|
| 二级燃烧器出口烟气温度 | 800 | 1000 | 1200 | 1400 |
| 蓄热式焦油裂解反应器出口烟气温度 | 752 | 886 | 1021 | 1210 |

(2)冷却测试

实验测得冷却水进口温度为 13℃，出口最高温度为 25℃，燃烧室出口温度为 1400℃，蓄热式焦油裂解反应器出口温度为 600℃、800℃和 1000℃，详细参数见表 2-2。由此可见，在本实验测试条件下，冷凝器长度在 3m 以下，可以满足冷凝器出口烟气温度为常温。

表 2-2　冷凝器测试结果

| 焦油冷凝器长度/m | 管根数/根 | 烟气流通截面积/m² | 烟气速度/(m/s) | 冷凝器入口烟气温度/℃ | 冷凝器出口烟气温度/℃ |
|---|---|---|---|---|---|
| 1 | 5 | $1.54 \times 10^{-4}$ | 6.3 | 600 | 30 |
| 2 | 5 | $1.54 \times 10^{-4}$ | 7.5 | 800 | 30 |
| 3 | 5 | $1.54 \times 10^{-4}$ | 10.2 | 1000 | 30 |

(3)生物质焦油一级热解反应测试

称量一定的稻壳，只运行一级燃烧器，利用一级燃烧器燃烧后产生的烟气热解生物质主床中的稻壳，然后利用冷凝器收集焦油，详细参数见表 2-3。从表 2-3 中可知，生物质焦油的裂解率随着实验温度的升高而增加，本测试符合已有文献的焦油裂解规律，但也可以看出单燃烧器很难将焦油完全裂解掉，这是因为主床的高度使得烟气入口温度和出口温度相差较大，另外停留时间也较短，焦油很大一部分只是变为焦油蒸气而根本没有发生高温热裂解。要想实现相同的温度环境、相同的停留时间，必须增加另外的燃烧设备和不同长度、不同管径的高温蓄热体。

**表 2-3　焦油热裂解反应温度与裂解率的关系**

| 实验温度/℃ | 稻壳样品质量/kg | 液体产物质量/kg | 液体产物量占比/% |
|---|---|---|---|
| 423 | 1.01 | 0.27 | 27.1 |
| 525 | 1.10 | 0.51 | 46.2 |
| 615 | 1.18 | 0.31 | 25.5 |
| 705 | 1.25 | 0.10 | 8.01 |
| 803 | 1.13 | 0.02 | 2.15 |

## 2.2　生物质高温热解特性

(1)实验材料

样品采用黑龙江某家具厂的白桦木屑、某农场的稻壳和玉米秸秆，其中白桦木代表木本类生物质，稻壳和玉米秸秆代表草本类生物质，其工业分析和元素分析见表 2-4。对实验用的物料进行空气干燥，白桦木屑和稻壳的粒径不需要处理。

**表 2-4　试验中所用生物质的分析**

| 种类 | 工业分析值/% | | | 元素分析值/% | | | | | 发热量/(kJ/kg) |
|---|---|---|---|---|---|---|---|---|---|
| | Ad | Vd | FCd | Cdaf | Hdaf | Odaf | Ndaf | Sdaf | Qnet,d |
| 稻壳 | 15.90 | 69.20 | 14.90 | 46.18 | 6.08 | 45.02 | 2.62 | 0.10 | 14556 |
| 玉米秸秆 | 6.20 | 75.64 | 18.16 | 49.56 | 6.01 | 43.21 | 1.13 | 0.09 | 15578 |
| 白桦木屑 | 2.66 | 82.19 | 15.15 | 53.01 | 6.00 | 40.70 | 0.15 | 0.14 | 16435 |

注：d-干燥基；daf-干燥无灰基

(2)系统反应条件

由于颗粒的停留时间主要是由气体流速决定的，因此本章通过改变蓄热式焦油裂解反应器的截面积来改变气体的流速，并配合蓄热式焦油裂解反应器的长度调节，从而改变可凝气体的停留时间。热解气化实验的总流速控制在 0.2～2.4m/s，颗粒在反应区的停留时间在 0.5～4s。由以上分析，可得本次热解和气化试验系统反应条件，见表 2-5。

**表 2-5　系统控制条件**

| 生物质种类 | 稻壳、玉米秸秆、白桦木屑 |
|---|---|
| 生物质给料量 | 1.5～2.0kg/次 |

续表

| 颗粒粒径 | 稻壳、白桦木屑原始粒径 1～20mm |
|---|---|
| 一级燃烧器出口温度 | 500～800℃ |
| 二级燃烧器出口温度 | 500～1600℃ |
| 蓄热式焦油裂解反应器温度 | 500～1400℃ |
| 焦油冷凝器出口温度 | 20～30℃ |
| 挥发分停留时间 | 0.5～4s |
| 生物质热解主床反应温度 | 500～800℃ |

（3）热解产物的取样和分析

一些研究者在确定生物质热解产率时，由于液体产物（焦油和生物质油）难以完全收集，只确定气体和固体的量，然后推算出液体产物的量，但是气体产物的量通常也难以精确测量，特别是气体流量较小时误差较大。本章采用丙酮溶剂提取法清洗并收集冷凝器管壁上的焦油，这样可以保证液体产物的完全收集，然后称量丙酮清洗前后的质量变化，确定焦油的产率。另外，本章采用同一条件下多次固体产量和液体产量各自的平均值，然后通过差减法求出气体产物的产率，即

气体产物的产率=1–液体产物的产率–固体产物的产率

焦油取样和分析：生物质焦油是一复杂的有机成分混合物，包含成百上千的从属于数个化学类别的物质，至今对其相关的分析研究还处于探讨之中[3]。本章采用 GC-MS 分析技术对生物质焦油进行分析。

气体成分分析：用气相色谱仪进行在线分析。

固体定量方法：取出残留于生物质热解主床及气体混合器中的固体产物，通过称量得到固体产物的量。

### 2.2.1　温度对生物质热解产物分布的影响

用稻壳为原料研究生物质热解过程中温度变化对其特征的影响，仅考虑高温烟气对生物质的直接热解过程，不涉及焦油的二次高温热裂解。从图 2-7 中可以看出，当温度在 500℃以下时，随着温度的升高气体产物变化较小，当温度超过 500℃以后，随着温度的升高气体产物急剧升高，这是由于生物质油裂解后转变为不凝气体所致，到 800℃之后气体产物升高明显放缓，但依然有所增加，这是由于少量焦油裂解为不凝气体所致。固体产物随着温度的升高逐渐减少，800℃之后逐渐趋于定值，这是由于挥发分在此温度下完全析出，剩余固定碳的值趋于定值，因此固体产物在没有燃烧和气化的条件下，最终趋近于生物质本身所具有的固定碳的数值。液体产物随着温度的升高经历了一个从增加到减少的过程，当温度在 400～500℃时，液体产物明显增加，这是由于此温度条件下最适合于生物质油的生成，之后随着温度的升高，液体产物减少，特别是 650℃以后急剧减少，这是由于生物质油中的有机物裂解为轻烃所致，800℃后减少的速率明显下降，大分子焦油的产生导致液体产物更难裂解为不凝气体，除非有更高的温度或催化条件使焦油裂解。

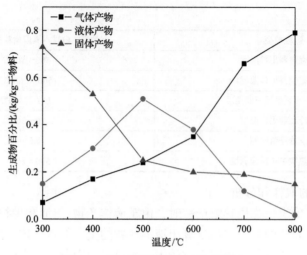

图 2-7　反应温度对热解产物的影响

## 2.2.2　生物质种类对热解产物的影响

生物质主要分为木质类生物质和草本类生物质，本章选用木质类生物质白桦木屑和草本类生物质稻壳作为代表，研究生物质种类对热解产物的影响。从图 2-8 中可以看出，稻壳和白桦木屑热解的气体、液体和固体产物随温度的变化规律一致，区别是生物质在500℃热解，白桦木屑的液体产率更高，随着热解温度的提高，两者的液体产率趋于一致，白桦木屑的固体产率略低于稻壳的固体产率，而白桦木屑的气体产率略高于稻壳的气体产率，这是由两种物质本身特性所决定的，相比于稻壳，白桦木屑的灰分含量要低一些，这就是稻壳的固体产率更高，而气体产率更低的原因。如果以制取生物质油为目的，白桦木屑的生物质油产率高于稻壳，如以制气为目的，两者的差别不大，但白桦木屑的焦油产率要略低于稻壳。

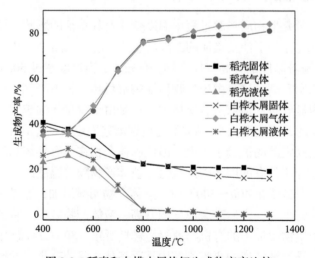

图 2-8　稻壳和白桦木屑热解生成物产率比较

### 2.2.3　生物质热解液体产物的 GC-MS 分析

为了考察温度对液体产物成分的影响,研究不同温度下生物质油和焦油的裂解机理,本章用 GC-MS 分析不同温度下液体产物的化学组成。

由于生物质(稻壳)液体产物(生物质油和焦油)成分繁杂,因此只对其中的主要成分进行分析。通过考察液体产物中各个组分随反应温度的变化而呈现出的变化趋势,分析反应温度对各个组分的影响。不同温度下热解产物的总离子流图及可辨识的主要化合物成分、含量(取其中含量大于 1% 的成分)见图 2-9～图 2-13 及表 2-6～表 2-10。

图 2-9 和表 2-6 为烟气热解入口温度为 450℃,生物质气出口温度(进入冷凝器之前)350℃时液体产物的成分分析,取平均温度 400℃作为反应温度。图 2-10 和表 2-7 为

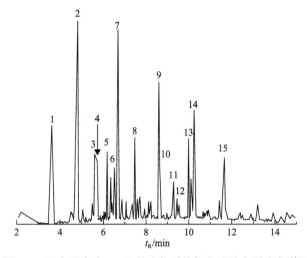

图 2-9　反应温度为 400℃的生物质热解焦油总离子流色谱图

图中数字代表表 2-6 中序号

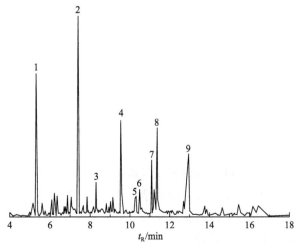

图 2-10　反应温度为 500℃的生物质热解焦油总离子流色谱图

图中数字代表表 2-7 中序号

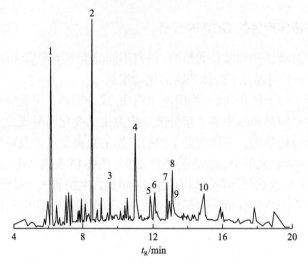

图 2-11　反应温度为 600℃的生物质热解焦油总离子流色谱图

图中数字代表表 2-8 中序号

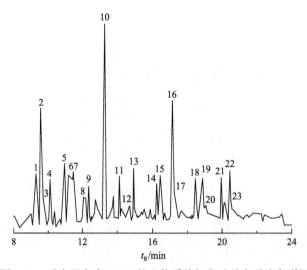

图 2-12　反应温度为 700℃的生物质热解焦油总离子流色谱图

图中数字代表表 2-9 中序号

烟气热解入口温度为 550℃，生物质气出口温度为 450℃的液体产物的成分分析，取平均温度 500℃作为反应温度。图 2-11 和表 2-8 为烟气热解入口温度为 680℃，生物质气出口温度为 520℃时液体产物的成分分析，取平均温度 600℃作为反应温度。图 2-12 和表 2-9 为烟气热解入口温度为 800℃，生物质气出口温度为 600℃时液体产物的成分分析，取平均温度 700℃作为反应温度。图 2-13 和表 2-10 为烟气热解入口温度为 890℃，生物质气出口温度为 710℃时液体产物的成分分析，取平均温度 800℃作为反应温度。以上各图表的分析都以平均温度作为反应温度。

从表 2-6 可以看出，可辨识的主要化合物的相对含量最大的是呋喃类和酸类，而以此为主的液体产物恰恰是生物质油，一些学者也把它叫作木醋液[4]，这也证明了生物质

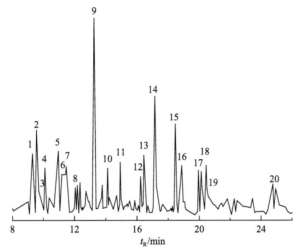

图 2-13 反应温度为 800℃的生物质热解焦油总离子流色谱图

图中数字代表表 2-10 中序号

**表 2-6 反应温度为 400℃的热解产物焦油的可辨的主要化合物及相对含量**

| 序号 | 停留时间 $t_R$/min | 成分名称 | 分子式 | 分子量 | 相对含量/% |
|---|---|---|---|---|---|
| 1 | 3.616 | 乙酸 | $C_2H_4O_2$ | 60 | 2.151 |
| 2 | 4.812 | 4-乙基苯酚 | $C_{10}H_8O$ | 122 | 9.697 |
| 3 | 5.600 | 4-乙基-2-甲氧基苯酚 | $C_9H_{12}O_2$ | 152 | 1.392 |
| 4 | 5.721 | 1-丙烯醛 | $C_5H_8O$ | 84 | 1.700 |
| 5 | 6.183 | 苯酚 | $C_6H_6O$ | 94 | 1.297 |
| 6 | 6.515 | 1-丙氧基丁烷 | $C_7H_{16}O$ | 116 | 1.477 |
| 7 | 6.679 | 2,5-二甲基呋喃 | $C_6H_8O$ | 96 | 8.898 |
| 8 | 7.472 | 2,2-二甲基-1-丙醇 | $C_5H_{12}O$ | 88 | 2.108 |
| 9 | 8.592 | 戊酸 | $C_5H_{10}O_2$ | 102 | 3.795 |
| 10 | 8.635 | 3,3-二甲基环己醇 | $C_8H_{16}O$ | 128 | 1.191 |
| 11 | 9.285 | 1-羟甲基-1-甲酯环丙烷碳酸 | $C_6H_{10}O_3$ | 130 | 2.151 |
| 12 | 9.444 | 缬氨酸 | $C_5H_{11}NO_2$ | 117 | 1.186 |
| 13 | 10.043 | 己酸 | $C_6H_{12}O_2$ | 116 | 2.987 |
| 14 | 10.244 | 1-丁基-2(3H)-二氢-呋喃酮 | $C_8H_{14}O_2$ | 142 | 3.804 |
| 15 | 11.659 | 十二碳烯酸 | $C_{12}H_{22}O_2$ | 198 | 1.877 |

**表 2-7 反应温度为 500℃的热解产物焦油的可辨的主要化合物及相对含量**

| 序号 | 停留时间 $t_R$/min | 成分名称 | 分子式 | 分子量 | 相对含量/% |
|---|---|---|---|---|---|
| 1 | 5.311 | 1-羟基-2-丁烯 | $C_4H_8O_2$ | 88 | 5.215 |
| 2 | 7.398 | 2,5-二甲基呋喃 | $C_6H_8O$ | 96 | 11.417 |

续表

| 序号 | 停留时间 $t_R$/min | 成分名称 | 分子式 | 分子量 | 相对含量/% |
|---|---|---|---|---|---|
| 3 | 8.292 | 丙酸 | $C_3H_6O_2$ | 74 | 1.249 |
| 4 | 9.531 | 苯酚 | $C_6H_6O$ | 94 | 4.652 |
| 5 | 10.257 | 4-甲基苯酚 | $C_7H_8O$ | 108 | 1.017 |
| 6 | 10.517 | 5-甲基糖醛 | $C_6H_6O_2$ | 110 | 3.391 |
| 7 | 11.369 | 2,5-二甲基苯酚 | $C_8H_{10}O$ | 122 | 3.633 |
| 8 | 11.397 | 4-乙烷基苯酚 | $C_8H_{10}O$ | 122 | 1.787 |
| 9 | 12.947 | 4,5-二甲基间苯二酚 | $C_8H_{10}O_2$ | 138 | 2.647 |

**表 2-8　反应温度为 600℃的热解产物焦油的可辨的主要化合物及相对含量**

| 序号 | 停留时间 $t_R$/min | 成分名称 | 分子式 | 分子量 | 相对含量/% |
|---|---|---|---|---|---|
| 1 | 6.126 | 乙缩醛环戊烷 | $C_7H_{12}$ | 96 | 3.603 |
| 2 | 8.525 | 2-甲基-1,3-环戊二酮 | $C_6H_8O_2$ | 112 | 1.048 |
| 3 | 9.567 | 萘 | $C_{10}H_8$ | 128 | 2.235 |
| 4 | 10.992 | 4-乙基-2-甲氧基苯酚 | $C_9H_{12}O_2$ | 152 | 1.102 |
| 5 | 11.835 | 4-乙烷基苯酚 | $C_8H_{10}O$ | 122 | 2.156 |
| 6 | 12.092 | 丁香酚 | $C_{10}H_{12}O_2$ | 164 | 1.246 |
| 7 | 12.789 | 联苯 | $C_{12}H_{10}$ | 154 | 1.645 |
| 8 | 13.110 | 二联苯 | $C_{12}H_8$ | 152 | 1.847 |
| 9 | 13.147 | 2-甲氧基-4-(1-丙烯基)-(E)-苯酚 | $C_{10}H_{12}O_2$ | 164 | 1.490 |
| 10 | 14.932 | 芴 | $C_{13}H_{10}$ | 166 | 3.603 |

**表 2-9　反应温度为 700℃的热解产物焦油的可辨的主要化合物及相对含量**

| 序号 | 停留时间 $t_R$/min | 成分名称 | 分子式 | 分子量 | 相对含量/% |
|---|---|---|---|---|---|
| 1 | 9.297 | 4-乙基苯酚 | $C_8H_{10}O$ | 122 | 1.609 |
| 2 | 9.554 | 萘 | $C_{10}H_8$ | 128 | 2.292 |
| 3 | 9.698 | 2-甲氧基-4-甲基苯酚 | $C_9H_{12}O_3$ | 168 | 1.031 |
| 4 | 10.101 | 2,3-二氢苯并呋喃 | $C_8H_8O$ | 120 | 1.412 |
| 5 | 10.964 | 4-乙基-2-甲氧基苯酚 | $C_9H_{12}O_2$ | 152 | 1.614 |
| 6 | 11.190 | 1-甲基萘 | $C_{11}H_{10}$ | 142 | 2.344 |
| 7 | 11.467 | 2-甲氧基-4-乙烯基苯酚 | $C_9H_{10}O_2$ | 150 | 1.331 |
| 8 | 12.057 | 丁香酚 | $C_{10}H_{12}O_2$ | 164 | 1.370 |
| 9 | 13.271 | 2-甲氧基-4-(1-丙烯基)-(Z)-苯酚 | $C_{10}H_{12}O_2$ | 164 | 5.638 |
| 10 | 14.121 | 氧芴 | $C_{12}H_8O$ | 168 | 1.219 |
| 11 | 14.695 | 3-叔丁基-4-羟基-5-甲氧基-N,N-二甲基苯胺 | $C_{14}H_{21}NO_3$ | 251 | 1.059 |

续表

| 序号 | 停留时间 $t_R$/min | 成分名称 | 分子式 | 分子量 | 相对含量/% |
|---|---|---|---|---|---|
| 12 | 14.922 | 芴 | $C_{13}H_{10}$ | 166 | 1.193 |
| 13 | 15.231 | 2,6-二甲氧基-4-(2-丙烯基)-苯酚 | $C_{22}H_{26}O_6$ | 386 | 1.317 |
| 14 | 16.435 | 1-丁基-2-乙基丁烷 | $C_{10}H_{20}$ | 140 | 1.825 |
| 15 | 17.144 | 菲 | $C_{14}H_{10}$ | 178 | 2.530 |
| 16 | 17.246 | 蒽 | $C_{14}H_{10}$ | 178 | 1.149 |
| 17 | 17.640 | 4-环戊烷-2,4,6-三烯酚 | $C_{14}H_{12}O_2$ | 212 | 1.324 |
| 18 | 18.873 | 正十六酸 | $C_{16}H_{32}O_2$ | 256 | 2.722 |
| 19 | 18.961 | 3-异丙基-4-甲基-12-烯-4-醇 | $C_{14}H_{26}O$ | 210 | 1.003 |
| 20 | 19.066 | 2-苯基-萘 | $C_{16}H_{12}$ | 204 | 1.140 |
| 21 | 19.948 | 荧蒽 | $C_{16}H_{10}$ | 202 | 1.267 |
| 22 | 20.446 | 芘 | $C_{16}H_{10}$ | 202 | 1.414 |
| 23 | 20.501 | 苯并[$b$]萘并[1,2-$d$]呋喃 | $C_{16}H_{10}O$ | 218 | 1.183 |

**表 2-10　反应温度为 800℃的热解产物焦油的可辨的主要化合物及相对含量**

| 序号 | 停留时间 $t_R$/min | 成分名称 | 分子式 | 分子量 | 相对含量/% |
|---|---|---|---|---|---|
| 1 | 9.298 | 4-乙基苯酚 | $C_8H_{10}O$ | 122 | 2.102 |
| 2 | 9.556 | 萘 | $C_{10}H_8$ | 128 | 2.030 |
| 3 | 9.702 | 2-甲氧基-4-甲基苯酚 | $C_9H_{12}O_3$ | 168 | 1.059 |
| 4 | 10.103 | 2,3-二氢苯并呋喃 | $C_8H_8O$ | 120 | 1.592 |
| 5 | 10.965 | 4-乙基-2-甲氧基苯酚 | $C_9H_{12}O_2$ | 152 | 1.767 |
| 6 | 11.191 | 2-甲基-萘 | $C_{11}H_{10}$ | 142 | 2.391 |
| 7 | 11.467 | 2-甲氧基-4-乙烯基苯酚 | $C_9H_{10}O_2$ | 150 | 1.378 |
| 8 | 12.057 | 2-甲氧基-3-(2-丙烯基)-苯酚 | $C_{10}H_{12}O$ | 164 | 1.239 |
| 9 | 13.269 | 2-甲氧基-4-(1-丙烯基)-($E$)-苯酚 | $C_{10}H_{12}O$ | 164 | 6.181 |
| 10 | 14.122 | 氧芴 | $C_{12}H_8O$ | 168 | 1.227 |
| 11 | 14.922 | 芴 | $C_{13}H_{10}$ | 166 | 1.233 |
| 12 | 16.231 | 2,6-二甲氧基-4-(2-丙烯基)-苯酚 | $C_{22}H_{26}O_6$ | 386 | 1.227 |
| 13 | 16.436 | 1,1,2-三甲基环十一烷 | $C_{14}H_{28}$ | 196 | 1.372 |
| 14 | 17.144 | 菲 | $C_{14}H_{10}$ | 178 | 2.677 |
| 15 | 18.461 | 棕榈酸甲酯 | $C_{17}H_{34}O_2$ | 270 | 1.801 |
| 16 | 18.874 | 正十六酸 | $C_{16}H_{32}O_2$ | 256 | 2.915 |
| 17 | 19.948 | 荧蒽 | $C_{16}H_{10}$ | 202 | 1.166 |
| 18 | 20.449 | 芘 | $C_{16}H_{10}$ | 202 | 1.419 |
| 19 | 20.502 | 4-($p$-$N$,$N$-二甲基氨亚胺)-($Z$)-2-戊醇 | $C_{13}H_{18}N_2O$ | 218 | 1.320 |
| 20 | 24.951 | 2-(3,4-二甲氧基)-7-羟基-4$H$-1-吡喃-4-1 | $C_{20}H_{18}O_9$ | 402 | 1.026 |

在较低温度下热解所生产的主要是生物质油。表 2-7 中可辨识的主要化合物仍然是低分子量的有机物，同表 2-6 相比呋喃类有机物相对含量更大，而酸类明显减少，这可能是随着温度的增加酸类向烷烃类转化的结果。但总体而言，500℃或低于此温度，液体成分的差别不大，都属于生物质油范畴。从表 2-8 可以看出，随着热解温度的升高，产物中开始出现萘、联苯等典型焦油组分，这表明热解过程的主要产物正从生物质油逐渐转变为焦油类物质。表 2-9 中可辨识的主要化合物成分开始出现芴、菲、蒽等具有强烈焦油特质的物质，萘的相对含量有显著增加，可知随着温度的升高，具有生物质油特质的液体产物逐步被具有焦油特质的液体产物取代，特别是苯酚含量明显降低，出现甲氧基苯酚、丁香酚等具有木炭性质的液体产物。表 2-10 中可辨识的主要化合物成分开始出现氧芴、荧蒽、芘等多环芳烃，苯酚含量进一步减少，甲氧基苯酚、丁香酚等木炭液化合物明显增多，这些物质极难裂解，除非可凝挥发分(液体产物)有更高的温度环境和更长的停留时间。总的来看，当平均温度在 500℃以下时，其液体产物主要是生物质油，其主要成分为有机酸、呋喃和低分子量的芳香族化合物，随着温度的升高生物质油发生热裂解，各成分的分子量明显增加，到平均温度 600℃时已经产生少量的萘和芴，当平均温度达到 700℃时，萘、芴、菲、蒽、荧蒽、芘等多环芳烃明显增多，而含氧有机物有所下降，当平均温度达到 800℃时，生成大量难以裂解的木炭液，这可能是由生物质热解过程中生物质气在高温环境中停留时间短所致。

从图 2-14 中可以看出，随着温度的升高液体中的成分种类减少，400～600℃，液体中的成分种类从 246 种逐渐减少到 204 种，当温度高于 600℃后，液体中的成分种类急剧降低，从 204 种降低到 94 种，说明温度对生物质油和焦油裂解的影响非常大，也进一步证明温度对热解生成物的比例有明显影响。

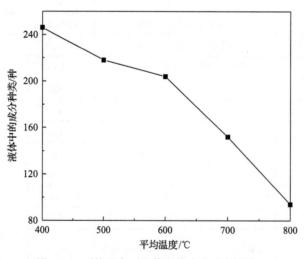

图 2-14    平均温度对液体中的成分种类的影响

# 2.3　生物质焦油高温裂解特性

## 2.3.1　焦油的理化特性测试

由于焦油问题阻碍了生物质气化商业化的推广和应用，所以要想设计和建造生物质热解气化装置，就必须对焦油的特性有明确的认识。因为焦油中含有较多的杂质和水分，所以要对焦油的特性进行研究必须首先进行蒸馏，去除杂质和水分。蒸馏后的产物为馏分、水和固体残留物。

（1）焦油馏分的闪点和燃点

本实验采用克利夫兰开口闪点仪，测定仪器适用于《石油产品闪点和燃点的测定　克利夫兰开口杯法》（GB/T 3536—2008）所规定的方法。闪点和燃点测试结果：对蒸馏后的焦油馏分进行测定，结果为：馏分的闪点为 49℃。由于闪点高于 45℃，根据《危险化学品仓库储存通则》（GB 15603—2022）中规定：闪点在 45℃以上的液体为可燃液体，属于可燃物。馏分的燃点为 54℃。

（2）焦油馏分密度的测定

本实验所用密度计规格为：0.940～1.000、1.000～1.060、1.060～1.120，最小分度值为 0.002。实验采用石油密度计法。从表 2-11 测定结果可以看出，生物质焦油馏分的密度和水比较接近，与化石燃料的密度相差较大，而三种生物质所产的焦油馏分密度相差不大，从而说明各种生物质焦油的组成成分是相似的。

表 2-11　生物质焦油馏分的密度　　　　（单位：g/ml）

| 特性 | 白桦木屑焦油馏分 | 玉米秸秆焦油馏分 | 稻壳焦油馏分 |
| --- | --- | --- | --- |
| 密度（20℃） | 0.95 | 1.028 | 1.031 |

（3）焦油馏分黏度的测定

实验采用内径为 0.4mm 的黏度计进行测定。恒温浴使用电热恒温水浴箱和 2L 的透明塑料量杯来实现。从表 2-12 测定结果看，生物质焦油馏分的运动黏度远小于一般的化石燃料。

表 2-12　生物质焦油馏分的黏度　　　　（单位：mm²/s）

| 特性 | 白桦木屑焦油馏分 | 玉米秸秆焦油馏分 | 稻壳焦油馏分 |
| --- | --- | --- | --- |
| 黏度（20℃） | 150 | 130 | 120 |

（4）焦油馏分酸度的测定

实验采用 PHB-1 型笔式 pH 计进行测定。该方法具有测量速度快、测定精度高的优点。因为采用数字显示，所以不存在读数误差。PHB-1 型笔式 pH 计的测量范围为 0～14，测量精度为 0.1。从表 2-13 中的实验结果看，玉米秸秆与白桦木屑焦油馏分的 pH 相差不多，稻壳焦油馏分的 pH 略高，但三种生物质气化后焦油馏分的 pH 相差不大。

**表 2-13　生物质焦油馏分的酸度**

| 特性 | 白桦木屑焦油馏分 | 玉米秸秆焦油馏分 | 稻壳焦油馏分 |
|------|------------------|------------------|--------------|
| pH | 3.0 | 3.3 | 4.4 |

### 2.3.2　焦油的工业分析和元素分析

（1）焦油热值的测定

热值测定依据《石油产品热值测定法》（GB/T 384-1981）规定的方法，采用上海昌吉地质仪器有限公司生产的 XRY-1A 型氧弹热量计进行测定。从表 2-14 中可以看出，三种生物质焦油馏分的热值相差不大，进一步说明这三种生物质所产生的焦油产物性质相近。

**表 2-14　生物质焦油馏分的热值　　　　　　　（单位：MJ/kg）**

| 特性 | 白桦木屑焦油馏分 | 玉米秸秆焦油馏分 | 稻壳焦油馏分 |
|------|------------------|------------------|--------------|
| 高位热值 | 17.10 | 16.90 | 17.10 |

（2）焦油元素分析

表 2-15 是生物质焦油的元素分析，从表中可以看出水分含量、灰分含量相差不多，但白桦木屑油的 C 含量最高，O 含量最低。

**表 2-15　生物质焦油的元素分析　　　　　　　（单位：%）**

| 特性 | 白桦木屑油 | 玉米秸秆油 | 稻壳油 |
|------|------------|------------|--------|
| 水分含量 | 15.00 | 17.00 | 16.50 |
| 灰分含量 | 0.04 | 0.02 | 0.06 |
| C 含量 | 42.2 | 40.1 | 39.8 |
| H 含量 | 7.8 | 8.1 | 7.3 |
| O 含量 | 50.0 | 51.8 | 52.9 |

### 2.3.3　生物质焦油及馏分的成分分析

虽然不同原料、不同热转换形式、不同运行参数和工艺、不同转换装置和目的所得生物质焦油的理化特性和主要组成成分比例不同，但有一点是公认的，即生物质油的主要成分是酸类、呋喃类和酚类，焦油的主要成分是以萘等大分子芳香族化合物为代表的，如芴、菲、蒽、苊等多环芳烃。因此，本章虽然研究了不同的生物质种类，但在成分的分析上以稻壳焦油为代表，进行生物质焦油分析。

仪器采用 Agilent 5973N GC/MS 系统进行分析。

样品处理方法：稻壳焦油试样用丙酮溶解，用无水硫酸钠去除其中的水分，得测试样品。稻壳焦油馏分利用蒸馏设备制取，并在冷却后用无水硫酸钠去除其中的水分。生物质热解的原始焦油及稻壳焦油馏分总离子流色谱图见图 2-15 和图 2-16，稻壳焦油和焦油馏分中可辨识的主要化合物及相对含量见表 2-16 和表 2-17。

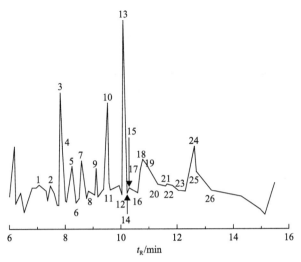

图 2-15　生物质热解的原始焦油总离子流色谱图

图中数字代表表 2-16 中序号

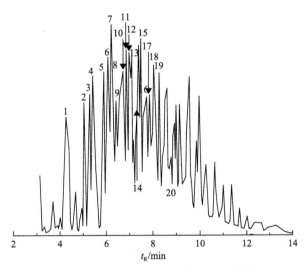

图 2-16　稻壳焦油馏分总离子流色谱图

图中数字代表表 2-17 中序号

**表 2-16　稻壳焦油中可辨识的主要化合物及相对含量**

| 序号 | 停留时间 $t_R$/min | 成分名称 | 分子式 | 分子量 | 相对含量/% |
|---|---|---|---|---|---|
| 1 | 7.068 | 1-甲基萘 | $C_{11}H_{10}$ | 142 | 2.183 |
| 2 | 7.604 | 2-甲氧基-4-(1-丙烯基)-苯酚 | $C_{10}H_{12}O_2$ | 164 | 2.343 |
| 3 | 7.831 | 2-甲氧基-4-(1-丙烯基)-(E)-苯酚 | $C_{10}H_{12}O_2$ | 164 | 3.287 |
| 4 | 7.901 | 联苯 | $C_{12}H_8$ | 152 | 2.185 |
| 5 | 8.249 | 氧芴 | $C_{12}H_8O$ | 168 | 3.356 |

| 序号 | 停留时间 $t_R$/min | 成分名称 | 分子式 | 分子量 | 相对含量/% |
|---|---|---|---|---|---|
| 6 | 8.392 | 7-甲氧基-1-甲基-8(1$H$)-环庚烷-吡唑啉酮 | $C_{10}H_{10}N_2O_2$ | 190 | 1.780 |
| 7 | 8.591 | 芴 | $C_{13}H_{10}$ | 166 | 2.568 |
| 8 | 8.836 | 4-甲基氧芴 | $C_{13}H_{10}O$ | 182 | 1.860 |
| 9 | 9.115 | 1,1,2-甲基-环十一烷 | $C_{14}H_{28}$ | 196 | 1.949 |
| 10 | 9.532 | 菲 | $C_{14}H_{10}$ | 178 | 2.917 |
| 11 | 9.621 | 1-己基-1,2-戴卡巴多癸硼烷(12) | $C_2H_{12}B_{10}$ | 146 | 1.778 |
| 12 | 10.039 | 2-甲基蒽 | $C_{15}H_{12}$ | 192 | 1.527 |
| 13 | 10.095 | 正十六酸 | $C_{16}H_{32}O_2$ | 256 | 7.348 |
| 14 | 10.227 | 十四烷 | $C_{14}H_{30}$ | 198 | 2.374 |
| 15 | 10.304 | 9,10-双(溴甲基)蒽 | $C_{16}H_{12}Br_2$ | 362 | 1.951 |
| 16 | 10.606 | 十五烷 | $C_{15}H_{32}$ | 212 | 3.649 |
| 17 | 10.704 | 荧蒽 | $C_{16}H_{10}$ | 202 | 2.133 |
| 18 | 10.788 | 油酸 | $C_{18}H_{34}O_2$ | 282 | 4.015 |
| 19 | 10.921 | 芘 | $C_{16}H_{10}$ | 202 | 1.648 |
| 20 | 11.328 | 9,10,11,12-四氢-8$H$-环庚烷-[4,5]-噻吩并[3,2-$E$]-1,2,4-三唑并[4,3-$c$]-嘧啶 | $C_{12}H_{12}N_4S$ | 244 | 3.756 |
| 21 | 11.602 | 2-甲氧基-4-(甲氧甲基)-苯酚 | $C_9H_{12}O_3$ | 168 | 2.934 |
| 22 | 11.848 | (2$E$)-4-(4-羟基-3-甲氧基苯基)-2-丁酮肟 | $C_{11}H_{15}NO_3$ | 209 | 1.603 |
| 23 | 12.061 | 2,4-二羟基二苯甲酮 | $C_{14}H_{12}O_3$ | 228 | 1.632 |
| 24 | 12.619 | 4-甲氧基-4',5'-甲基二氧苯基烯-2-羟酸 | $C_{15}H_{12}O_5$ | 272 | 3.633 |
| 25 | 12.685 | 2-(2-呋喃基)-3-甲基二苯[$e$,$g$]苯并咪唑并[2,3-$a$]蒽 | $C_{29}H_{14}N_2O$ | 406 | 2.319 |
| 26 | 13.226 | 二十三烷 | $C_{23}H_{48}$ | 324 | 2.233 |

**表 2-17 稻壳焦油馏分中可辨识的主要化合物及相对含量**

| 序号 | 停留时间 $t_R$/min | 成分名称 | 分子式 | 分子量 | 相对含量/% |
|---|---|---|---|---|---|
| 1 | 4.267 | 苯酚 | $C_6H_6O$ | 94 | 2.147 |
| 2 | 5.294 | 4-甲基苯酚 | $C_7H_8O$ | 108 | 2.686 |
| 3 | 5.421 | 2-甲氧基苯酚 | $C_7H_8O_2$ | 124 | 2.198 |
| 4 | 5.902 | 2,4-二甲基苯酚 | $C_8H_{10}O$ | 122 | 1.679 |
| 5 | 6.076 | 3-乙基苯酚 | $C_8H_{10}O$ | 122 | 3.181 |

续表

| 序号 | 停留时间 $t_R$/min | 成分名称 | 分子式 | 分子量 | 相对含量/% |
|------|------|------|------|------|------|
| 6 | 6.223 | 萘 | $C_{10}H_8$ | 128 | 2.392 |
| 7 | 6.269 | 2-甲氧基-4-甲基苯酚 | $C_9H_{12}O_3$ | 168 | 1.708 |
| 8 | 6.569 | 1-乙基-4-甲氧基苯 | $C_9H_{12}O$ | 136 | 1.792 |
| 9 | 6.729 | 2,6-二甲基苯甲醚 | $C_9H_{12}O$ | 136 | 2.770 |
| 10 | 6.868 | 4-乙基-2-甲氧基苯酚 | $C_9H_{12}O$ | 136 | 2.134 |
| 11 | 6.992 | 1-甲基萘 | $C_{11}H_{10}$ | 142 | 1.719 |
| 12 | 7.072 | 2,3-二氢-3,3-二甲基-1$H$-茚 | $C_9H_8O$ | 132 | 1.574 |
| 13 | 7.343 | $N,N,N',N'$-四甲基-1,4-苯二胺 | $C_{20}H_{36}N_2$ | 304 | 1.571 |
| 14 | 7.408 | 2-乙烯基-萘 | $C_{12}H_{10}$ | 154 | 2.073 |
| 15 | 7.502 | 2-甲氧基-4-丙基苯酚 | $C_{10}H_{12}O_2$ | 164 | 1.792 |
| 16 | 7.745 | 2,6-二甲基萘 | $C_{12}H_{12}$ | 156 | 1.958 |
| 17 | 7.868 | 2-甲氧基-4-(1-丙烯基)-($E$)-苯酚 | $C_{10}H_{12}O_2$ | 164 | 1.877 |
| 18 | 8.052 | 十五烷 | $C_{15}H_{32}$ | 212 | 2.098 |
| 19 | 8.285 | 氧芴 | $C_{12}H_8O$ | 168 | 1.810 |
| 20 | 8.827 | 4-甲基氧芴 | $C_{13}H_{10}O$ | 182 | 2.085 |

　　从表 2-16 和表 2-17 可以看出，稻壳焦油馏分是由原始生物质焦油蒸馏而来的，其成分有许多相似之处，都含有萘及其衍生物、苯酚及其衍生物、菲、蒽、芴等。其中，在经过蒸馏过程后，萘、蒽和苯酚及其衍生物含量都是增加的；芴和菲含量是减小的。苯酚及其衍生物含量的增加是由于萘和蒽发生开环反应，并结合其他自由基而形成苯酚及其衍生物；芴和菲含量的减少是由于分解为萘和蒽；萘和蒽含量的增加是由萘和蒽在蒸馏过程中总的分解量小于生成量所造成的。同时，焦油经过蒸馏后成分种类从 45 种增加到 147 种，馏分中可辨识的成分种类增加，这可能是由于蒸馏过程中自由基种类增加，所以产生了更多的化合物。

## 2.3.4　焦油热裂解液体产物的 GC-MS 分析

　　选取 700℃、800℃、900℃、1000℃、1100℃ 和 1200℃ 的高温热裂解后的冷凝焦油进行 GC-MS 分析。所用仪器为 Agilent 5973N GC/MS 系统。

　　色谱条件：HP-5 痕量分析色谱柱，30m×0.25mm×0.25μm 毛细管柱；载气为高纯氦气，载气流量为 1.0ml/min，标称初始压力为 7.89psi[①]，平均流速为 36cm/s；分流比为

---

① 1psi=6.89476×10³Pa。

5∶1；柱温(初始温度)为 55℃，平衡时间为 0.5min，以 10℃/min 的升温速率升至 300℃，停留 22min；进样口温度为 320℃。

质谱条件：电离源为 EI，电子轰击能量为 70eV，质量范围 $m/z$ 为 15～650u，扫描时间为 3min，质量扫描方式为 SCAN。

表 2-18～表 2-23 列出了二次裂解温度为 700℃、800℃、900℃、1000℃、1100℃ 和 1200℃ 焦油热解后可辨识的主要化合物及相对含量，其相对含量选取 1% 以上的化合物。

表 2-18　二次裂解温度为 700℃ 的焦油热解后可辨识的主要化合物及相对含量

| 序号 | 停留时间 $t_R$/min | 化合物名称 | 分子式 | 分子量 | 相对含量/% |
|---|---|---|---|---|---|
| 1 | 9.173 | 4-乙基苯酚 | $C_8H_{10}O$ | 122 | 1.033 |
| 2 | 10.811 | 4-羟基-3-甲基苯乙酮 | $C_9H_{10}O_2$ | 150 | 1.182 |
| 3 | 11.320 | 2-甲氧基-4-丙基苯酚 | $C_{10}H_{12}O_2$ | 164 | 1.213 |
| 4 | 11.920 | 2,3-二甲基萘 | $C_{12}H_{12}$ | 156 | 1.374 |
| 5 | 12.184 | 苯 | $C_6H_6$ | 78 | 1.015 |
| 6 | 12.570 | 二苯并呋喃 | $C_{12}H_8O$ | 168 | 1.290 |
| 7 | 13.100 | 联苯 | $C_{12}H_{10}$ | 154 | 1.015 |
| 8 | 13.540 | 4-羟基-3-甲基乙酰苯 | $C_8H_8O$ | 120 | 1.378 |
| 9 | 13.608 | 4-甲基-二苯并呋喃 | $C_{13}H_{10}O$ | 182 | 1.412 |
| 10 | 13.939 | 2-甲氧基-3-(2-丙烯基)-苯酚 | $C_{10}H_{12}O_2$ | 164 | 2.281 |
| 11 | 14.520 | 1-甲基-2-戊基环丙烷 | $C_9H_{18}$ | 126 | 1.085 |
| 12 | 14.736 | 2-甲氧基-4-丙烯基苯酚 | $C_{10}H_{12}O_2$ | 164 | 2.433 |
| 13 | 15.337 | 2-甲氧基-4-(1-丙烯基)-苯酚 | $C_{10}H_{12}O_2$ | 164 | 1.139 |
| 14 | 15.683 | 正十六酸 | $C_{16}H_{32}O_2$ | 256 | 1.141 |
| 15 | 16.057 | 8,11-十八碳二烯酸甲酯 | $C_{19}H_{34}O_2$ | 294 | 1.152 |
| 16 | 16.257 | 4-(2-苯基乙烯基)-苯酚 | $C_{14}H_{12}O$ | 196 | 2.500 |
| 17 | 16.947 | 2,7-二甲基-7-en-5-yn-4-yl 酯-丁酸 | $C_{14}H_{22}O_2$ | 222 | 4.806 |
| 18 | 17.055 | $n$-十六(烷)酸 | $C_{16}H_{32}O_2$ | 256 | 1.573 |
| 19 | 18.279 | 3-(2-环戊烯基)-2-甲基-1,1-二苯基-1-丙烯 | $C_{21}H_{22}$ | 274 | 2.307 |

表 2-19　二次裂解温度为 800℃ 的焦油热解后可辨识的主要化合物及相对含量

| 序号 | 停留时间 $t_R$/min | 化合物名称 | 分子式 | 分子量 | 相对含量/% |
|---|---|---|---|---|---|
| 1 | 9.391 | 甘菊环烃 | $C_{10}H_8$ | 128 | 7.612 |
| 2 | 11.022 | 2-甲基萘 | $C_{11}H_{10}$ | 142 | 5.915 |
| 3 | 11.262 | 1-甲基萘 | $C_{11}H_{10}$ | 142 | 6.547 |

续表

| 序号 | 停留时间 $t_R$/min | 化合物名称 | 分子式 | 分子量 | 相对含量/% |
|---|---|---|---|---|---|
| 4 | 12.186 | 联苯 | $C_{12}H_{10}$ | 154 | 3.051 |
| 5 | 12.524 | 1,5-二甲基萘 | $C_{12}H_{12}$ | 156 | 1.533 |
| 6 | 12.714 | 1,6-二甲基萘 | $C_{12}H_{12}$ | 156 | 1.338 |
| 7 | 12.754 | 2,7-二甲基萘 | $C_{12}H_{12}$ | 156 | 1.415 |
| 8 | 13.106 | 联苯撑 | $C_{12}H_8$ | 152 | 9.716 |
| 9 | 13.544 | 1-异丙苯基萘 | $C_{13}H_{12}$ | 168 | 2.009 |
| 10 | 13.941 | 二苯并呋喃 | $C_{12}H_8O$ | 168 | 4.036 |
| 11 | 14.738 | 芴 | $C_{13}H_{10}$ | 166 | 5.974 |
| 12 | 15.179 | 4-甲基-二苯并呋喃 | $C_{13}H_{10}O$ | 182 | 2.304 |
| 13 | 15.340 | [1,1'-联苯基]-4-甲醛 | $C_{13}H_{10}O$ | 182 | 2.009 |
| 14 | 16.057 | 1-甲基-9H-芴 | $C_{14}H_{12}$ | 180 | 1.599 |
| 15 | 16.257 | 2-甲基-3H-苯并[e]茚 | $C_{14}H_{12}$ | 180 | 3.648 |
| 16 | 16.948 | 菲 | $C_{14}H_{10}$ | 178 | 10.958 |
| 17 | 17.057 | 蒽 | $C_{14}H_{10}$ | 178 | 3.191 |
| 18 | 18.281 | 十五烷酸,14-甲基甲酯 | $C_{17}H_{34}O_2$ | 270 | 2.033 |
| 19 | 18.359 | 4H-环戊烷[def]菲 | $C_{15}H_{10}$ | 190 | 2.181 |
| 20 | 18.874 | 1,2,4,8-四甲基双环[6.3.0]十一烷-2,4-二烯 | $C_{15}H_{24}$ | 204 | 1.211 |
| 21 | 19.982 | 荧蒽 | $C_{16}H_{10}$ | 202 | 8.342 |
| 22 | 20.240 | 芘 | $C_{16}H_{10}$ | 202 | 7.616 |
| 23 | 21.268 | 1-萘氨基苯 | $C_{16}H_{13}N$ | 219 | 1.351 |
| 24 | 23.081 | 环戊二烯[cd]芘 | $C_{18}H_{10}$ | 226 | 3.448 |

**表 2-20 二次裂解温度为 900℃的焦油热解后可辨识的主要化合物及相对含量**

| 序号 | 停留时间 $t_R$/min | 化合物名称 | 分子式 | 分子量 | 相对含量/% |
|---|---|---|---|---|---|
| 1 | 9.400 | 萘 | $C_{10}H_8$ | 128 | 2.332 |
| 2 | 11.028 | 2-甲基萘 | $C_{11}H_{10}$ | 142 | 3.412 |
| 3 | 11.268 | 1-甲基萘 | $C_{11}H_{10}$ | 142 | 3.645 |
| 4 | 12.189 | 联苯 | $C_{12}H_{10}$ | 154 | 1.915 |
| 5 | 12.755 | 2,6-二甲基萘 | $C_{12}H_{12}$ | 156 | 1.365 |
| 6 | 13.107 | 联苯撑 | $C_{12}H_8$ | 152 | 8.688 |
| 7 | 13.544 | 1-异丙苯基萘 | $C_{13}H_{12}$ | 168 | 5.209 |
| 8 | 14.737 | 芴 | $C_{13}H_{10}$ | 166 | 6.872 |
| 9 | 14.985 | 1-氢化菲 | $C_{13}H_{10}$ | 166 | 1.735 |
| 10 | 16.058 | 1-甲基-9H-芴 | $C_{14}H_{12}$ | 180 | 3.849 |
| 11 | 16.256 | 2-异己基-6-甲基庚烯 | $C_{14}H_{28}$ | 196 | 4.716 |

续表

| 序号 | 停留时间 $t_R$/min | 化合物名称 | 分子式 | 分子量 | 相对含量/% |
|---|---|---|---|---|---|
| 12 | 16.508 | 4-乙烯基-1,1′-联苯 | $C_{14}H_{12}$ | 180 | 1.802 |
| 13 | 16.948 | 蒽 | $C_{14}H_{10}$ | 178 | 10.193 |
| 14 | 18.125 | 9-甲基蒽 | $C_{15}H_{12}$ | 192 | 5.714 |
| 15 | 18.361 | 4H-环戊菲 | $C_{15}H_{10}$ | 190 | 1.691 |
| 16 | 18.872 | 6,7,14,15-四氢-5,16[1′,2′]:8,13[1″,2″]-二苯并[a,g]环十二烯 | $C_{32}H_{24}$ | 408 | 1.526 |
| 17 | 19.747 | 荧蒽 | $C_{16}H_{10}$ | 202 | 4.774 |
| 18 | 19.981 | 1,4-联苯基丁二炔 | $C_{16}H_{10}$ | 202 | 2.938 |
| 19 | 20.240 | 芘 | $C_{16}H_{10}$ | 202 | 4.131 |
| 20 | 21.111 | 2-甲基荧蒽 | $C_{17}H_{12}$ | 216 | 1.872 |
| 21 | 21.264 | 1-甲基芘 | $C_{17}H_{12}$ | 216 | 1.652 |
| 22 | 23.083 | 环戊烯并[cd]芘 | $C_{18}H_{10}$ | 226 | 2.719 |
| 23 | 23.203 | 三亚苯 | $C_{18}H_{12}$ | 228 | 1.403 |
| 24 | 27.595 | 2-苯基-苯并吡喃 | $C_{18}H_{12}$ | 228 | 1.842 |

表 2-21　二次裂解温度为 1000℃的焦油热解后可辨识的主要化合物及相对含量

| 序号 | 停留时间 $t_R$/min | 化合物名称 | 分子式 | 分子量 | 相对含量/% |
|---|---|---|---|---|---|
| 1 | 11.038 | 1-甲基萘 | $C_{11}H_{10}$ | 142 | 1.989 |
| 2 | 11.274 | 2-甲基萘 | $C_{11}H_{10}$ | 142 | 1.996 |
| 3 | 12.198 | 联苯 | $C_{12}H_{10}$ | 154 | 6.696 |
| 4 | 13.112 | 联苯撑 | $C_{12}H_{8}$ | 152 | 13.042 |
| 5 | 13.551 | 1-异丙苯基萘 | $C_{13}H_{12}$ | 168 | 3.751 |
| 6 | 13.949 | 二苯并呋喃 | $C_{12}H_{8}O$ | 168 | 1.044 |
| 7 | 14.742 | 芴 | $C_{13}H_{10}$ | 166 | 24.135 |
| 8 | 15.186 | 4-甲基-二苯并呋喃 | $C_{13}H_{10}O$ | 182 | 1.076 |
| 9 | 16.953 | 菲 | $C_{14}H_{10}$ | 178 | 18.783 |
| 10 | 17.065 | 蒽 | $C_{14}H_{10}$ | 178 | 13.340 |
| 11 | 18.284 | 十五烷酸,14-甲基甲酯 | $C_{17}H_{34}O_{2}$ | 270 | 1.008 |
| 12 | 19.755 | 荧蒽 | $C_{16}H_{10}$ | 202 | 7.041 |
| 13 | 14.985 | 芘 | $C_{16}H_{10}$ | 202 | 8.098 |

表 2-22  二次裂解温度为 1100℃的焦油热解后可辨识的主要化合物及相对含量

| 序号 | 停留时间 $t_R$/min | 化合物名称 | 分子式 | 分子量 | 相对含量/% |
|---|---|---|---|---|---|
| 1 | 9.409 | 萘 | $C_{10}H_8$ | 128 | 1.065 |
| 2 | 11.032 | 蒽 | $C_{14}H_{10}$ | 178 | 5.381 |
| 3 | 11.268 | 1-甲基萘 | $C_{11}H_{10}$ | 142 | 1.033 |
| 4 | 12.196 | 2-乙烯基萘 | $C_{12}H_{10}$ | 154 | 1.015 |
| 5 | 12.853 | 联苯 | $C_{12}H_{10}$ | 154 | 1.161 |
| 6 | 13.108 | 联苯撑 | $C_{12}H_8$ | 152 | 9.391 |
| 7 | 13.552 | 1-异丙基苯萘 | $C_{13}H_{12}$ | 168 | 1.696 |
| 8 | 13.947 | 二苯并呋喃 | $C_{12}H_8O$ | 168 | 1.050 |
| 9 | 14.527 | 1-氢化菲 | $C_{13}H_{10}$ | 166 | 6.402 |
| 10 | 14.740 | 芴 | $C_{13}H_{10}$ | 166 | 15.117 |
| 11 | 16.062 | 1-甲基-9$H$-芴 | $C_{14}H_{12}$ | 180 | 7.407 |
| 12 | 16.261 | 2-甲基-9$H$-芴 | $C_{14}H_{12}$ | 180 | 2.613 |
| 13 | 16.518 | 9-芴酮 | $C_{13}H_8O$ | 180 | 2.749 |
| 14 | 16.949 | 菲 | $C_{14}H_{10}$ | 178 | 11.348 |
| 15 | 17.059 | 蒽 | $C_{14}H_{10}$ | 178 | 4.058 |
| 16 | 18.129 | 1-甲基菲 | $C_{15}H_{12}$ | 192 | 1.267 |
| 17 | 18.191 | 2-甲基菲 | $C_{15}H_{12}$ | 192 | 1.637 |
| 18 | 18.287 | 4-甲基菲 | $C_{15}H_{12}$ | 192 | 2.040 |
| 19 | 18.364 | 4$H$-环戊烯[$def$]菲 | $C_{15}H_{10}$ | 190 | 3.393 |
| 20 | 18.877 | 1,2,4,8-四甲基双环[6.3.0]十一烷-2,4-二烯 | $C_{15}H_{24}$ | 204 | 2.025 |
| 21 | 19.984 | 荧蒽 | $C_{16}H_{10}$ | 202 | 6.501 |
| 22 | 20.243 | 芘 | $C_{16}H_{10}$ | 202 | 2.968 |
| 23 | 21.114 | 1-甲基芘 | $C_{17}H_{12}$ | 216 | 1.891 |
| 24 | 21.275 | 四甲基茚 | $C_{17}H_{12}$ | 216 | 1.788 |
| 25 | 23.113 | 三亚苯 | $C_{18}H_{12}$ | 228 | 1.042 |

表 2-23  二次裂解温度为 1200℃的焦油热解后可辨识的主要化合物及相对含量

| 序号 | 停留时间 $t_R$/min | 中文名称 | 分子式 | 分子量 | 相对含量/% |
|---|---|---|---|---|---|
| 1 | 13.137 | 2-甲基菲 | $C_{15}H_{12}$ | 192 | 3.637 |
| 2 | 14.758 | 芴 | $C_{13}H_{10}$ | 166 | 6.357 |
| 3 | 16.544 | 9$H$-芴酮 | $C_{13}H_8O$ | 180 | 2.478 |
| 4 | 16.954 | 蒽 | $C_{14}H_{10}$ | 178 | 20.881 |
| 5 | 17.067 | 菲 | $C_{14}H_{12}$ | 178 | 7.095 |
| 6 | 18.142 | 1-甲基蒽 | $C_{15}H_{12}$ | 192 | 1.092 |
| 7 | 18.204 | 2-甲基菲 | $C_{15}H_{12}$ | 192 | 2.035 |
| 8 | 18.368 | 4$H$-环戊烯并[$def$]菲 | $C_{15}H_{10}$ | 190 | 9.801 |

续表

| 序号 | 停留时间 $t_R$/min | 中文名称 | 分子式 | 分子量 | 相对含量/% |
|---|---|---|---|---|---|
| 9 | 18.890 | 1,2,4,8-四甲基双环[6.3.0]十一烷-2,4-二烯 | $C_{15}H_{24}$ | 204 | 2.371 |
| 10 | 20.164 | 荧蒽 | $C_{16}H_{10}$ | 202 | 17.519 |
| 11 | 20.247 | 芘 | $C_{16}H_{10}$ | 202 | 11.108 |
| 12 | 21.129 | 2-甲基芘 | $C_{17}H_{12}$ | 216 | 3.024 |
| 13 | 21.295 | 11$H$-苯并[$a$]芴 | $C_{17}H_{12}$ | 216 | 3.132 |
| 14 | 23.100 | 环戊烯并[$cd$]芘 | $C_{18}H_{10}$ | 226 | 6.257 |
| 15 | 23.224 | 三亚苯 | $C_{18}H_{12}$ | 228 | 3.124 |

### 2.3.5 裂解温度的影响

(1)对焦油成分种类的影响

图 2-17 为温度对焦油成分种类的影响。随着温度的升高，液体产物中组成成分的数量越来越少，这也说明在不同的温度、停留时间等条件下，焦油的数量和各种成分的含量都是变化的，在 700℃时主要由含氧有机物和单环有机物组成，共有 129 种，当温度达到 1200℃时，焦油中的成分主要是三环、四环的有机物，而且焦油量和种类都大幅减少，在 1300℃时未收集到焦油。Brandt 等[5]在 0.5s、1250℃条件下裂解得到每千克干物料的焦油含量为 21mg，本实验在 0.5s、1200℃条件下获得焦油量为 18mg/kg 干稻壳，两者相差不多，但是由于 Brandt 等使用萘来模拟焦油进行研究，并不能完全反映真实条件下焦油在高温烟气中的裂解情况，因此本章的数据对于工程设计更有参考价值。

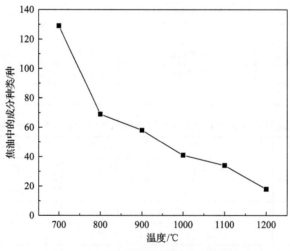

图 2-17 温度对焦油成分种类的影响

(2)对液体产物的影响

图 2-18 为停留时间 0.5s 条件下，生物质热解产物在不同温度下的质量百分比。表 2-24 是图 2-18 中液体产物的细化。如图 2-18 所示，液体产率随着温度的升高先增加后减少，

液体产率在 500℃时最高，这是由于生物质油大量产生所致，随着温度的升高，到 800℃时有明显减少，焦油量为 1.8g/kg 干稻壳；当温度达到 1000℃，焦油量为 800mg/kg 干稻壳，即 522mg/Nm³；当裂解温度达到 1200℃时，焦油产率为每千克干稻壳焦油产量 18mg，即 11.7mg/Nm³。温度在 1000～1200℃焦油量已经达到毫克级，可见温度对液体产物裂解的影响很大，不用水洗处理已经接近生物质气应用的焦油含量指标。当温度为 1300℃时未收集到焦油，可见生物质高温热解反应最佳的温度区间应在 1000～1200℃。气体产物的产率在 400～500℃时变化不大，而后随着温度的升高急剧增加，到 800℃时达到 76.3%，随后气体产率增加逐渐变缓，到 1300℃时达到最大值 81%，这是残炭的部分气化导致气体量少量增加。

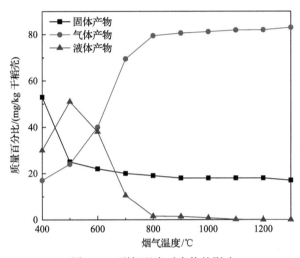

图 2-18　裂解温度对产物的影响

**表 2-24　温度对液体产物生成和裂解的影响**

| 项目 | 数值 | | | | |
|---|---|---|---|---|---|
| 温度/℃ | 400 | 500 | 600 | 700 | 800 |
| 液体产物/(g/kg 干稻壳) | 300 | 510 | 380 | 105 | 1.8 |
| 项目 | 数值 | | | | |
| 温度/℃ | 900 | 1000 | 1100 | 1200 | 1300 |
| 液体产物/(mg/kg 干稻壳) | 1200 | 800 | 100 | 18 | 0 |

（3）对气体产物成分的影响

图 2-19 为温度对热解产物成分的影响。$CO_2$ 的体积含量为扣除烟气中所生成 $CO_2$ 体积计算值。随着温度的升高，$CO_2$ 的体积含量随温度升高而逐渐减小，这是因为 $CO_2$ 主要来自生物质或有机物中羧基基团的低温热分解过程。$H_2$ 的体积含量逐渐增加，在温度低于 800℃时，CO 和 $CH_4$ 的体积含量先增加后减少。这主要是由于有机物在较高温度下发生次级热解反应所致。有机物蒸汽所发生的次级反应主要包括：去碳酸基、脱羰、脱氢、环化、芳香化和聚合等，$C_mH_n$ 的体积含量为零，当温度大于 800℃时，$CH_4$ 的体积

含量又开始增大，$C_mH_n$ 的体积含量逐渐增加，这是由于高温条件下，焦油发生高温热裂解产生 $H_2$、$CH_4$ 和 $C_mH_n$。可见，采用焦油高温热裂解法可以生产富含氢气的生物质气。

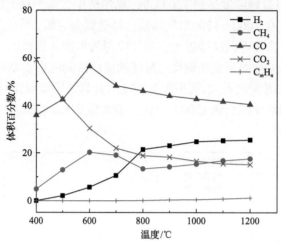

图 2-19　温度对热解产物成分的影响

(4)对焦油中化合物的影响

图 2-20 是对表 2-18～表 2-23 焦油中的代表性物质随温度变化的加工处理。700℃时含氧有机物量为 24.5%，达到 1100℃时含氧有机物量几乎为零。萘在 700℃时含量很少，当 800℃时达到最大值 26.4%，随着温度的升高，萘在焦油中的含量逐渐减少，达到 1200℃时萘的含量为零。芴在 700℃时的含量为零，随着温度的升高，芴的含量缓慢增加，芴的含量在 1000～1100℃急剧增加，这是由于萘和含氧有机物急剧降低，一部分聚合成更大分子量的芴和菲的同分异构体，另一部分裂化为不凝气体。芴的含量在 1100～1200℃快速下降，原因是一部分芴裂化为不凝气体，另一部分芴聚合成四环芳烃。多环芳烃等焦油成分在 700℃时几乎没有，随着温度的升高，焦油质量和成分都逐渐减少，最后都转化成多环芳烃。

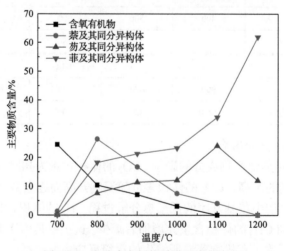

图 2-20　焦油中主要物质随温度的变化

### 2.3.6 停留时间的影响

选用温度为 900～1200℃、停留时间 0.5～4s 进行实验。选择生物质主床的平均热解温度为 700℃，热解后液体产物的收率是每千克干稻壳焦油量为 105g，把它作为比较的初始值。图 2-21 为停留时间对焦油量的影响。表 2-25 是图 2-21 中 1200℃曲线的细化。提高温度和增加停留时间，可以明显降低焦油量。900℃时，停留时间 0.5～4s，焦油量逐渐减小，到 4s 时剩余焦油量为 60g/kg 干稻壳，焦油裂解率为 42.9%。1000℃时，停留时间 0.5～3s，焦油量明显减少，3s 和 4s 的裂解率相差不多，停留时间 3s 时焦油裂解率为 70.5%。1100℃时，停留时间 0.5～4s，焦油量显著减少，到 4s 时焦油裂解率达到 84.8%，特别是 1200℃、停留时间 0.5s 时，焦油量急剧下降，当停留时间 0.5s 时，焦油裂解率达到 99.98%，每千克干稻壳产生的焦油量为 18mg。

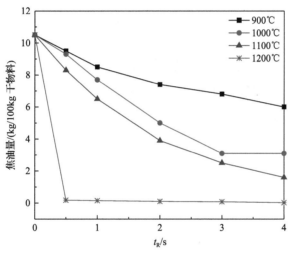

图 2-21　停留时间对焦油量的影响

**表 2-25　1200℃时焦油量随时间的变化**

| 时间/s | 0 | 0.5 | 1 | 2 | 3 | 4 |
|---|---|---|---|---|---|---|
| 焦油量/mg | $105×10^3$ | 18 | 15 | 13 | 10 | 5 |

## 2.4　生物质高温热解过程的热力学分析

生物质热解气化技术面临的关键性问题是焦油含量偏高，而生物质高温热解可以有效降低焦油含量。因此，全面理解生物质高温热解过程是生物质高温热解利用的基础。热力学分析是评估和增强热化学转化效率的有力工具，主要包含能分析和㶲分析，能分析基于热力学第一定律，从能量平衡的角度，将热效率作为能量评价的基本指标，能量与体积有关，而且在质量上也有差异。而热效率只能反映能源使用的量，而不是全面地评估能源利用状况。㶲分析基于热力学第一定律和第二定律，反映了能量的最大理论做功能力，同时能揭示能和量的均等性，可提供一种合理、科学、高效的能量利用方法。不仅克服了传统能量分析的局限性，而且能更深入地挖掘能量的效率和性能。因此，毫无疑问，对生物质高温热解过程的能和㶲进行分析是重要的，也是必要的。本节以生物质高温热解降低焦油的可行性为出发点，对生物质原料的高温热解过程进行热力学分析，从能和㶲的角度对生物质高温热解产物中热解气、生物质焦和生物质焦油的能值和㶲值及其能效率和㶲效率等方面进行研究。从热力学角度更深入地了解生物质高温热解过程中复杂的能和㶲关系，为生物质高温热解过程的转化研究奠定基础。

### 2.4.1　能分析和㶲分析方法

(1)生物质高温热解过程能分析方法

生物质热解气的总能量值等于各能值(能量值)之和[6]，可用式(2-1)表示：

$$En_{gas} = En_{gas}^{ki} + En_{gas}^{po} + En_{gas}^{ph} + En_{gas}^{ch} \tag{2-1}$$

式中，$En_{gas}$ 为热解气的总能，kJ；$En_{gas}^{ki}$ 为热解气的动能，kJ；$En_{gas}^{po}$ 为热解气的势能，kJ；$En_{gas}^{ph}$ 为热解气的物理能，kJ；$En_{gas}^{ch}$ 为热解气的化学能，kJ。

其中，热解气的动能可用式(2-2)表示：

$$En_{gas}^{ki} = \frac{1}{2}mV^2 \tag{2-2}$$

式中，$V$ 为气体流速，m/s；$m$ 为质量。

热解气的势能可用式(2-3)表示：

$$En_{gas}^{po} = mgH' \tag{2-3}$$

式中，$H'$ 为热解器高度，m。

生物质高温热解反应中动能和势能占总能量的比例很小，可以忽略不计[7]。

热解气的方程可以简化为

$$En_{gas} = En_{gas}^{ph} + En_{gas}^{ch} \tag{2-4}$$

热解气的物理能为

$$En_{gas}^{ph} = \sum n_i h_i \tag{2-5}$$

式中，$n_i$ 为热解气的物质的量，mol；$h_i$ 为热解气的比摩尔焓，kJ/kmol。

热解气的化学能值由下式进行计算：

$$En_{gas}^{ch} = \sum n_i HHV \tag{2-6}$$

式中，HHV 为高位热值。

某些气体在标准条件$(h_0)$下的高位热值和比焓，如表 2-26 所示。

**表 2-26　热解产气中气体高位热值、比焓和比熵[8]**

| 气体 | $h_0$/(kJ/kmol) | $s_0/[(kJ \cdot kmol)/℃]$ | HHV/(kJ/kmol) |
|------|------|------|------|
| $H_2$ | 8468 | 130.574 | 285840 |
| CO | 8669 | 197.543 | 282990 |
| $CO_2$ | 9364 | 213.685 | — |
| $CH_4$ | — | 186.160 | 890360 |

生物质的能量由(2-7)可表示为

$$\text{En}_{\text{biomass}} = m\text{HHV} \tag{2-7}$$

通过式(2-8)可以得出生物质的高位热值：

$$\text{HHV} = \text{LHV} + 21.978H \tag{2-8}$$

式中，$H$ 为稻壳元素分析中氢元素的质量分数，%；LHV 为低位热值。

（2）生物质高温热解过程㶲分析方法

根据热解输入㶲等于热解输出㶲[6]，建立㶲平衡方程：

$$\text{Ex}_{\text{heat},T} + \text{Ex}_{\text{biomass},T} = \text{Ex}_{\text{gas},T} + \text{Ex}_{\text{tar},T} + \text{Ex}_{\text{uc},T} + \text{Ex}_{\text{loss},T} \tag{2-9}$$

式中，$\text{Ex}_{\text{heat},T}$ 为 $T$ 时热解烟气的总㶲值；$\text{Ex}_{\text{biomass},T}$ 为 $T$ 时生物质的总㶲值；$\text{Ex}_{\text{gas},T}$、$\text{Ex}_{\text{uc},T}$ 和 $\text{Ex}_{\text{tar},T}$ 为 $T$ 时热解气、未反应的碳和焦油的㶲值；$\text{Ex}_{\text{loss},T}$ 为 $T$ 时热解的㶲损失。

热解气的总㶲值等于各种㶲值之和。

$$\text{Ex}_{\text{gas}} = \text{Ex}_{\text{gas}}^{\text{ki}} + \text{Ex}_{\text{gas}}^{\text{po}} + \text{Ex}_{\text{gas}}^{\text{ph}} + \text{Ex}_{\text{gas}}^{\text{ch}} \tag{2-10}$$

式中，$\text{Ex}_{\text{gas}}^{\text{ki}}$ 为动能㶲值；$\text{Ex}_{\text{gas}}^{\text{po}}$ 为势能㶲值；$\text{Ex}_{\text{gas}}^{\text{ph}}$ 为物理㶲值；$\text{Ex}_{\text{gas}}^{\text{ch}}$ 为化学㶲值。

其中，热解气的动能㶲可用式(2-11)表示：

$$\text{Ex}_{\text{gas}}^{\text{ki}} = \frac{1}{2}mV^2 \tag{2-11}$$

式中，$V$ 为气体流速，m/s。

热解气的势能㶲可用式(2-12)表示：

$$\text{Ex}_{\text{gas}}^{\text{po}} = mgH' \tag{2-12}$$

式中，$H'$ 为热解器高度，m。

生物质热解气的动能㶲和势能㶲可忽略不计[7]。

热解气的㶲值可简化为

$$Ex_{gas} = Ex_{gas}^{ph} + Ex_{gas}^{ch} \qquad (2\text{-}13)$$

热解气的物理㶲值定义为

$$Ex_{gas}^{ph} = n\left[(h - h_0) - T(s - s_0)\right] \qquad (2\text{-}14)$$

式中，$n$ 为热解气的摩尔流量；$h$ 和 $s$ 为工作条件热解气的比焓和比熵；$h_0$ 和 $s_0$ 为环境条件热解气的比焓和比熵；$T$ 为热力学温度。

比焓差和比熵差可由式(2-15)和式(2-16)得出：

$$h - h_0 = \int_{T_0}^{T} C_p dT \qquad (2\text{-}15)$$

$$s - s_0 = \int_{T_0}^{T} \frac{C_p}{T} dT - R\ln\frac{P}{P_0} \qquad (2\text{-}16)$$

式中，$R$ 为通用气体常数；$C_p$ 为恒压比热容；$P$ 为压力；$P_0$ 为参考压力；$T_0$ 为初温，由经验公式(2-17)：

$$C_p = a + bT + cT^2 + dT^3 \qquad (2\text{-}17)$$

式中，$a$、$b$、$c$、$d$ 为恒压比热容系数，其值如表 2-27 所示。

表 2-27　部分气体的恒压比热容系数[9]

| 气体 | $a$ | $b$ | $c$ | $d$ | 温度/℃ |
|---|---|---|---|---|---|
| $H_2$ | 29.11 | −0.192 | 0.400 | −0.870 | 0～1527 |
| CO | 28.16 | 0.168 | 0.533 | −2.222 | 0～1527 |
| $CO_2$ | 22.26 | 5.987 | −3.501 | 7.469 | 0～1527 |
| $CH_4$ | 19.89 | 5.024 | 1.269 | −11.01 | 0～1527 |

气体 $Ex_{gas}^{ch}$ 的化学㶲总量为

$$Ex_{gas}^{ch} = n\sum x_i \left(Ex_i^{ch} + RT_0 \ln \gamma_i x_i\right) \qquad (2\text{-}18)$$

式中，$x_i$ 为热解气中第 $i$ 个组分的摩尔分数；$\gamma_i$ 为活度系数；$Ex_i^{ch}$ 为热解气中第 $i$ 个组分的化学㶲。

各气体的标准化学㶲如表 2-28 所示。

表 2-28　气体的标准化学㶲（25℃, 0.1MPa）

| 气体 | $Ex^{ch}$/(kJ/kmol) |
|---|---|
| $H_2$ | 236100 |
| CO | 275100 |
| $CO_2$ | 19870 |
| $CH_4$ | 831650 |
| $C_2H_4$ | 1317680 |

生物质焦的物理㶲可以忽略，化学㶲为 410260kJ/kmol[9]，生物质焦中未反应碳的㶲值可用式(2-19)计算：

$$Ex^{uc} = 34188.33 m \varepsilon_{uc} \tag{2-19}$$

式中，$Ex^{uc}$ 为未反应碳的㶲值，kJ/kmol；$m$ 为生物质的质量，kg；$\varepsilon_{uc}$ 为未反应的碳的剩余率。

稻壳㶲可用式(2-20)计算得出：

$$Ex = \beta m LHV \tag{2-20}$$

式中，$\beta$ 为关联因子，由式(2-21)得出[10,11]：

$$\beta = \frac{1.044 + 0.016 \dfrac{H}{C} - 0.3493 \dfrac{O}{C} \left(1 + 0.0531 \dfrac{H}{C}\right) + 0.0493 \dfrac{N}{C}}{1 - 0.4124 \dfrac{O}{C}} \quad (O/C \leqslant 2) \tag{2-21}$$

式中，$C$、$H$、$O$ 和 $N$ 为稻壳中各元素质量分数。

(3)生物质高温热解能效率和㶲效率分析方法

生物质热解过程的能量效率和㶲效率是评价热解过程的转化率和经济性的重要指标。在生物质高温热解过程中，各产物的能效率等于各产物的能值与输入系统的能量(生物质原料能量和输入系统的热量)之比。因此，热解气、固定碳和焦油的能效率的计算方法如下[12]：

$$\eta_{gas,T} = \frac{En_{H_2,T} + En_{CH_4,T} + En_{CO,T} + En_{CO_2,T}}{En_{biomass} + En_{heat,T}} \times 100\% \tag{2-22}$$

$$\eta_{uc,T} = \frac{En_{uc,T}^{ph} + En_{uc,T}^{ch}}{En_{biomass} + En_{heat,T}} \times 100\% \tag{2-23}$$

$$\eta_{tar,T} = \frac{En_{tar,T}^{ph} + En_{tar,T}^{ch}}{En_{biomass} + En_{heat,T}} \times 100\% \tag{2-24}$$

式中，$\eta_{gas,T}$、$\eta_{uc,T}$ 和 $\eta_{tar,T}$ 分别为热解气、生物质焦和焦油在 $T$ 时的能量效率；$En_{H_2,T}$、

$En_{CH_4,T}$、$En_{CO,T}$ 和 $En_{CO_2,T}$ 分别为 $T$ 时 $H_2$、$CH_4$、CO 和 $CO_2$ 的能值；$En_{uc,T}^{ph}$ 和 $En_{uc,T}^{ch}$ 为 $T$ 时未反应碳的物理和化学能值；$En_{tar,T}^{ph}$ 和 $En_{tar,T}^{ch}$ 为 $T$ 时焦油的物理和化学能值；$En_{biomass}$ 为生物质的总能值；$En_{heat,T}$ 为 $T$ 时烟气的总能值。

热解气、生物质焦和焦油的㶲效率，分别由热解气、生物质焦和焦油的㶲值分别除以输入反应器的㶲值和输入的生物质㶲的总和，定义方程为[12]

$$\psi_{gas,T} = \frac{Ex_{H_2,T} + Ex_{CH_4,T} + Ex_{CO,T} + Ex_{CO_2,T}}{Ex_{biomass} + Ex_{heat,T}} \times 100\% \qquad (2\text{-}25)$$

$$\psi_{uc,T} = \frac{Ex_{uc,T}^{ph} + Ex_{uc,T}^{ch}}{Ex_{biomass} + Ex_{heat,T}} \times 100\% \qquad (2\text{-}26)$$

$$\psi_{tar,T} = \frac{Ex_{tar,T}^{ph} + Ex_{tar,T}^{ch}}{Ex_{biomass} + Ex_{heat,T}} \times 100\% \qquad (2\text{-}27)$$

$$\psi_{loss,T} = 100\% - \left(\psi_{gas,T} + \psi_{uc,T} + \psi_{tar,T}\right) \qquad (2\text{-}28)$$

式中，$\psi_{gas,T}$、$\psi_{uc,T}$ 和 $\psi_{tar,T}$ 分别为热解气、未反应碳和焦油在 $T$ 时的㶲效率；$Ex_{H_2,T}$、$Ex_{CH_4,T}$、$Ex_{CO,T}$ 和 $Ex_{CO_2,T}$ 分别为 $T$ 时 $H_2$、$CH_4$、CO 和 $CO_2$ 的㶲值；$Ex_{uc,T}^{ph}$ 和 $Ex_{uc,T}^{ch}$ 为 $T$ 时未反应碳的物理和化学㶲值；$Ex_{tar,T}^{ph}$ 和 $Ex_{tar,T}^{ch}$ 为 $T$ 时焦油的物理和化学㶲值；$\psi_{loss,T}$ 为 $T$ 时㶲效率的损失部分；$Ex_{biomass}$ 为生物质的总㶲值；$Ex_{heat,T}$ 为 $T$ 时烟气的总㶲值。

### 2.4.2　能值和㶲值分析

图 2-22 为生物质高温热解系统[13]，对生物质进行高温热解及焦油二次裂解。生物质

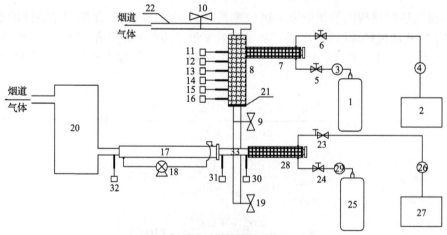

图 2-22　生物质高温热解系统[13]

1、25-丙烷；2、27-空气；3、4、26、29-压力表；5、6、23、24-调节器；7-一次燃烧器；8-热解反应器；9、10、19-阀门；
11~16、30~32-热电偶；17-焦油冷凝器；18-水泵；20-沉积槽；21-网格板；22-排气管；28-二次燃烧器；
33-高温裂解反应器

高温热解系统包括：一次燃烧器、二次燃烧器、热解反应器、高温裂解反应器和焦油冷凝器。

本章基于稻壳在高温热解系统中进行的高温热解实验数据，研究稻壳高温热解的热力学过程。实验所用稻壳为黑龙江省某农场样品。稻壳原料在干燥箱中干燥 12h，且大小无须处理。取干燥稻壳原料 1kg，放入热解反应器中进行反应，对生物质高温热解系统整体进行保温处理，实验操作过程如下：打开丙烷 1 和空气 2，进行点火，并调节流量，在燃烧器出口对燃烧产生的乏气进行检测，保证乏气的氧气浓度低于 0.1%。丙烷和空气在一次燃烧反应器 7 中进行燃烧，产生的高温乏气通过热解反应器 8 进行热解。生物质热解产生的挥发分通过网格板 21 进行整流，并通过高温裂解反应器 33，与丙烷 25 和空气 27 燃烧产生的高温乏气进行焦油二次裂解，并通过焦油冷凝器 17 进行冷凝，最终采用排气管 22 收集热解反应气体。通过气体分析仪对产气成分进行分析，待反应完全，将固体产物进行冷却并称量。结合所得数据进行生物质高温热解系统的能和㶲分析，得出各高温热解产物的能和㶲分布及能和㶲效率。其中，系统供热为甲烷和空气燃烧，将生物质高温热解系统看作一个热力学系统，对热力学系统进行如下假设：

1)假设设备边界为绝热条件，忽略散热损失；

2)丙烷与空气燃烧反应完全；

3)丙烷与空气燃烧产生的乏气与反应的稻壳和进行裂解的焦油充分混合。

研究中，输入系统热量是由不同热解条件下丙烷与空气燃烧产生的热值来确定的，其中丙烷用量为 0.16~0.36m³/h，丙烷高位热值为 101.2MJ/Nm³，计算出输入热量为 2698.67~6072.00kJ。取稻壳的比热容为定值 450J/(kg·K)[14]。因此，稻壳被加热时所吸收的热值为

$$Q = \int_{T_1}^{T_2} 450m\mathrm{d}T \tag{2-29}$$

式中，$T_1$ 为起始温度；$T_2$ 为终了温度。

稻壳被加热时所吸收的㶲值为

$$\mathrm{Ex}_{\mathrm{heat}} = \int_{T_1}^{T_2} 450m\left(1 - \frac{T_0}{T}\right)\mathrm{d}T \tag{2-30}$$

上述计算的热解温度为 800~1200℃，稻壳的吸收热量为 348.75~528.65kJ/kg。各温度下的具体输入热量如表 2-29 所示。

表 2-29　不同热解温度的输入能值和㶲值

| 温度/℃ | 输入能值/kJ | 输入㶲值/kJ |
| --- | --- | --- |
| 800 | 3047.42 | 2201.07 |
| 900 | 3935.75 | 2935.88 |
| 1000 | 4824.09 | 3694.80 |
| 1100 | 5712.42 | 4472.58 |
| 1200 | 6600.75 | 5265.36 |

（1）生物质焦及焦油能值和㶲值分析

在不同热解温度（800℃、900℃、1000℃、1100℃和1200℃）下，稻壳各热解产物的质量产率如表 2-30 所示。

表 2-30　温度对热解产物质量产率的影响

| 产物 | 800℃ | 900℃ | 1000℃ | 1100℃ | 1200℃ |
| --- | --- | --- | --- | --- | --- |
| 稻壳焦 | 19.00 | 18.00 | 18.00 | 18.00 | 18.00 |
| 热解气 | 79.50 | 80.60 | 81.20 | 81.90 | 82.00 |
| 焦油 | 1.50 | 1.40 | 0.80 | 0.10 | 0.02 |

表 2-31 给出了两级固定床稻壳高温热解系统的能分析和㶲分析。为稻壳高温热解系统的每个状态确定质量（$m$）、温度（$T$）、比焓（En）和比㶲（Ex）。热解产物中的比焓和比㶲均具有相同的趋势，同时热解产物中比焓的值均大于比㶲的值。热解产气的比焓和比㶲均随着热解温度的升高而增加，比焓和比㶲的增加主要是产物中热解气的含量增加造成的。随着热解温度的升高，稻壳焦和稻壳焦油的比焓和比㶲均降低，主要原因是热解温度升高，稻壳焦进一步分解，同时，稻壳焦油裂解。因此，稻壳焦和稻壳焦油含量均降低，比焓和比㶲降低。

表 2-31　高温热解系统的计算过程数据

| 序号 | 热解产物 | $m/(kg/kg)$ | $T/℃$ | En/(kJ/kg) | Ex/(kJ/kg) |
| --- | --- | --- | --- | --- | --- |
| 1 | 气体 | 0.795 | 800 | 11495.47 | 10337.89 |
| 2 | 气体 | 0.806 | 900 | 12385.03 | 11079.15 |
| 3 | 气体 | 0.812 | 1000 | 13602.59 | 12114.86 |
| 4 | 气体 | 0.819 | 1100 | 14676.45 | 13038.32 |
| 5 | 气体 | 0.830 | 1200 | 15309.91 | 13569.92 |
| 6 | 生物质焦 | 0.190 | 800 | 1343.67 | 1401.72 |
| 7 | 生物质焦 | 0.180 | 900 | 1015.95 | 1059.84 |
| 8 | 焦油 | 0.150 | 800 | 256.51 | 251.63 |
| 9 | 焦油 | 0.140 | 900 | 239.46 | 234.85 |
| 10 | 焦油 | 0.080 | 1000 | 136.87 | 134.20 |
| 11 | 焦油 | 0.010 | 1100 | 17.14 | 16.77 |
| 12 | 焦油 | 0.002 | 1200 | 3.42 | 3.35 |

（2）热解气各组分能值和㶲值分析

稻壳高温热解过程中不同反应温度与各气体成分体积产率的关系如表 2-32 所示。通过对收集的热解气体进行气相色谱分析来获得热解气体的成分。所得气体成分的体积产率与各组分气体摩尔分数呈一一对应关系。通过所得气体成分对稻壳高温热解产气进行热力学分析。

表 2-32　反应温度与各气体成分体积产率的关系　　　　　（单位：%）

| 气体成分 | 800℃ | 900℃ | 1000℃ | 1100℃ | 1200℃ |
|---|---|---|---|---|---|
| $H_2$ | 21.5 | 23.2 | 24.9 | 25.4 | 25.8 |
| $CH_4$ | 13.4 | 14.3 | 15.5 | 17.0 | 17.9 |
| CO | 46.2 | 44.1 | 42.9 | 41.9 | 40.8 |
| $CO_2$ | 18.9 | 18.4 | 16.7 | 15.7 | 15.5 |

表 2-33 为不同温度下各组分气体的能值和㶲值。其中，$H_2$、$CH_4$ 和 CO 的能值为物理能和化学能之和，$H_2$、$CH_4$ 和 CO 的㶲值为物理㶲和化学㶲之和。而 $CO_2$ 没有化学能和化学㶲，其能值和㶲值为物理能和物理㶲。

表 2-33　不同温度下各组分气体的能值和㶲值

| 气体 | | $H_2$ | $CH_4$ | CO | $CO_2$ |
|---|---|---|---|---|---|
| 800℃ | 能值 | 2322.23 | 4245.17 | 4756.21 | 270.87 |
| | 㶲值 | 1782.01 | 3854.48 | 4438.55 | 262.86 |
| 900℃ | 能值 | 2521.55 | 4750.57 | 4798.43 | 314.48 |
| | 㶲值 | 2018.86 | 4300.91 | 4464.96 | 294.53 |
| 1000℃ | 能值 | 2867.57 | 5459.00 | 4938.46 | 337.56 |
| | 㶲值 | 2293.80 | 4929.59 | 4583.34 | 308.25 |
| 1100℃ | 能值 | 3045.06 | 6223.49 | 5044.76 | 363.15 |
| | 㶲值 | 2434.08 | 5607.50 | 4671.24 | 325.63 |
| 1200℃ | 能值 | 3168.46 | 6700.68 | 5041.24 | 399.53 |
| | 㶲值 | 2531.46 | 6026.43 | 4658.63 | 353.52 |

随着温度的升高，各热解产气的能值和㶲值增加，且能值均大于㶲值。这些能值和㶲值由各温度下产气组分分布和产率决定。式 (2-5) 和式 (2-10) 表明，焓和产率的增加导致热解气的物理能和㶲增加。此外，式 (2-4) 和式 (2-13) 表明，产率的增加导致热解气化学能和㶲的增加。其中，$CH_4$ 和 $H_2$ 的增加最为明显，$CH_4$ 和 $H_2$ 的能值从 800℃ 的 4245.17kJ/kg 和 2322.23kJ/kg 增加到 1200℃ 的 6700.68kJ/kg 和 3168.46kJ/kg。而 $CH_4$ 和 $H_2$ 的㶲值从 3854.48kJ/kg 和 1782.01kJ/kg 增加到 6026.43kJ/kg 和 2531.46kJ/kg。能值和㶲值的增加是由于焦油在高温下分解为 $CH_4$ 和 $H_2$。热解产气中 CO 的能值和㶲值均增加，主要原因是随着温度的升高，$CH_4$ 在高温下重整，CO 的化学能和㶲增加。$CO_2$ 的能值和㶲值增长缓慢，主要原因是温度升高，$CO_2$ 的物理能和物理㶲增加，而 $CO_2$ 生成量减少。因此，$CO_2$ 的总能值和㶲值基本保持不变。热解气体在 800℃ 和 900℃ 下

能值和㶲值的贡献为 CO>CH₄>H₂>CO₂。随着温度从 1000℃升高到 1200℃，热解气的能值和㶲值的贡献为 CH₄>CO>H₂>CO₂。

　　(3)热解气总能值和㶲值分析

　　热解气各组分的产率和温度决定各产气的能值和㶲值，不同热解条件下各产气的产率不同。因此，在热解气中不同种类气体能值和㶲值贡献不同，但热解气的能值和㶲值具有很好的同步性。图 2-23 为不同温度下热解气的能值和㶲值。随着温度的升高，热解气的能值和㶲值增加。能值和㶲值从 800℃的 11495kJ/kg 和 10338kJ/kg 增加到 1200℃的 15309kJ/kg 和 13570kJ/kg。这是因为温度升高，热解气各成分气体产率增加，产气的化学能和化学㶲增加，温度的升高使得气体内能增加，热解气物理能和㶲增加。此时，热解气中各成分气体的能值和㶲值增加，总能值和㶲值增加。在温度从 800℃增加到 1200℃的过程中，热解气能值和㶲值的增加率在 1000℃达到最大值，随后下降。这是因为在温度升高的过程中，焦油由大分子分解成小分子气体，随着温度超过 1000℃时，焦油含量减少，焦油热裂解转化为热解气的能值和㶲值减少，此时，热解气总能值和㶲值的升高速率降低。

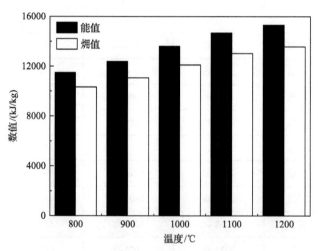

图 2-23　不同温度下热解气的能值和㶲值

### 2.4.3　能效率和㶲效率分析

　　(1)热解气能效率和㶲效率分析

　　图 2-24 为不同温度下热解气的能效率和㶲效率。热解气能效率均高于㶲效率，且热解气的能效率和㶲效率的变化趋势几乎同步。

　　温度为 800~900℃，热解气的能效率和㶲效率从 64.57%和 52.93%提高到 66.52%和 54.81%。温度升高，生物质焦油的能量向热解气转化。温度为 900~1100℃，热解气的能效率和㶲效率分别从 66.52%和 54.81%升高到 72.48%和 60.24%，这种趋势主要由热解气的能值和㶲值决定。在高温热解过程中，焦油分解为 H₂ 和 CH₄，此时，各成分热解气的化学能和化学㶲增加。温度为 1100~1200℃，热解气的能效率和㶲效率分别从 72.48%

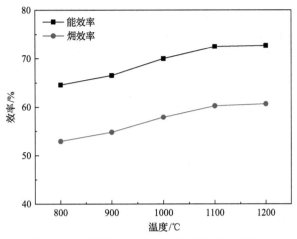

图 2-24 不同温度下热解气的能效率和㶲效率

和 60.24%升高到 72.68%和 60.64%，增长速率缓慢，能值和㶲值的增加主要是由物理能和物理㶲造成的，而焦油含量相对较少，分解产生的能值和㶲值的变化，对热解气能值和㶲值的改变可以忽略不计。热解气的㶲效率在 52.93%～60.64%的范围内变化。㶲效率高的原因有两个，首先，焦油在高温下发生二次热裂解，大部分产物为气态产物，增加量几乎都是由二次裂解等产生的气体贡献所得。其次，由于高温热解反应系统的蓄热较好，热损失很小。关于生物质热解的㶲效率的参考资料很少，将热解气的㶲效率与水蒸气气化产品气的㶲效率进行比较。Zhang 等[15]研究发现，水蒸气气化产品气的㶲效率在49.31%～58.48%的范围内变化，水蒸气气化的㶲输入较高，总㶲增加，因此，气化气㶲效率略小于热解气效率。

（2）生物质焦能效率和㶲效率分析

图 2-25 为不同温度下生物质焦的能效率和㶲效率。生物质焦的能效率和㶲效率从800℃时的 7.55%和 7.18%下降到 900℃时的 5.46%和 5.24%。生物质焦的效率降低主要是

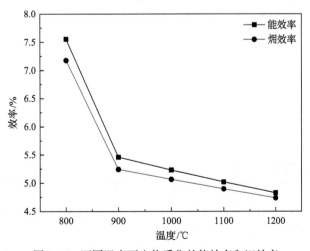

图 2-25 不同温度下生物质焦的能效率和㶲效率

由生物质焦中挥发分的析出造成的。随着温度的进一步升高，生物质焦的能效率和㶲效率逐渐降低，当温度升高到 1200℃时，生物质焦的能效率和㶲效率分别下降到 4.83%和4.74%，且能效率和㶲效率的下降呈线性趋势。虽然生物质高温热解反应器内的温度是900～1200℃，但在固定床反应器出口处温度几乎恒定，因此，稻壳焦的含量几乎保持不变，而由于输入热量的增加，总能量随着温度的升高而增加。此外，稻壳焦能效率的下降率略大于㶲效率的下降率。这表明，总能效率增加率高于㶲效率增加率。

（3）生物质焦油能效率和㶲效率分析

不同温度下焦油的能效率和㶲效率如图 2-26 所示。焦油的能效率从 800℃的 1.44%下降到 1200℃的 0.02%，而㶲效率从 1.28%下降到 0.01%。这种趋势主要是由焦油能值和㶲值的变化决定的。焦油的㶲效率低于能效率。焦油能效率和㶲效率在 800～900℃变化较慢。此时，由于温度的限制，焦油的热裂解不充分，焦油含量下降速率较慢，焦油的能效率和㶲效率降低速率慢。而温度从 900℃升高到 1100℃时，焦油的能效率和㶲效率的降低速率加快。此时，随着温度的升高，焦油的二次裂解作用加大，焦油含量降低，导致焦油能效率和㶲效率降低速率加快。而随着温度的进一步升高，焦油的能效率和㶲效率几乎重合，当温度达到 1200℃时，焦油的能效率和㶲效率占总效率的比例不足 0.1%。从实验中可以看出，当温度高于 1100℃时，焦油在气体产物中达到毫克水平。这表明，温度对焦油的二次裂解过程有显著影响[13]。此时，热解气中焦油含量达到标准，且无须后续处理。在高温热解过程中，焦油的能量向热解气转化，因此，可以通过增加温度来减少焦油在收集过程中的能量损耗以及焦油携带的能和㶲的损失。

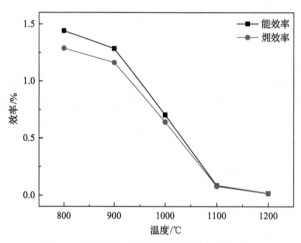

图 2-26　不同温度下焦油的能效率和㶲效率

（4）热解过程㶲损失率分析

图 2-27 为不同温度下热解过程的㶲损失率。温度从 800℃升高到 900℃，㶲损失率从 38.6%略微增加到 38.8%。而随着温度的进一步升高，㶲损失率开始降低，到 1200℃的 34.6%。由式（2-28）可知，㶲损失率由热解气、稻壳焦和焦油决定。较高温度提供了更多的 $CH_4$、$H_2$ 和 CO，同时，$CH_4$ 的㶲增加率高于 $H_2$ 和 CO 的总和，热解气具有更高的㶲输出，热解气的㶲值增加，而随着温度的升高，加剧了焦油的二次裂解，焦油的㶲值

降低，对应于热解气的㶲效率升高，焦油的㶲效率降低。因此，可以通过提高温度来降低焦油含量，这将有助于热解气㶲效率的增加，并减少㶲损失率。但是，当温度过高时能耗较高，同时，对设备的要求也随之增加。因此，在稻壳高温热解过程中需要适当的高温用于去除热解气中的焦油，而同时兼顾高温的能量损耗和对设备的影响，保持稳定运行。

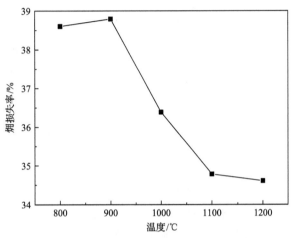

图 2-27　不同温度下热解过程的㶲损失率

## 2.5　本 章 小 结

本章基于生物质高温热解的工程应用背景，提出了生物质热解及焦油高温热裂解的技术思想，介绍了生物质高温热解实验系统的设计、建造及实验系统的工作原理。通过对实验台点火调试、运行，得到了温度、冷却系统和焦油裂解的测试结果：这些测试结果证实了本章所设计的生物质热解及焦油高温裂解实验系统能够完成生物质的热解、焦油的高温热裂解及焦油的完全收集，特别是焦油的高温热裂解温度可以达到 1400℃。参照国外对生物柴油的理化测试标准，对生物质焦油馏分的密度、黏度、酸度、闪点、燃点及热值进行了测定，结果表明三种生物质油的理化特性相近。对原始生物质焦油和蒸馏后的焦油馏分用 GC-MS 进行了分析，结果表明焦油和馏分都有萘及其衍生物、苯酚及其衍生物、菲、蒽、芴等，生物质焦油馏分萘、蒽、苯酚及其衍生物的含量增加，芴、菲的含量减小，馏分中可辨识的成分种类较焦油中的多。通过对生物质焦油及焦油馏分的分析，得到了焦油及焦油馏分的理化特性和主要成分，为生物质热解及焦油高温热裂解的研究奠定了基础。

在生物质的热解过程中，温度、气相停留时间影响到生物质热解的效果，主要体现在各种产物的产率及组成。在本章中，主要考察了热解温度、停留时间、生物质种类等对热解效果的影响，至于加热速率的影响可以归结为热解温度的影响。液体产率在 500℃时最高，这是由于生物质油大量产生所致，随着温度的升高，到 800℃时有明显减少，焦油产率只有 1.5%，到 1000℃时已经达到毫克级，可见温度对焦油裂解的影响很大；当温度达到 1200℃时，焦油产率为每千克干稻壳焦油产量为 18mg，即 11.7mg/Nm$^3$，不用水洗处理已经达到生物质气应用的焦油含量指标；当温度为 1300℃时未收集到焦油，可见生物质热解反应较好的温度范围应是 1000～1200℃。随着温度的升高，$CO_2$ 的体积含量逐渐减小，这是由于 $CO_2$ 主要是生物质或有机物蒸汽中的羧基基团在较低温度分解所释放出来的，$H_2$ 的体积含量逐渐增加，当温度小于 800℃时，CO、$CH_4$ 的体积含量先增大后减小，CO 和 $CH_4$ 主要是由有机物蒸汽在较高温度下次级反应过程中所产生的。当温度大于 800℃时，$CH_4$ 的体积含量又开始增大，$C_mH_n$ 的含量逐渐增加，这是由于高温条件下，焦油发生热裂解产生 $H_2$、$CH_4$ 和 $C_mH_n$。提高温度和增加停留时间，可以明显降低焦油量。特别是 1200℃、停留时间 0.5s 时，焦油下降速度最快，停留时间 4s 时与 0.5s 时相差不多。稻壳和白桦木屑热解过程中，气体、液体和固体产物随温度的变化规律两者基本一致，区别是生物质在 500℃热解，白桦木屑的液体产率更高，随着温度的升高，两者的液体产率趋于一致，白桦木屑的固体产物略少于稻壳的固体产物，而白桦木屑的气体产物略多于稻壳的气体产物，如果以制取生物质油为目的，白桦木屑的油产率高于稻壳，如以制气为目的，两者的差别不大。700℃时含氧有机物量为 24.5%，达到 1100℃时含氧有机物量几乎为零。萘在 700℃时含量很低，当 800℃时达到最大值 26.4%，随着温度的升高，萘在焦油中的含量逐渐减少，达到 1200℃时萘的含量为零。多环芳烃等焦油成分在 700℃时几乎没有，随着温度的升高，焦油成分减少，最后都转化成多环芳烃。

基于两级固定床稻壳热解系统，分析了温度对热解气组成、总能值和㶲值以及生物质焦、焦油和热解气的能效率和㶲效率的影响，得出：800℃和 900℃下热解气中各组分能值和㶲值的贡献为 CO＞$CH_4$＞$H_2$＞$CO_2$，1000～1200℃，热解气中各组分的能值和㶲值的贡献变为 $CH_4$＞CO＞$H_2$＞$CO_2$。热解气的能效率和㶲效率分别为 64.57%～72.68% 和 52.93%～60.64%，热解气的能效率和㶲效率增加率在 1000℃时达到最大值。生物质焦和焦油的能效率和㶲效率随温度升高而降低，提高温度可以降低焦油的能量消耗和焦油携带的能和㶲的损失。在高温热解过程中，㶲损失率在 900℃略有增加，从 900℃到 1200℃，㶲损失率从 38.8%下降到 34.6%。

## 参 考 文 献

[1] 陈永生, 曹光乔, 张宗毅, 等. 村级秸秆气化集中供气工程的技术、经济性评价[J]. 农业开发与装备, 2007(11): 11-15.

[2] 同济大学, 重庆建筑大学, 哈尔滨建筑大学, 等. 燃气燃烧与应用[M]. 3 版. 北京: 中国建筑工业出版社, 2000: 184-187.

[3] Sutton D, Kelleher B, Ross J R H. Review of literature on catalysts for biomass gasification[J]. Fuel Processing Technology, 2001, 73(3): 155-173.

[4] 日本能源学会. 生物质和生物能源手册[M]. 史仲平, 华兆哲, 译. 北京: 化学工业出版社, 2007: 97-103.

[5] Brandt P, Henriksen U B. Decomposition of tar in gas from updraft gasifier by thermal cracking[C]. Proceedings of the First World Conference on Biomass for Energy and Industry, Seville, 2000: 572-579.

[6] Zhang Y, Li B, Li H, et al. Thermodynamic evaluation of biomass gasification with air in autothermal gasifiers[J]. Thermochimica Acta, 2011, 519(1-2): 65-71.

[7] Zhang Y, Zhao Y, Gao X, et al. Energy and exergy analyses of syngas produced from rice husk gasification in an entrained flow reactor[J]. Journal of Cleaner Production, 2015, 95: 273-280.

[8] Al-Weshahi M A, Anderson A, Tian G. Exergy efficiency enhancement of MSF desalination by heat recovery from hot distillate water stages[J]. Applied Thermal Engineering, 2013, 53(2): 226-233.

[9] Cengel Y A, Boles M A. Thermodynamics: an engineering approach[M]. New York: McGraw-Hill, 2009.

[10] 吕薇, 王鑫雨, 齐国利. 固定床内稻壳热解的能和㶲分析[J]. 哈尔滨理工大学学报, 2017, 22(4): 116-121.

[11] Ptasinski K J, Prins M J, Pierik A. Exergetic evaluation of biomass gasification[J]. Energy, 2007, 32(4): 568-574.

[12] Parvez A M, Mujtaba I M, Wu T. Energy, exergy and environmental analyses of conventional, steam and $CO_2$-enhanced rice straw gasification[J]. Energy, 2016, 94: 579-588.

[13] Zhai M, Wang X, Zhang Y, et al. Characteristics of rice husk tar secondary thermal cracking[J]. Energy, 2015, 93: 1321-1327.

[14] Tuntiwaranuruk U, Thepa S, Tia S, et al. Modeling of soil temperature and moisture with and without rice husks in an agriculture greenhouse[J]. Renewable Energy, 2006, 31(12): 1934-1949.

[15] Zhang Y, Li B, Li H, et al. Exergy analysis of biomass utilization via steam gasification and partial oxidation[J]. Thermochimica Acta, 2012, 538: 21-28.

# 第3章 生物质高温热解焦理化结构演化

通过生物质原料高温热解过程的热力学分析可以很清晰地看出生物质各热解产物能和㶲分布规律，得到在高温热解过程中生物质焦油的能和㶲均向热解气中转化，且在1300℃时焦油完全裂解。然而，热力学分析不能针对生物质焦物理结构和化学结构进行评估，而生物质高温热解条件对生物质焦的理化结构影响很大，同时，生物质焦理化结构的改变直接影响其后续利用。因此，针对生物质高温热解焦结构的演化规律及其水蒸气气化特性进行研究很有必要。生物质粉碎和成型均是具有潜力的利用方式。分别对粉料生物质和成型生物质进行研究，可以有效增加生物质利用的可行性。

本章依据生物质利用方式选取粉料和成型生物质，并根据粉料和成型生物质利用特点及热力学分析结果，分别设计并搭建粉料和成型生物质热解系统及其焦的气化系统。其中，粉料生物质所需热解时间短，需要精确控制热解时间。成型生物质反应时间较长，需要考虑灰熔融对生物质高温热解反应的影响。同时，对粉料和成型生物质焦理化结构进行测试，得到生物质焦的理化结构，为生物质高温热解焦结构演化及其气化特性研究奠定基础。

## 3.1 粉料生物质高温热解制焦装置及方案

本节将黑龙江省某农场典型的生物质(秸秆和稻壳)作为研究对象，将秸秆和稻壳原料粉碎并筛选出粒径为180~300μm的样品，在105℃的干燥箱中干燥12h。根据《固体生物质燃料中碳氢测定方法》(GB/T 28734—2012)、《固体生物质燃料全硫测定方法》(GB/T 28732—2012)、《固体生物质燃料中氮的测定方法》(GB/T 30728—2014)进行元素分析[1]。根据《固体生物质燃料工业分析方法》(GB/T 28731—2012)、《固体生物质燃料发热量测定方法》(GB/T 30727—2014)进行工业分析和热值分析[2]。生物质工业分析和元素分析见表3-1。

表 3-1 秸秆和稻壳工业分析和元素分析

| 原料 | $V_{ad}$/% | $A_{ad}$/% | $FC_{ad}$/% | $M_{ad}$/% | $C_{ad}$/% | $H_{ad}$/% | $O_{ad}$/% | $N_{ad}$/% | $S_{ad}$/% | $Q_{net,d}$/(MJ/kg) |
|------|------|------|------|------|------|------|------|------|------|------|
| 秸秆 | 71.69 | 5.66 | 15.41 | 7.24 | 42.58 | 5.25 | 38.57 | 0.59 | 0.11 | 15.35 |
| 稻壳 | 59.44 | 18.93 | 14.73 | 6.90 | 36.57 | 4.50 | 32.58 | 0.47 | 0.06 | 14.16 |

注：ad 为空气干燥基；V 为挥发分；A 为灰分；FC 为固定碳；M 为水分；C、H、O、N、S 为各元素质量分数；$Q_{net,d}$ 为干燥基的低位发热值

采用的两种炉型分别为气流床和固定床，其中气流床反应速率快，反应时间短。固定床的反应及停留时间长。生物质粉碎和成型均是具有潜力的利用方式。对生物质进行

粉碎和成型处理会改变生物质热解特性，增加适用不同炉型的可行性。由粉料生物质的利用特点可知，粉料生物质高温热解反应速率快，热解时间较短，可以适用于气流床。针对气流床利用方式，设计并搭建适用于粉料生物质高温热解实验系统，用以精确研究粉料生物质的高温快速热解过程，保证粉料生物质的热解温度（900～1300℃）及精确的热解停留时间（0～13s），为气流床的应用提供基础数据。

　　粉料生物质高温热解实验系统主要包括：粉料生物质给料、反应器供气、气体收集部分，如图 3-1 所示。其中，粉料生物质给料单元保证粉料生物质快速进入炉内，使粉料生物质迅速升温，精确控制停留时间；粉料生物质实验反应单元提供热解所需稳定的高温环境；粉料生物质气体供给单元保证实验所需的惰性气氛；粉料生物质气体收集单元对热解气体进行收集，防止热解气直接排放到环境中造成污染。粉料生物质高温热解实验系统如图 3-1 所示。

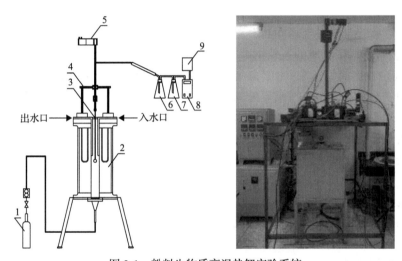

图 3-1　粉料生物质高温热解实验系统
1-氮气瓶；2-反应器；3-水冷装置；4-滑动模组；5-伺服电机；6-收集瓶；7-干燥瓶；8-气泵；9-集气袋

　　为保证生物质快速给料且满足精确的热解停留时间，自行设计并搭建给料系统，给料系统包括运动模组、伺服电机、伺服控制卡和减速器等，并通过 C#语言进行编程，保证给料系统正常运行。为达到秒级控制，需要提高给料速度、减少给料距离和精确停留时间。其中，减少给料距离是通过在给料管内部加装水冷管，盘管所用钢管的外径为6mm，壁厚为 1mm，盘管长度为（500±3）mm，外径为（38±2）mm。提高给料速度，用C#语言进行编程，控制伺服电机以最快加速度达到最大转速（3000r/s）并持续运行，并在接近停留位置减速直至停留位置进行停留，其从最高位置至最低位置距离为（750±3）mm，总运行时间为（0.253±0.010）s，由水冷套管距离可知，在非水冷套管处运行时间约为 0.08s。伺服电机停留时间为所设定时间（停留时间误差为±0.002s），此时可以保证给料系统达到秒级控制。粉料生物质给料系统如图 3-2 所示。

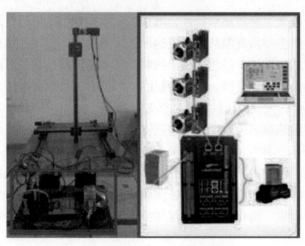

图 3-2　粉料生物质给料系统

将空心连接管与粉料生物质给料系统进行连接,在连接管的下端打 2 个对心孔(孔径 1mm),将装有粉料生物质的不锈钢网兜(310S 不锈钢,200 目,长 10mm,宽 10mm,高 10mm)固定在连接管下端。使连接管可以与网兜一起运动,从而对粉料生物质位置进行控制,使物料沿导轨中心按设定条件迅速移动。为减少低温区到高温区距离,刚玉管内部装有水冷盘管。确保粉料生物质由常温区迅速进入高温区,从而确定停留时间的准确性。为确保连接管能够顺利移动且兼顾系统的封闭性,在连接管与快接接头处进行 $N_2$ 气封,保证粉料生物质热解过程均在惰性气氛下进行。

粉料生物质实验反应单元主要为热解提供所需反应条件。热解反应在刚玉管(内径 40mm,管长 900mm,加热段 200mm)中进行。由于粉料生物质需要在 900～1300℃下进行热解,加热部分由 8 个硅钼棒加热元件构成,为热解系统提供所需高温环境。需要一个稳定且恒温的环境,对刚玉管外部进行保温处理,刚玉管外部炉衬由多晶纤维构成,由最外层硅酸铝纤维毯进行二次保温处理。炉体侧面开口,放置一个 Pt-Rh-Pt 热电偶(精度±1℃)于刚玉管外壁面,测量反应区的外壁面温度,通过温度反馈到智能仪表,使智能仪表精确控制炉内温度。通过 B 型热电偶测量的反应器内部温度,在轴向上几乎是等温的,内部温度比刚玉管外壁面温度约低 50℃。热电偶连接电气控制柜,该控制柜包含一个外部程序控制智能电表、电流表、电压表、内部电气设备和电炉变压器及开关等。通过反馈信号的调节控制,使实验反应单元的温度按实验要求达到设定温度。

粉料生物质气体供给单元主要供给生物质热解所需的气体环境,$N_2$ 作为惰性气体被引入炉中。气体由下端通入,通过质量流量计确定通入 $N_2$ 的流量,并通过阀门进行控制。设定的具体流量的 $N_2$ 由刚玉管下端进入,通过内部整流板调整气流,使进气均匀。粉料生物质高温热解实验的具体工作过程及步骤如下:

1)启动循环水泵,使水冷系统进入工作状态,打开模组控制系统,使测试系统达到稳定运行状态,同时检测系统的气密性。

2)待所有装置检查完毕,闭合电源,进行炉膛控制升温。从升温开始算起,运行 2h,当温度相对稳定,且达到粉料生物质热解所要求温度(900～1300℃)时,对水冷系统进行测温，确定水冷系统正常运行，且温度保持在 30℃以下。

3）用电子天平称量 0.1g 粉料生物质，将物料放入金属网兜中，并将网兜进行封闭处理，打开快接接头，将装有粉料生物质的网兜悬挂在金属管的最下端，并用金属丝固定。

4）通过电脑控制滑动模组将金属棒前端的网兜移动到指定位置，闭合快接接头并密封。

5）打开 $N_2$ 气瓶调节进入管式炉中气体流量至 5L/min，调节气封处进气量为 2L/min，并按要求通入 5min。通过气体分析仪测量，使炉内氧含量低于 0.1%，启动气体采集系统。

6）通过自编程控制系统软件对伺服电机进行控制，确保迅速达到最大转速，使金属管携带粉料生物质及金属网兜迅速下降至高温区，并停留到所设定的时间（0～13s）。待停留时间足够，粉料生物质由预设好的程序迅速离开高温区进入低温区，由 $N_2$ 进行冷却。

7）待物料冷却，打开快接接头，将带有粉料生物质焦的网兜取出，称量质量并进行后续分析。

8）实验结束后，关闭升温系统，进行自然冷却至系统温度低于 200℃时，关闭水冷系统和给料系统。

## 3.2　成型生物质高温热解制焦装置及方案

将粉料秸秆和粉料稻壳放入圆柱形模具中，并在 15MPa 的压力下压缩 60s。成型过程压力足够，由于范德瓦耳斯力和纤维互锁原理，不需要黏合剂或外部热源就可以使粉料生物质成型[3,4]。所得成型生物质为直径 9mm、长度 18mm 的圆柱体。将所得的成型生物质进行收集及后续实验应用。

由成型生物质的利用特点可知，成型生物质高温热解反应速率慢，热解时间较长，可以适用于固定床。针对固定床利用方式，设计并搭建成型生物质高温热解实验系统，在成型生物质高温过程中焦的形态等变化也直接影响着后续焦的利用。因此，对成型生物质高温热解实验系统进行实时拍摄，研究成型生物质高温热解焦理化结构及成型颗粒焦形态演化。研究的热解温度为 1200～1400℃（高于秸秆灰熔融温度而低于稻壳灰熔融温度），停留时间为 10～30min，为成型颗粒固定床的应用提供理论支持。

成型秸秆和成型稻壳高温熔融热解反应均在图 3-3 所示的成型生物质高温热解实验系统内进行。

成型生物质高温热解实验系统主要包括：气体供给单元、实验反应单元和实验观察单元。气体供给单元主要供给成型生物质热解所需的气体环境，$N_2$ 作为惰性气体被引入炉中。气体由前端通入，气体流速通过质量流量计进行控制，通过前端开口通入刚玉管中，使热解反应在惰性环境中进行。实验反应单元主要为成型生物质热解提供反应所需条件。实验系统中热解反应在刚玉管（内径 55mm，管长 1000mm，加热段 410mm）中进行。刚玉管外部炉衬由耐高温的多晶纤维构成，由最外层硅酸铝纤维毯进行二次保温处理。加热装置由 8 个硅钼棒电加热元件构成，为实验反应单元提供热量，在炉体上端开口，并通过 Pt-Rh-Pt 热电偶，测量反应区外壁面温度，同时调节反馈，使智能仪表可以精确控制反应温度。电气控制柜用于控制实验装置的温度和加热速率。实验观察单元由

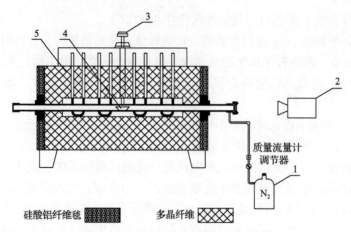

图 3-3　成型生物质高温热解实验系统

1-N₂瓶；2-高速摄像机；3-热电偶；4-反应舟；5-反应器

高速摄像机通过刚玉管前段的法兰视镜对成型生物质热解过程形态变化进行观测并实时记录。

　　成型生物质高温热解实验是在 N₂ 气氛中进行的，温度为 1200～1400℃（此温度是在反应器的外壁表面上测得），热解停留时间为 10～30min。通过 B 型热电偶测量的反应器内部温度，在轴向上几乎是等温的，并测量反应器管辐射部分中的轴向气体温度分布，该 B 型热电偶比反应器的外壁温度低约 50℃。在将生物质放入反应器之前，将反应器加热至实验温度并停留 1h，使反应器温度稳定，设定 N₂ 流速并保持恒定在 10L/min，以吹扫反应器使实验保持在惰性气氛下。一次用刚玉舟承载一个成型生物质，并使用高速摄像机通过石英视窗从炉子前端记录热解过程中成型生物质焦的形态变化。停留时间分别为 10min、20min 和 30min，待成型生物质热解完成，将剩余的成型生物质焦移至刚玉管右端，靠近观察窗进行 N₂ 吹扫冷却。待成型生物质焦冷却后，将生物质焦移出称重收集，待后续进行检测。

# 3.3　生物质焦结构测试方法

　　对生物质高温热解产生的生物质焦进行物理结构和化学结构分析，通过具有能量色散 X 射线光谱的扫描电子显微镜（scanning electron microscope，SEM）分析生物质焦表面结构及元素组成，Brunall-Emmett-Teller（BET）分析焦的孔结构。通过 X 射线衍射（XRD）鉴定生物质灰中化学物质，傅里叶变换红外光谱（FTIR）分析生物质焦官能团变化，拉曼光谱用于阐明生物质焦中碳的结构变化。通过 X 射线光电子能谱（XPS）分析生物质焦的表面元素组成和化学态，核磁共振波谱（NMR）分析生物质焦样的结构参数。

### 3.3.1　物理结构测试方法

　　（1）生物质焦表面微观结构分析

　　用日立 S4800 型扫描电子显微镜（Hitachi，Tokyo，Japan）对样品表面微观结构和形貌特征进行观测，用 EDAX Phoenix 6 能谱仪（EDS）对材料表面的化学状态进行表征。使用扫描电子显微镜在 4000 倍放大条件下观察生物质焦，以研究其反应过程中的表面微观结构和形态特征变化。

（2）生物质焦孔隙结构分析

采用 BET（ASAP2020, Micromeritics Instrument Crop, USA）对热解的固体产物进行测试。样品放置于比表面积分析仪中至少 24h，用 $N_2$ 代替孔隙结构中的反应气体，得到生物质焦等温吸附解吸曲线。固体比表面积的吸收理论包括 Langmuir、BET、Yang 和 Dubinin 原理等[5]。本实验主要应用 BET 得出生物质反应过程中孔隙结构参数。

（3）生物质焦熔融灰结构分析

使用 160kV 高能量微聚焦闭管透射式 X 射线源对成型秸秆焦进行扫描，获取其三维结构信息，通过碳层析成像的数学重建算法，将扫描数据转换为一系列切片图像，并以 8 位 TIFF 格式保存，用于后续的 3D 重建和分析，重建后的三维图像包含灰度值及其对应的线性 X 射线吸收。

（4）生物质灰特征温度测试方法

生物质高温热解过程中生物质灰的熔融会影响生物质焦结构。首先，对生物质灰熔融进行研究，通过使用灰熔点测试仪对秸秆灰和稻壳灰进行测试，得到生物质灰的熔融温度。生物质灰按照《固体生物质燃料工业分析方法》（GB/T 28731—2012）所示的标准程序制备。其次，将生物质于常温放入马弗炉中并升温至 275℃灼烧 1h，再继续升温至 550℃燃烧 2h，燃烧结束后放入干燥室中冷却至室温并称重，再重复进行上述操作，当两次称重质量不再变化时不再称量。将所得生物质灰用三角锥法测量熔融特性[6]。将生物质灰放入研钵中研磨并成型为等边三角形圆锥体，高 20mm，宽 7mm。将 1g 石墨粉散布在刚玉舟中。将托有灰锥的灰熔融测试板放置于加热段。当温度低于 900℃时，加热速率为 20℃/min，温度高于 900℃时，加热速率为（5±1）℃/min，得出生物质灰的熔融特征温度。

### 3.3.2　化学结构测试方法

（1）生物质焦碳质结构分析

生物质焦的碳化学结构采用 Horiba jobin-yvon LabRam HR800 型拉曼散射光谱仪（Horiba jobin Yvo, Paris, France）进行测试。此激光测试仪选用波长为 457.9nm 的拉曼光谱激发激光，测试光谱范围为 800～1800cm$^{-1}$。内置的显微镜可以测量生物质焦微米级别的信息。共焦光学方法能够快速、可靠地获取尽可能详细的数据，并对图像数据进行处理，分析生物质焦反应过程中碳微晶结构的变化。

（2）生物质焦表面官能团结构分析

采用傅里叶变换红外光谱仪（Nicolet-5700, Thermo Fisher Scientific, USA）对生物质焦表面活性官能团结构进行研究，尤其是含氧基团。将生物质焦样与光谱级 KBr 在 105℃的干燥箱中干燥 12h，并按照质量比为 1∶120 的比例充分混合、研磨并进行压片处理。所测红外光谱记录范围为 400～4000cm$^{-1}$，光谱分辨率为 4cm$^{-1}$，每个光谱扫描 32 次，得到生物质焦的红外光谱曲线，分析生物质焦反应过程中官能团结构的变化。

（3）生物质焦表面元素及价态分析

利用 X 射线光电子能谱对生物质焦表面元素及价态进行分析。所用 X 射线光电子能谱仪（EscaLab 250Xi, ThermoFisher Scientific, USA）能够较为精准地对生物质焦表面进行测试。在测试过程中以 C 1s 峰进行能量校准（C 1s 是碳原子的 1s 能级电子，这是 XPS 中的常用参考峰），结合能峰值的最大值为 284.8eV。通过使用 XPS PeakFit 对能谱进行拟合，从而获得生物质焦表面元素组成和化学态。分析生物质焦表面官能团种类和含量，为研究生物质焦表面官能团结构变化提供可靠支持。

（4）生物质焦碳结构分析

生物质焦的碳结构分析选用德国布鲁克公司生产的 Bruker Avance Ⅲ 光谱分析仪，分析仪 $^{13}$C 的测试频率设置为 100.625MHz。将生物质焦装入氧化锆转子中（直径 5mm），转子速度为 14kHz。频谱宽度设置为 10kHz，循环延迟时间为 6.5μs，采集时间为 10ms。使用 XPS PeakFit 对生物质焦光谱进行拟合，获得生物质焦中不同类型碳的相对含量，为分析生物质焦中碳元素存在形式及含量提供理论支持。

（5）生物质焦晶相结构分析

采用德国布鲁克 D8 Adrance X 射线衍射仪对生物质焦粉末样品进行晶相结构分析，测试使用 Cu-Kα 辐射（波长 0.15406nm），测试参数为电压 40kV 和电流 40mA。数据接收为 5s/步，步长为 0.02°，衍射角度 2θ 范围为 10°～90°，测量结果分析生物质焦中无机组分的化学成分变化。

## 3.4　生物质高温热解焦物理结构演化

在生物质快速热解阶段，生物质表面温度迅速升高达到热解所需要的温度（升温速率可达 $1 \times 10^4$°C/s），颗粒内部的气体产物生成量加剧，气体浓度增加，并迅速释放，使生物质焦结构发生改变，通常导致孔隙结构、表面微观结构、碳质结构和表面官能团等结构发生改变，从而影响生物质焦的反应速率[7]。因此，生物质焦结构改变直接影响其后续气化反应的进行[8]。

在生物质焦理化结构中，生物质焦物理结构会直接影响生物质焦气化中气体的输运，生物质物理结构包括生物质焦表面微观结构和孔隙结构等，表面微观结构和孔隙结构共同作用影响焦气化反应面积和气体扩散通道，并影响其反应性。在生物质高温热解过程中，热解温度和热解停留时间是影响生物质焦物理结构的重要因素。因此，明晰热解条件对生物质焦结构演化的影响规律，可以通过对热解工况的调控影响生物质焦结构，为后续生物质焦气化的工业应用提供理论基础。

基于上述原因，本节选取粉料和成型生物质作为研究对象，通过设计并搭建的粉料生物质高温热解实验装置和成型生物质高温热解实验装置制取生物质焦。对生物质焦进行 SEM 分析、比表面积分析、三维微焦点 X 射线计算机断层扫描（3D-μCT）及高速摄像机拍摄等，根据结果分析，得出生物质焦表面微观结构、孔隙结构和表面熔融灰分布等生物质焦物理结构，并详细讨论高温热解条件对生物质焦物理结构演化的影响规律，为后续研究生物质焦物理结构对水蒸气气化特性影响规律提供基础数据支持。

### 3.4.1　粉料生物质高温热解焦物理结构演化

在生物质高温热解过程中，灰熔融对生物质焦物理结构影响较大。因此，对秸秆灰和稻壳灰进行熔融温度测量，秸秆灰和稻壳灰的特征温度如表 3-2 所示。

表 3-2　秸秆灰和稻壳灰的特征温度　　　　　　（单位：℃）

| 种类 | 变形 | 软化 | 半球 | 流动 |
|---|---|---|---|---|
| 秸秆灰 | 963±5 | 1133±5 | 1150±5 | 1156±5 |
| 稻壳灰 | >1450 | >1450 | >1450 | >1450 |

秸秆灰的变形温度为 963℃，此时，秸秆灰锥发生变形并弯曲。随着温度升高至 1133℃，秸秆灰锥缩短到原始高度的一半。灰锥的尖端变成圆形，表明生物质灰达到软化温度。当温度达到 1150℃时，秸秆灰呈半球状态，表明生物质灰达到半球温度。最后，秸秆灰锥塌陷并形成熔池，即达到流动温度。半球和流动温度之间仅相差 6℃。总体而言，这些观察结果表明，温度在 1200℃以上，灰的熔融会影响秸秆焦结构，而稻壳灰在 1450℃时灰锥结构未发生任何变化。

（1）焦产率

图 3-4 为粉料生物质在 $N_2$ 气氛不同停留时间（0.5～13s）和热解温度（900～1300℃）下的生物质焦产率。

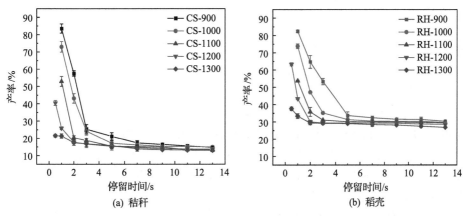

(a) 秸秆　　　　　　　　　　　(b) 稻壳

图 3-4　粉料生物质高温热解焦产率

热解温度从 900℃升高到 1300℃，粉料生物质焦产率均呈降低趋势。相同热解温度，热解时间增加，生物质焦产率均先降低后几乎保持不变。停留时间为 13s 时，热解温度从 900℃升高到 1300℃，秸秆焦产率从 14.7%降低到 13.0%。在较高的升温速率下，热解温度会直接影响生物质脱挥发分过程。因此，热解温度增加和停留时间增长，均能使秸秆焦产率降低。但达到一定程度后，挥发分析出完全，秸秆焦产率保持稳定。稻壳焦产率与秸秆焦产率具有类似趋势，随着热解温度从 900℃升高到 1300℃，在停留时间为 13s 的条件下，稻壳焦产率从 30.4%降低到 26.9%。在相同热解条件下，稻壳焦产率均高于秸秆焦产率，造成上述差异的主要原因是稻壳中挥发分低于秸秆，且稻壳灰固定碳含量高于秸秆。在相同的热解条件下，秸秆热解释放的挥发分气体含量高于稻壳，残留的生物质焦产率低。在生物质热解反应初期，生物质瞬间进入高温区，升温速率较大，在很短的时间内，生物质表面温度迅速升高，热解反应加剧，吸收热量并释放挥发分。挥发分释放时间与热解温度和升温速率有关，热解温度越高，升温速率越快，热解速率越快，挥发分释放速率越快，热解完成所需时间越短。

(2)表面微观结构演化

图 3-5 为生物质原料的 SEM 图，秸秆表面光滑，呈现纤维束状结构，孔隙结构明显。稻壳表面有大量锯齿状结构，没有明显的孔隙结构。

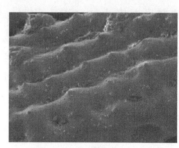

(a) 秸秆　　　　　　　　　　　　(b) 稻壳

图 3-5　生物质原料的 SEM 图

采用 SEM 研究不同热解条件下粉料生物质焦结构和形态转变特征。图 3-6 为不同热解条件下粉料秸秆焦的 SEM 图。图 3-6(a)为热解温度 900℃时的 SEM 图，秸秆焦表面结构未遭到破坏，依然具有纤维结构，且表面有少量孔隙结构。随着热解温度升高到 1000℃，表面出现热蚀痕迹，原始形态遭到破坏，细胞结构越来越少，这与 Zhang 等[9]发现的现象一致。随着热解温度的进一步升高，秸秆焦表面结构遭破坏，表面热蚀痕迹严重，由于温度升高，挥发分释放速率变化，表面焦结构破坏更加严重，更易改变，发生塑性转化。随着热解温度的升高，粉料秸秆热解，释放出大量的挥发分，生物质焦表面变得粗糙，孔隙数量明显增加，同时发生熔化。此前，对于生物质焦表面熔化现象已经被发现[10]。随着热解温度的升高，颗粒熔化更加彻底，此时孔的形态表现出不规则的特征趋于均匀。热解后生物质焦保留了碳骨架，形态变化不明显，灰分增加。图 3-6(e)～(h)为粉料秸秆在 1300℃时随着停留时间变化的 SEM 图。粉料秸秆热解停留 0.5s 时，粉料秸秆焦表面破坏不严重，表面能看到明显的纤维结构并伴有裂隙出现。而随着停留时间增加到 2s，由于升温速率快，热解反应速率较快，挥发分快速析出，孔隙结构遭到破坏。停留时间的进一步增加，表面热蚀现象加剧，表面破碎出现大量孔隙结构，在 13s 时尤为明显。图 3-6(i)为 1300℃时停留 5s 秸秆焦表面放大 5 万倍的 SEM 图。秸秆焦表面灰熔融，形成熔融灰球附着在秸秆焦表面，但熔融灰球并未大面积堵塞秸秆焦的孔隙结构。

图 3-7 为不同热解条件下粉料稻壳焦的 SEM 图。图 3-7(a)～(d)显示热解温度为 900℃时，粉料稻壳焦表面结构未遭到破坏，表面出现稻壳灰。而随着热解温度升高至 1200℃，表面结构也逐步遭到破坏，表面碎片化。升温速率大，热解反应速率较快，挥

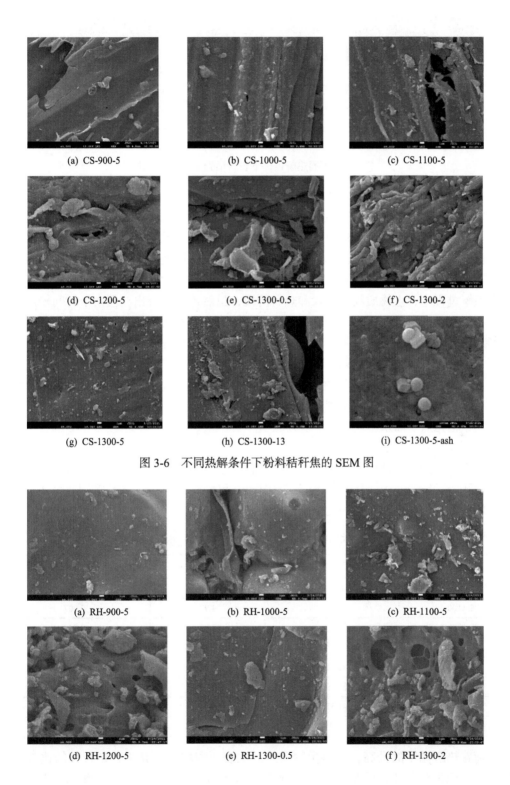

(a) CS-900-5　(b) CS-1000-5　(c) CS-1100-5
(d) CS-1200-5　(e) CS-1300-0.5　(f) CS-1300-2
(g) CS-1300-5　(h) CS-1300-13　(i) CS-1300-5-ash

图 3-6　不同热解条件下粉料秸秆焦的 SEM 图

(a) RH-900-5　(b) RH-1000-5　(c) RH-1100-5
(d) RH-1200-5　(e) RH-1300-0.5　(f) RH-1300-2

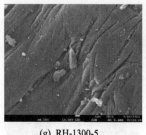 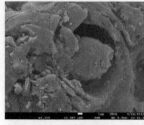 

　　(g) RH-1300-5　　　　　　　　(h) RH-1300-13　　　　　　(i) RH-1300-5-ash

图 3-7　不同热解条件下粉料稻壳焦的 SEM 图

发分释放速率快，内部压力增加大于外部压力，使稻壳表面呈碎片化。图 3-7(e)～(h)为粉料稻壳在 1300℃不同停留时间下的 SEM 图，热解停留时间为 0.5s 时稻壳焦表面的结构基本保持不变。当停留时间为 2s 时，稻壳焦表面出现热蚀现象，表面遭到破坏。随着停留时间的继续增加，表面热蚀现象更加剧烈，表面出现孔隙结构。当停留时间增加到 13s 时，粉料稻壳焦表面孔隙结构充分发展，具有明显的破碎痕迹。在生物质高升温速率热解过程中，生物质经过干燥和热解阶段，虽然挥发分析出，但由于时间较短，热解并不完全，挥发分的析出未破坏稻壳焦表面结构，随着热解的进一步发生，挥发分大量释放，稻壳焦内部压力增加，焦结构遭到破坏，孔隙结构得到充分发展，热解时间增加至 13s 时，稻壳焦表面出现碎裂。图 3-7(i)为粉料稻壳焦在 1300℃时热解停留 5s 放大 5 万倍的 SEM 图，尽管热解温度最高，但附着在稻壳焦表面的部分灰分，并未像秸秆灰一样形成熔融灰球，出现熔融现象。稻壳灰熔融温度较高，热解停留时间短，反应伴随着吸热，稻壳焦表面未出现熔融球。

　　(3)孔隙结构演化

　　生物质焦的孔隙结构是生物质焦物理结构的重要组成部分。生物质焦的孔隙结构可分为微孔(孔径<2nm)、中孔(孔径为 2～50nm)和大孔(孔径>50nm)[11,12]。表 3-3 是不同热解条件下粉料生物质焦的孔隙结构参数。

表 3-3　不同热解条件下粉料生物质焦的孔隙结构参数

| 样品 | 比表面积/(m²/g) | 平均孔径/nm | 总孔体积/(cm³/g) |
|------|------|------|------|
| CS-900-5 | 1.50 | 23.89 | 0.006 |
| CS-1100-5 | 10.61 | 4.92 | 0.007 |
| CS-1300-5 | 291.31 | 1.93 | 0.032 |
| CS-1300-13 | 588.51 | 2.21 | 0.130 |
| RH-900-5 | 31.71 | 5.52 | 0.037 |
| RH-1100-5 | 38.30 | 4.87 | 0.037 |
| RH-1300-5 | 41.37 | 5.26 | 0.046 |
| RH-1300-13 | 141.17 | 2.71 | 0.049 |

　　随着热解温度的升高，粉料生物质焦的比表面积增加，其中，秸秆焦的比表面积从 900℃停留 5s 的 1.50m²/g 升高到 1300℃停留 5s 的 291.31m²/g，稻壳焦的比表面积从 31.71m²/g 升高到 41.37m²/g。而在 1300℃随着停留时间从 5s 增加到 13s，秸秆焦和稻壳

焦的比表面积分别从 291.31m²/g 和 41.37m²/g 增加到 588.51m²/g 和 141.17m²/g。生物质焦的总孔体积与比表面积具有相同的趋势，均随着温度的增加而增大，且在 1300℃ 随着停留时间由 5s 增加到 13s，生物质焦总孔体积也增加。秸秆焦的平均孔径随着温度的增加变化较大，从 900℃ 停留 5s 的 23.89nm 降低到 1300℃ 停留 5s 的 1.93nm，而稻壳焦随着温度的增加，平均孔径由 5.52nm 降低到 5.26nm，而在热解温度为 1300℃ 停留时间由 5s 增加到 13s 时，秸秆焦的平均孔径由 1.93nm 增加到 2.21nm。而稻壳焦的平均孔径由 5.26nm 降低到 2.71nm。主要原因是，在秸秆和稻壳高温热解过程中，秸秆原料和稻壳原料主要由中孔和大孔组成，随着热解温度的增加，挥发分释放，秸秆和稻壳焦中的孔隙结构得到充分发展且形成的均为微孔，因此，平均孔径降低，孔隙的增多造成孔体积增加。而随着热解温度 1300℃ 从停留 5s 增加到 13s，热解基本完成，吸热减少，秸秆焦和稻壳焦表面温度增加，而秸秆焦熔融温度低，秸秆灰熔融影响孔隙结构，造成孔隙塌缩，裂隙变大 [图 3-7(h)]，平均孔径增加，而稻壳焦中灰分熔融温度高，孔隙并未因灰熔融问题造成影响 [图 3-7(h)]，生成更多微孔，平均孔径降低。

　　图 3-8 为粉料生物质焦在 $N_2$ 中的等温吸附/解吸曲线。粉料秸秆焦和粉料稻壳焦在相对压力 $P/P_0 < 0.1$ 时，$N_2$ 迅速充满生物质焦的孔隙结构，此时，生物质焦和 $N_2$ 的相互作用较强，微孔数量较多。然而，随着相对压力升高，生物质焦中出现回滞现象，在秸秆焦和稻壳焦的热解温度为 1300℃ 时，回滞现象尤为明显，此时，生物质焦中出现大量的中孔。而回滞现象是因为在冷凝和蒸发过程中压力不同引起的，由于生物质中类似于毛细管的孔较多，出现毛细凝聚现象，生物质焦的等温吸附/解吸曲线分离，生物质中毛细管越多，回滞现象越明显。因此，在较高温度下，生物质焦中的孔隙结构更加发达。

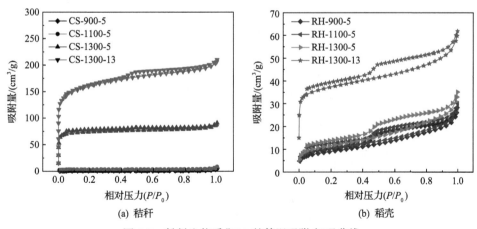

图 3-8　粉料生物质焦 $N_2$ 的等温吸附/解吸曲线

　　图 3-9 为不同热解条件下粉料生物质焦的孔隙结构。从图 3-9(a) 中可以看出，提高热解温度，秸秆焦中不同孔径的比表面积及孔体积均增加。热解温度在 900~1100℃ 范围内，秸秆焦中的孔隙结构较少，且多数为中孔和大孔。而随着热解温度的增加，秸秆焦中的孔隙结构明显增大，增加的主要为微孔和中孔，其中，微孔尤为明显。而在热解温度为 1300℃ 时，停留时间由 5s 增加到 13s，秸秆焦中的孔隙结构进一步增加，微孔和

中孔结构得到发展。从图 3-9(b) 中可以看出，热解温度为 900℃和 1100℃的稻壳焦孔隙结构略有不同，温度为 900℃的稻壳焦孔径在 2～10nm 分布的比表面积大于 1100℃的稻壳焦的比表面积，而在大于 50nm 的范围内，1100℃的粉料稻壳焦比表面积更大，此时，更多的是大孔。而随着热解停留时间由 1300℃停留 5s 增加到 13s，稻壳焦的孔隙结构分布略有不同，停留 13s 的稻壳焦微孔更多，而在 2～10nm 范围孔的比表面积小于停留 5s 的稻壳焦的中孔的比表面积，这一结果与表 3-3 中的平均孔径规律相同。

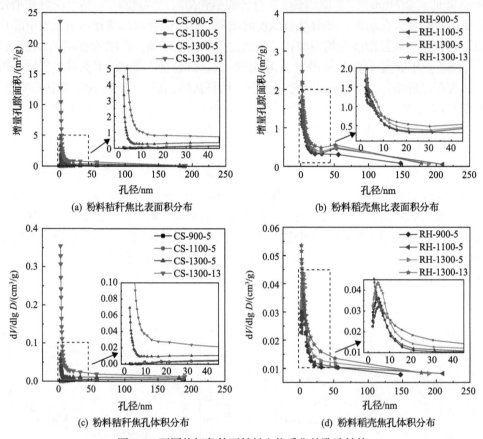

图 3-9　不同热解条件下粉料生物质焦的孔隙结构

$V$-孔体积；$D$-孔径；$dV$-体积的微分；$dlgD$-孔径对数的微分；$dV/dlgD$-单位对数孔径区间内的孔体积变化率

从图 3-9(c) 中可以看出，随着热解温度的升高，粉料秸秆焦孔径的峰值及分布发生变化。在 900℃和 1100℃粉料秸秆焦中孔体积主要分布在大于 10nm 的范围内。而随着温度的增加，在 1300℃停留 5s 粉料秸秆焦的孔体积主要分布在 0～10nm，且孔径越小，孔体积越大。在 1300℃停留时间为 13s 时，秸秆焦的孔径主要分布在 0～20nm，孔体积变化趋势与 5s 时相同，均为孔径越小，孔体积越大，且与停留时间为 5s 相比，相同孔径的孔体积更大。主要原因是，在生物质热解过程中，挥发分释放并产生孔隙结构，随着热解温度和停留时间的增加，挥发分释放越完全。从图 3-9(d) 中可以看出，随着热解温度的升高，稻壳焦中的孔体积分布与秸秆焦中的孔体积分布规律不同。在热解温度为

900℃、1100℃和 1300℃停留时间为 5s 的条件下，孔体积主要分布在小于 20nm 的范围内，表明稻壳焦中主要含有微孔和中孔，且在约 5nm 处有一个峰值。而在热解温度为 1300℃停留 13s 时，稻壳焦的孔体积分布规律与秸秆焦相似，均为孔径越小，孔体积越大，表明更高的热解温度更有利于微孔和中孔的生成。

### 3.4.2　成型生物质高温热解焦物理结构演化

（1）焦产率

在粉料生物质高温热解过程中，热解温度高于灰熔融温度时，粉料秸秆焦表面出现熔融球，由于停留时间较短，表面微观结构和孔隙结构均未受影响，然而在成型生物质高温热解过程中，停留时间较长，热解更加彻底，此时灰分的熔融对成型生物质焦的物理结构影响更大，因此，研究成型生物质热解温度为 1200～1400℃时，生物质焦物理结构的演变规律。

图 3-10 为不同热解温度和停留时间对成型秸秆和成型稻壳在 $N_2$ 中热解的焦产率的影响。

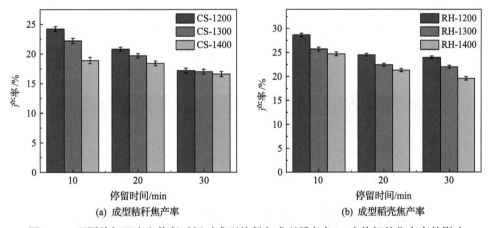

(a) 成型秸秆焦产率　　　　　　　　　　　　(b) 成型稻壳焦产率

图 3-10　不同热解温度和停留时间对成型秸秆和成型稻壳在 $N_2$ 中热解的焦产率的影响

从图 3-10（a）中可以看出，秸秆焦产率随着温度的升高而降低。当热解温度从 1200℃升高到 1400℃，停留时间为 10min 时秸秆焦产率从 24.2%降至 18.9%。当停留时间进一步增加至 30min 时，秸秆焦产率随温度变化不大，即从 17.2%降至 16.6%。在热解停留时间为 30min 时，在热解实验所设定温度下的热解反应都接近完全。此外，在热解温度为 1400℃时，秸秆的停留时间影响较小，这也说明秸秆焦热解趋于完全。这主要是因为热解温度和停留时间较长。从图 3-10（b）中可以看出，热解温度升高，稻壳焦产率下降。此时，稻壳焦产率与秸秆焦产率趋势相同。在停留时间为 10min 时，稻壳焦产率从 1200℃时的 28.6%降至 1400℃时的 24.7%。稻壳焦产率随热解时间增加呈下降趋势。热解持续为 30min，不同热解温度下的稻壳焦产率差异很大。在相同的停留时间下，在 1400℃下，稻壳焦产率从 10min 的 24.7%降至 20min 的 21.3%。此时，稻壳焦产率迅速下降，并且随着停留时间增加至 30min，稻壳焦产率为 19.6%。稻壳焦产率随热解时间的增加而缓慢降低。对于成型稻壳，在热解时间为 30min 时，热解温度不同，稻壳焦产率不同。热解温度为 1400℃时，挥发分释放的速度更快。因此，在相同的时间内，较高的热解温度会降低焦产率。

(2)形态演化及熔融灰分布

1)成型生物质高温热解焦物理形态直观观测。

图 3-11 为成型生物质颗粒在 $N_2$ 气氛热解温度为 1400℃时不同停留时间生物质焦物理形态观测图。从图 3-11(a)中可以看出，秸秆在热解温度为 1400℃，高升温速率下热解过程的形态变化。在 26s 时，由于升温速率较高，秸秆温度升高，发生热解反应并迅速释放挥发分，表面出现裂隙。此时，形态变化不明显，秸秆外表面亮度明显不同，此时外表面温度未达到热解所设定温度。秸秆颗粒热解为吸热反应，热解气释放所产生的现象明显可见。秸秆颗粒热解持续 5min 后，表观体积减小，外表面变得光滑。成型秸秆有明显收缩，此时秸秆焦体积已经降低。热解 10min 后，熔融球状物逐渐在秸秆颗粒外表面上形成，此时颗粒体积进一步降低。当温度达到 20min 时，表面的熔融球更加明显，此时熔融球几乎覆盖在秸秆焦表面。当温度达到 30min 时，秸秆外表面上的熔融球相互融合形成更大的熔融球。从图 3-11(b)中可以看出，成型稻壳热解行为与成型秸秆热解行为完全不同，初始颗粒及热解后形成的稻壳焦表面形态和体积均未有明显变化。造成这种现象的主要原因是，热解温度高于秸秆灰熔融温度而低于稻壳灰熔融温度，因此在高温条件下稻壳灰熔融状态不明显，此时稻壳热解过程形态几乎无变化。

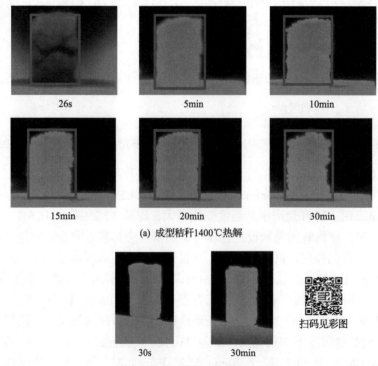

26s　　　　　5min　　　　　10min

15min　　　　　20min　　　　　30min

(a) 成型秸秆1400℃热解

30s　　　　　30min

扫码见彩图

(b) 成型稻壳1400℃热解

图 3-11　成型生物质颗粒在 $N_2$ 气氛热解温度为 1400℃时不同停留时间生物质焦物理形态观测图

2）成型秸秆焦熔融灰分布。

图 3-12 为不同热解温度下成型秸秆焦的 3D 表面形貌。成型秸秆焦由高致密化的碳结构、松散的无定形碳结构和秸秆灰组成。热解温度为 1200℃和 1400℃的秸秆焦表面均出现了不同程度灰的聚集，且熔融为灰球，其中 1400℃热解的秸秆焦中熔融灰球数量少于 1200℃热解的秸秆焦中熔融灰球数量，原因是在较高的温度下，秸秆灰达到流动温度，温度越高，流动性越好，秸秆灰熔融形成玻璃态熔渣，部分熔融灰从秸秆焦表面剥落，并覆盖在反应舟表面形成熔池，因此，1400℃热解的秸秆焦在 3D-CT 中观测到聚集在秸秆焦表面的熔融灰球数量比 1200℃热解的秸秆焦表面熔融球少。以上两个熔融球的出现是因为秸秆焦中灰达到熔融温度，在热泳作用下聚集于秸秆焦表面。两个秸秆焦均出现不同程度的收缩，且在纵向上收缩较大，秸秆焦均产生不同程度的裂隙。成型秸秆热解，挥发分析出，体积减小，内部出现空腔，且秸秆焦的熔融灰具有连接和填充作用，聚集在生物质焦表面。此时，秸秆焦内部出现不同程度的裂隙。裂隙的出现主要是由挥发分的析出造成的。

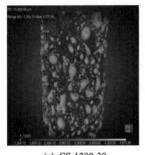  

扫码见彩图

(a) CS-1200-30       (b) CS-1400-30

图 3-12 不同热解温度下成型秸秆焦的 3D 表面形貌

图 3-13 为不同热解温度下秸秆焦 $X$=1/2 处的横向截面形貌。在 1200℃和 1400℃热解的秸秆内部碳结构均有一定的梯度，即高致密度的碳结构占据主导。无定形碳质结构主要分布在裂隙周围，秸秆灰分布在焦表面且聚团成熔融灰球。热解温度为 1200℃和 1400℃的秸秆焦内部均出现裂隙，在高升温速率下，1200℃的秸秆焦热解温度低，挥发分释放速率慢，内部裂隙数量较小且多，而 1400℃下热解的秸秆焦挥发分释放速度更快，内部裂隙更大且数量变少。秸秆内部高致密性碳结构更多，在成型秸秆焦内部也出现了熔融灰球。这主要是因为，成型秸秆热解过程中内部的无定形碳结构在足够的温度及停留时间会修整异质化程度高的结构，更完全更彻底地改性。由于内部裂隙增加，内部灰也会由于热迁移而形成熔融灰球，而在秸秆灰形成熔融球的过程中会吸收部分热量，延缓周围碳结构的改性，使得熔融灰周围的碳结构更趋向于无定形碳，而部分未受灰熔融影响（裂隙周围未出现熔融灰）的碳结构会因为改性，导致碳结构致密性更高。

图 3-14 为不同热解温度下成型秸秆焦中不同位置碳结构的空间分布。成型秸秆焦中碳结构随着内部裂隙的增加及传热的深入而逐渐致密。其中，CS-1200-30 的 1/4 和 3/4 处的裂隙聚集更多，而在 1/2 处的裂隙明显较少。在成型秸秆热解过程中由于传热传质作用，颗粒周边的温度最先升高，且升高速率更快，而颗粒中心温度最后升温，且升温

速率低于颗粒表面。因此，在生物质热解过程中，最外层的挥发分最先挥发且更快，外部裂隙更多且更小。内部升温速率低于外部，在挥发分析出过程中更加温和，成型秸秆焦孔隙结构更加规则且均匀。CS-1400-30 裂隙明显增大，且从 1/2 处可以看出，中心部分的裂隙明显小于外部，且数量更多。

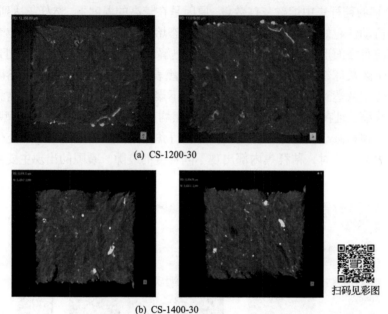

(a) CS-1200-30

(b) CS-1400-30

扫码见彩图

图 3-13　不同热解温度下秸秆焦 $X$=1/2 处的横向截面形貌

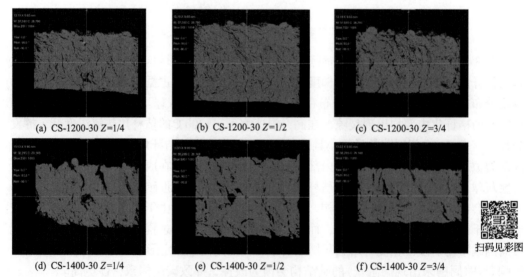

(a) CS-1200-30 $Z$=1/4　　　　(b) CS-1200-30 $Z$=1/2　　　　(c) CS-1200-30 $Z$=3/4

(d) CS-1400-30 $Z$=1/4　　　　(e) CS-1400-30 $Z$=1/2　　　　(f) CS-1400-30 $Z$=3/4

扫码见彩图

图 3-14　不同热解温度下成型秸秆焦中不同位置碳结构的空间分布

$Z$-方向轴

（3）表面微观结构演化

图 3-15 为不同热解条件下生物质焦表面的 SEM。从图 3-15(a)～(c)中可以看出，热

解温度升高，孔结构发生改变。在 1400℃下热解停留时间为 10min 的成型秸秆焦表面出现了熔融灰球，一些会部分阻塞表面孔隙结构。从图 3-15(d)中可以看出，当热解温度在 1400℃下，热解时间为 10min 时，此类熔融灰球通常出现在秸秆焦表面，该球似乎具有光滑的表面。从图 3-15(e)～(g)中可以看出，尽管稻壳灰的熔融温度(>1400℃)高于稻壳热解温度(1200～1400℃)[13,14]，然而在 1200℃停留 10min 和 1400℃停留 10min 的稻壳焦表面仍会出现熔融球，但熔融球产生并不足以在宏观上引起成型稻壳焦形态变化。从 1400℃停留 30min 稻壳焦表面可以看出，尽管有熔融球出现，但大部分稻壳灰并未熔融。

(a) CS-1200-10　　　　　　(b) CS-1400-10　　　　　　(c) CS-1400-30

(d) CS-1400-30表面熔融球　　　(e) RH-1200-10　　　　　　(f) RH-1400-10

(g) RH-1400-30

图 3-15　不同热解条件下生物质焦表面的 SEM 图

　　通过 SEM-EDS 分析出现在生物质焦上的熔融灰球的元素分布。图 3-16 为在 1400℃下停留 10min 的成型秸秆焦和成型稻壳焦表面的元素分布图谱。从图中可以看出，成型秸秆焦和成型稻壳焦表面的熔融球元素组成不同，其中成型秸秆焦表面的熔融球由 Ca、O、Al、Mg 和 Si 等元素富集而成，而成型稻壳焦表面熔融球由 Si 和 O 元素富集而成，Ca、Mg 和 Al 元素均匀分布在稻壳焦表面。成型秸秆焦和成型稻壳焦表面上的 C 元素明显与熔融球分离，表明熔融球中几乎不含碳，由生物质灰构成。元素不同主要是成型秸秆焦的灰分和成型稻壳焦灰分不同，秸秆焦中灰分含有更多的碱金属元素，而稻壳焦中含有更多的 Si 元素。

　　(4)孔隙结构演化

　　在成型生物质焦的物理结构中比表面积是重要的结构参数，比表面积大小直接影响后续生物质焦的气化反应。因此，对生物质焦的比表面积进行测量，结果见表3-4。

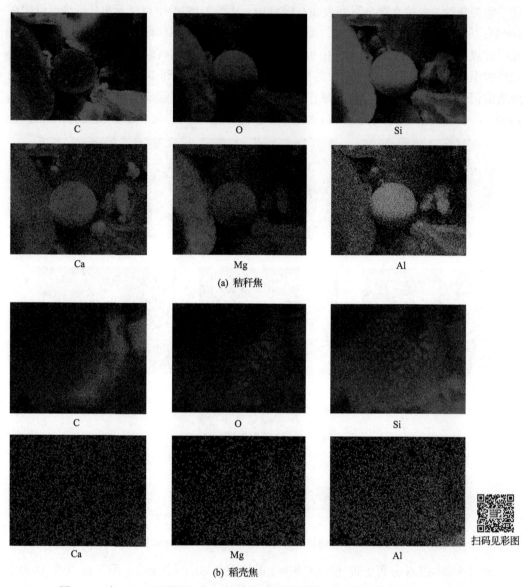

扫码见彩图

图 3-16　在 1400℃下停留 10min 的成型秸秆焦和成型稻壳焦表面的元素分布图谱

**表 3-4　不同热解条件下生物质焦的比表面积**　　　　　　　（单位：m²/g）

| 原料 | 1200-10 | 1400-10 | 1400-30 |
|------|---------|---------|---------|
| 秸秆 | 3.89 | 33.11 | 27.64 |
| 稻壳 | 32.78 | 47.53 | 77.33 |

　　热解温度为 1400℃停留 10min 产生的成型秸秆焦和成型稻壳焦的比表面积均分别高于在 1200℃下停留 10min 的成型秸秆焦和成型稻壳焦。成型秸秆焦的比表面积从 1200℃

的 3.89cm²/g 增加到 1400℃ 的 33.11cm²/g，而成型稻壳焦的比表面积从 1200℃ 的 32.78cm²/g 增加到 1400℃ 的 47.53cm²/g。当热解停留时间从 1400℃ 的 10min 增加到 30min 时，成型秸秆焦的比表面积从 33.11cm²/g 降低到 27.64cm²/g，而成型稻壳焦的比表面积从 47.53cm²/g 增加到 77.33cm²/g。这些结果表明，孔结构的演化取决于温度和停留时间。随着热解温度的升高，大量的挥发分释放并更快的逸出。释放的挥发分促进了毛细孔的形成。因此，在 1400℃ 下 10min 产生的成型秸秆焦和成型稻壳焦的比表面积均分别大于在 1200℃ 下 10min 产生的成型秸秆焦和成型稻壳焦。但是，在 1400℃ 时，热解温度显著高于秸秆灰的灰熔融温度（946～1198℃）。随着停留时间从 10min 增加到 30min，成型秸秆焦中的灰熔融导致部分孔结构堵塞并变得不可渗透。因此，外部可达到的比表面积在 1400℃ 下逐渐减小[15]。而成型稻壳在 1400℃ 下热解时，随着停留时间从 10min 增加到 30min，挥发分持续析出，此时内部孔结构增加。由于稻壳灰熔融温度较高（＞1450℃），即使在 1400℃ 时，熔融也不显著，稻壳灰中微量成分的熔融几乎不会造成孔隙结构堵塞，因此，稻壳焦中因孔隙堵塞而减少的孔隙结构远小于挥发分析出产生的孔隙结构。成型稻壳焦在停留时间为 30min 时的比表面积大于停留时间为 10min 时的比表面积。

图 3-17 为不同热解条件下成型秸秆焦和成型稻壳焦的孔隙结构。从图 3-17（a）中可以看出，随着热解温度从 1200℃ 升高到 1400℃，成型秸秆焦的吸附量增加。反应温度为

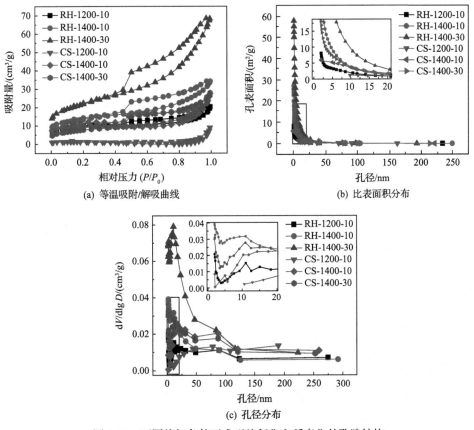

(a) 等温吸附/解吸曲线　　　　　(b) 比表面积分布

(c) 孔径分布

图 3-17　不同热解条件下成型秸秆焦和稻壳焦的孔隙结构

1400℃，成型生物质焦的热解时间从 10min 增加到 30min，吸附能力略有下降。相对压力相同且脱附曲线与解吸曲线分离时，表明发生低压滞后现象。吸附能力下降是孔隙结构的塌陷和灰熔融对孔隙的部分堵塞所致。随着热解温度的升高，成型稻壳焦的吸附能力增强。在 1400℃温度下热解停留时间从 10min 增加到 30min，成型稻壳焦的吸附量急剧增加。稻壳灰的主要成分是 $SiO_2$，灰熔融温度高。因此，稻壳灰对成型稻壳焦吸附能力的影响很小。

从图 3-17(b) 中可以看出，成型秸秆焦和成型稻壳焦的表面积主要来自孔径小于 50nm 的微孔。成型秸秆焦和成型稻壳焦中孔径大于 50nm 时，孔径表面积没有显著变化。当热解停留时间为 10min，热解温度从 1200℃升高到 1400℃时，成型秸秆焦和成型稻壳焦的微孔和中孔的数量或长度增加。从图 3-17(c) 中可以看出，随着热解温度的升高，成型生物质焦中的微孔和中孔的比表面积变大，峰强度增加。当热解停留时间从 10min 增加到 30min 时，成型秸秆焦的微孔和中孔减少，减少主要集中在中孔。成型稻壳焦的比表面积增加，尤其是孔径小于 50nm 的微孔和中孔，主要原因是生物质焦有丰富的微孔和中孔。孔的形成是一个动态的过程。挥发分的释放会产生大量的孔，而在成型生物质高温热解过程中，成型生物质焦中灰的熔融会导致部分孔结构被堵塞，尤其是灰熔融温度较低的成型秸秆。

# 3.5　生物质高温热解焦化学结构演化

生物质焦的化学结构主要取决于热解条件，如生物质高温热解过程焦的芳环结构会聚结、有序化和重新排列[16]。生物质焦的化学结构主要包括碳质结构和官能团结构等，其中碳质结构直接影响生物质焦的化学反应速率。Asadullah 等[17]研究了生物质快速热解焦结构特征及其反应性，得出生物质焦结构比生物质焦中碱金属和碱土金属的催化作用更重要。而表面官能团，尤其是含氧官能团在生物质焦中非常活跃，在生物质焦气化反应中可以较好地充当活性位点。因此，生物质热解焦化学结构演化规律研究是理解其气化反应机理的基础，具有重要的研究价值。

基于上述原因，本节采用拉曼光谱、FTIR、XPS、NMR 和 XRD 等表征方法，对热解条件下制备的粉状和成型生物质焦进行研究。重点分析其碳质结构特征、表面官能团分布及表面灰分类型等化学特征，深入探讨生物质焦在高温热解过程中的化学结构演化规律。为后续研究生物质焦的水蒸气气化特性提供化学结构参数，同时也为深入研究化学结构对气化特征的影响规律奠定基础数据支持。

### 3.5.1　粉料生物质焦化学结构演化

(1) 碳质结构演化

拉曼光谱法用于分析不同热解温度下生物质焦中碳的微晶结构。图 3-18 为 900℃热解的粉料生物质焦的拉曼谱图。随着停留时间的增加，粉料秸秆焦和粉料稻壳焦的拉曼峰强度降低，而拉曼谱图强度变化直接反映粉料生物质中含氧官能团结构的变化，拉曼强度降低表明含氧官能团损失及芳环系统缩合/增长。停留时间为 3s 的总拉曼强度最大，即活性官能团结构更丰富，而在相同热解温度，随着停留时间的增加，生物质焦中活性官能团降低。

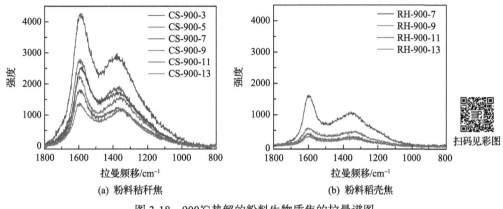

图 3-18　900℃热解的粉料生物质焦的拉曼谱图

拉曼峰面积可以从侧面反映生物质焦中的官能团丰富情况。图 3-19 为不同热解条件下粉料生物质焦的拉曼峰面积。

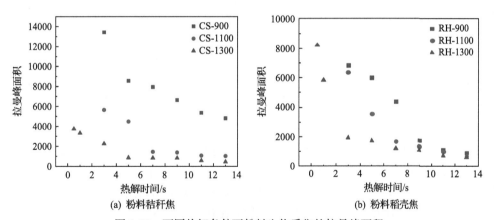

图 3-19　不同热解条件下粉料生物质焦的拉曼峰面积

随着热解温度的升高，秸秆焦和稻壳焦的拉曼峰面积均降低。其中，秸秆焦的拉曼峰强度在 900℃下随着停留时间的增加持续降低。在 1100℃和 1300℃下秸秆焦分别在 7s 和 5s 处出现拐点，拐点停留时间之后，拉曼峰强度基本保持不变。而稻壳焦与秸秆焦的拉曼峰强度具有相同趋势，稻壳焦的拉曼峰强度在 900℃、1100℃和 1300℃的拐点时间分别为 9s、7s 和 3s，随着热解温度增加，拐点时间提前。这意味着，随着温度的升高，生物质焦中含氧官能团的释放和芳环系统的聚合交联更明显。Feng 等[18]研究发现，生物质焦的总拉曼光谱可以反映生物质焦中含氧结构的数量，生物质焦中含氧官能团能够增加总拉曼光谱强度。含氧键的强度降低，拉曼强度降低[19]。快速热解过程中热解温度从 900℃升高到 1300℃时，温度升高，热解速率加快，热解温度为 1300℃的生物质热解所产生的挥发分析出更多更快。此时，含氧官能团从生物质焦中分离出来，氧和芳环结构之间的共振降低，导致拉曼峰面积减少。因此，热解温度在 900～1300℃范围内，随着热解温度的升高，生物质焦的化学结构变得越来越脱氧。而在长停留时间，生物质焦中的含氧官能团分解，产生的对拉曼活性气体敏感的气体充分释放。因此，随着停留时间的增加，拉曼峰强度降低，且高温拐点出现更早。同时，在较长的停留时间下，稻壳焦的拉曼峰面积比秸秆焦的拉曼峰面积大，这意味着稻壳焦中的含氧官能团含量略高于秸秆焦中的含氧官能团。为了描述生物质焦芳环结构的演化规律，使用 PeakFit 软件对生物质焦 800～1800cm$^{-1}$ 范围的拉曼光谱测量数据进行拟合，拟合曲线包含 10 个高斯分布，拟合曲线面积即为生物质焦中各峰位面积。表 3-5 为拉曼光谱的分峰参数。

**表 3-5　拉曼光谱的分峰参数[19]**

| 峰名 | 峰位/cm$^{-1}$ | 分峰描述 | 杂化轨道 |
|---|---|---|---|
| $G_L$ | 1700 | 羰基 C=C | sp$^2$ |
| G | 1590 | 石墨；芳香环象限呼吸；烯烃 C=C | sp$^2$ |
| $G_R$ | 1540 | 3～5 个芳香烃环；无定形碳结构 | sp$^2$ |
| $V_L$ | 1465 | 亚甲基和甲基；芳香环的半圆形呼吸；无定形碳结构 | sp$^2$, sp$^3$ |
| $V_R$ | 1380 | 甲基芳香环的半圆形呼吸；无定形碳结构 | sp$^2$, sp$^3$ |
| D | 1320 | 高度有序碳质材料的谱带；≥6 个环芳香环和芳环之间 C—C | sp$^2$ |
| $S_L$ | 1230 | 芳基，烷基醚；芳香族 | sp$^2$, sp$^3$ |
| S | 1185 | 刚石碳 sp$^3$；芳香环上的 C—H | sp$^2$, sp$^3$ |
| $S_R$ | 1060 | 芳香环上的 C—H；（邻二取代）苯环 | sp$^2$ |
| R | 960-800 | 烷烃和环状烷烃的 C—C；芳香环上的 C—H | sp$^2$, sp$^3$ |

拉曼光谱主要谱峰强度的比值可以半定量描述生物质焦中碳质结构的变化[20, 21]。sp$^2$碳通常比 sp$^3$碳具有更高的拉曼强度，并且 sp$^2$可以与其他 sp$^2$键共轭以增强拉曼强度。图 3-20 为热解温度为 900℃停留时间 3s 时的粉料秸秆焦拉曼光谱测试数据拟合曲线，D谱带和 G 谱带强度比($I_D/I_G$)是评估生物质焦碳结构的重要参数。D 谱带表示高度无序碳材料中的其他结构的缺陷，同时也表示环尺寸不少于 6 个稠合苯环的芳族化合物。G 谱带代表结构较为规则的芳香环。$G_r$+$V_l$+$V_r$这三个谱带可以代表通常在无定形碳材料中发现的芳环系统，并且当芳环减少时，组合强度 $I_{(Gr+Vl+Vr)}$会升高。$I_S$ 表示烷烃和环状烷烃上的 C—C 及芳香环上的 C—H[22]。

图 3-21 为不同热解条件下粉料秸秆焦的谱带面积比的变化。在秸秆热解过程中，随着停留时间的增加，秸秆焦中的 $I_D/I_G$ 增加。热解温度为 900℃时，$I_D/I_G$ 由停留 3s 时的0.38 增加到停留 13s 时的 0.59，且在初始的几秒内，$I_D/I_G$ 变化不大。随着热解温度的升高，秸秆焦的 $I_D/I_G$ 也随之增加。在热解温度为 1100℃时，$I_D/I_G$ 由停留 3s 时的 0.34 增加到停留 13s 时的 0.65。与热解温度为 900℃相比，$I_D/I_G$ 在停留时间为 13s 时稍有增加。在热解温度为 1300℃时，$I_D/I_G$ 由停留 0.5s 时的 0.43 增加到停留 13s 时的 0.72。$I_D/I_G$ 的持续增加，意味着秸秆焦中具有 6 个或更多稠合苯环的芳香环浓度的相对增加，即秸秆焦

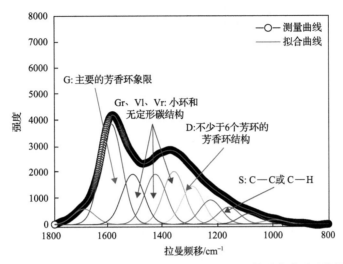

图 3-20　热解温度为 900℃停留时间为 3s 时的粉料秸秆焦拉曼光谱测试数据拟合曲线

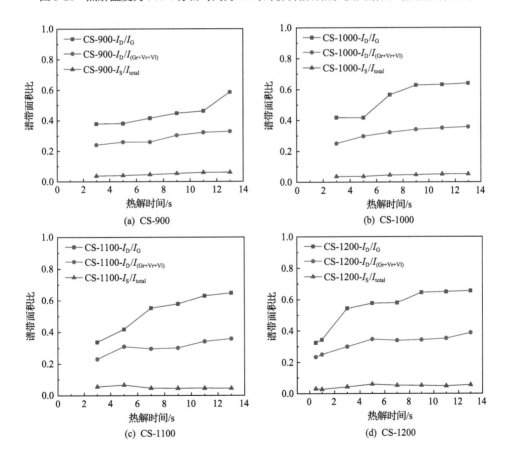

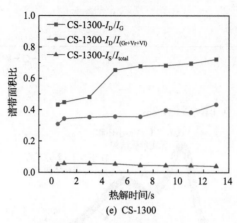

(e) CS-1300

图 3-21　不同热解条件下粉料秸秆焦的谱带面积比的变化

的芳环结构变大。在秸秆高温热解过程中，停留时间增加，秸秆焦中氢芳烃的脱氢和芳环的生长加剧。随着热解温度的增加，$I_D/I_G$ 的拐点由 900℃时的 11s 提前到 1300℃的 5s，这主要是因为热解温度增加，秸秆热解速率更快，芳香环缩聚到相同程度的时间变短，6个或更多稠合苯环的芳环浓度增加，秸秆焦碳结构更加有序。随着停留时间的增加，$I_D/I_{(Gr+Vl+Vr)}$ 增加，秸秆焦中的碳由相对较小的芳环系统转变为较大的芳环系统，碳结构中大芳环系统数量减少。随着热解温度从 900℃停留 13s 增加到 1300℃停留 13s，$I_D/I_{(Gr+Vl+Vr)}$ 从 0.33 增加到 0.43。在 1300℃停留由 0.5s 增加到 13s，$I_D/I_{(Gr+Vl+Vr)}$ 从 0.31 增加到 0.43。这表明，热解温度和停留时间对秸秆焦的碳质结构高度有序化均具有明显作用。而不同热解温度和停留时间下 $I_S/I_{total}$ 的变化基本保持一致。这表明，秸秆焦中的 S 谱带结构在高温热解过程中不易被去除。

　　图 3-22 为不同热解条件下粉料稻壳焦的谱带面积比的变化。稻壳焦中的碳质结构与秸秆焦中的碳质结构变化趋势基本相同。$I_D/I_G$ 随停留时间的增加而增加。热解温度为 900℃时，$I_D/I_G$ 由停留 7s 时的 0.45 增加到停留 13s 时的 0.63。热解温度为 1100℃时，$I_D/I_G$ 由停留 2s 时的 0.37 增加到停留 13s 时的 0.71。与热解温度为 900℃相比，热解温度为 1100℃的稻壳焦在停留时间为 13s 时 $I_D/I_G$ 稍有增加。随着温度继续上升，热解温度为 1300℃时，$I_D/I_G$ 由停留 0.5s 时的 0.34 增加到停留 13s 时的 0.73。这表明，稻壳焦中具有 6 个或更多稠合苯环的芳环浓度增加。随着热解停留时间的增加稻壳焦中的 $I_D/I_{(Gr+Vl+Vr)}$ 增加，说明在稻壳焦中的 3～5 个芳香烃环向高度有序碳质结构方向转变。当热解停留时间为 13s 时，随着热解温度从 900℃增加到 1300℃，$I_D/I_{(Gr+Vl+Vr)}$ 均为 0.42。而在热解温度为 1300℃时，停留时间从 0.5s 增加到 13s，值由 0.23 增加至 0.42。实验结果表明，随着停留时间的增加，稻壳焦逐步完成高度有序化，增加热解温度可以明显降低缩合时间，缩短生物质焦热解时间。当温度高于 1100℃时，在长停留时间下，热解温度对稻壳焦碳质结构高度有序化具有明显作用。而 $I_S/I_{total}$ 在稻壳焦中没有明显变化，此时，稻壳焦中的 S 谱带结构在高温热解过程中不易被去除。

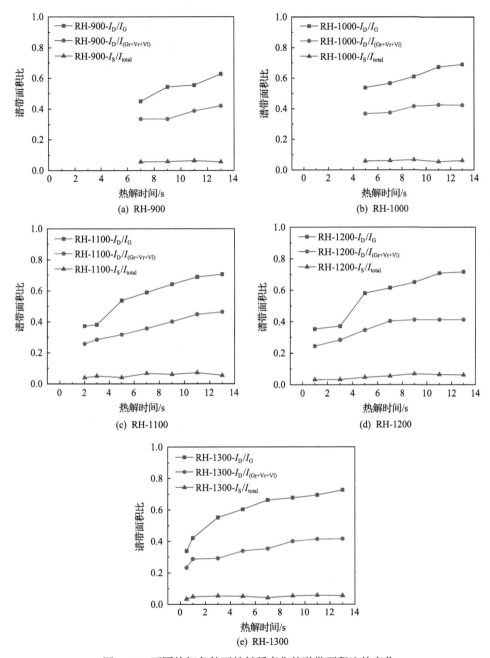

图 3-22  不同热解条件下粉料稻壳焦的谱带面积比的变化

(2)官能团演化

生物质焦中表面官能团结构是生物质焦气化反应的活性位点，活性位点的多少直接影响生物质焦气化反应的难易。表 3-6 为生物质焦主要峰的谱带。

为了研究高温热解过程中粉料生物质官能团结构的演化规律，对不同热解温度和停留时间制取的粉料生物质焦进行 FTIR 测试。图 3-23 为不同热解条件下粉料秸秆焦的 FTIR

光谱图。秸秆焦的表面官能团主要为—OH、脂族链—CH₃、—CH₂ 和芳核 CH、芳香族 C＝C、COOH 和酚类 C—O 等。秸秆焦表面具有不同的官能团结构，含氧官能团（—OH、C＝O 和 C—O）由于电负性强，具有较高的活性[23, 24]。秸秆焦中官能团结构随热解时间的增加而减少。在热解温度为 900℃，停留时间为 1～2s 时，秸秆焦中的官能团种类较多。其中，包括—OH、脂肪族 CHₓ 和芳香族 CH。而随着停留时间的增加，秸秆焦脱氢缩合及石墨化显著增加，在 3320cm⁻¹、2900cm⁻¹ 和 730cm⁻¹ 附近的波数强度几乎消失。此时，官能团种类和数量大幅度减少，—OH、脂肪族 CHₓ 和芳香族 CH 基本消失，1700cm⁻¹、1600cm⁻¹ 和 1044cm⁻¹ 处的波数强度降低，即秸秆焦中的 C＝O、C＝C 和 C—O 强度降低。随着停留时间的增加，C＝O、C＝C 和 C—O 含量进一步减少，趋于消失。而随着温度的升高，在相同的热解停留时间下，温度对官能团的影响也尤为突出。随着热解温度的升高，在相同停留时间秸秆焦中的官能团强度均有降低，秸秆焦中官能团几乎完全消失的时间从 900℃的 9s 提前到 1300℃的 3s。

表 3-6　生物质焦主要峰的谱带

| 峰位/cm⁻¹ | 分峰描述 |
| :---: | :---: |
| 3400～3320 | —OH 伸缩振动 |
| 3000～2850 | 脂肪族 CHₓ 不对称伸缩振动 |
| 1720～1690 | 共轭芳香羰基/羧基 C＝O |
| 1670～1600 | 共轭芳环拉伸 C＝C |
| 1460～1375 | 脂肪链—CH₃、—CH₂ |
| 1044 | 芳香环伸缩振动或 C—O 伸缩振动 |
| 770～730 | 芳香核 CH，3～4 个相邻的 H 形变 |
| 645～600 | 芳香族面外弯曲或烷烃侧环[(CH₂)ₙ, n＞4] |

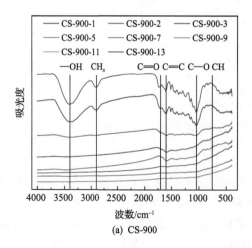

(a) CS-900

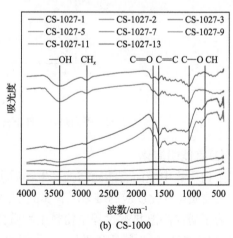

(b) CS-1000

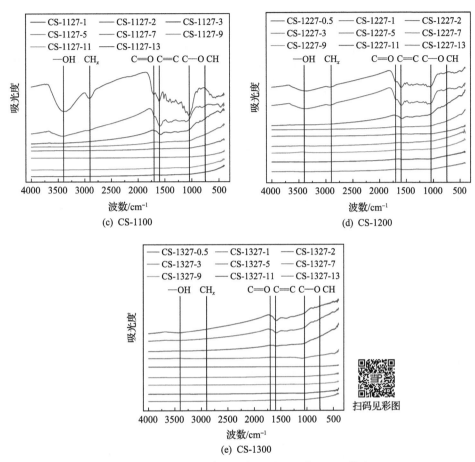

图 3-23　不同热解条件下粉料秸秆焦的 FTIR 谱图

图 3-24 为不同热解条件下粉料稻壳焦的 FTIR 谱图。粉料稻壳焦中官能团种类与粉料秸秆焦中的官能团种类基本一致，但官能团的构成有一定区别。稻壳焦的 FTIR 吸光度随停留时间和温度有显著变化，在热解温度为 900℃时，随着热解停留时间的增加，稻壳焦的 FTIR 吸光度降低。停留时间为 1s 时，稻壳焦表面官能团种类较多。随着停留时间的增加，表面无定形碳和官能团被大量消耗，尤其是含氧官能团。而在生物质焦气化过程中含氧官能团容易充当活性位点[25]。由于活性官能团的减少和芳构化度的增加，稻壳焦的活性随着热解停留时间的增加而降低。在热解温度为 900℃时，稻壳焦的 C—O 官能团种类与秸秆焦中的 C—O 官能团种类相同。随着停留时间的增加，稻壳焦官能团各峰强度降低，但并未消失。随着热解温度的升高，热解停留时间相同时，稻壳焦中的 C—O 键强度明显降低。原因在于，稻壳高温热解是脱氧过程，热解温度增加，稻壳热解速率增加，破坏含氧官能团速率增加，官能团稳定所需时间更短，—OH 稳定性最差，最先消失，表明高温对—OH 的破坏最为严重，高温导致支链和桥键断裂，稻壳焦中含氧官能团释放和碳骨架石墨化，最终造成 FTIR 强度减弱。

（3）化学成分演化

表 3-7 为粉料生物质焦元素分析。从表中可以看出，随着热解温度的升高，粉料秸

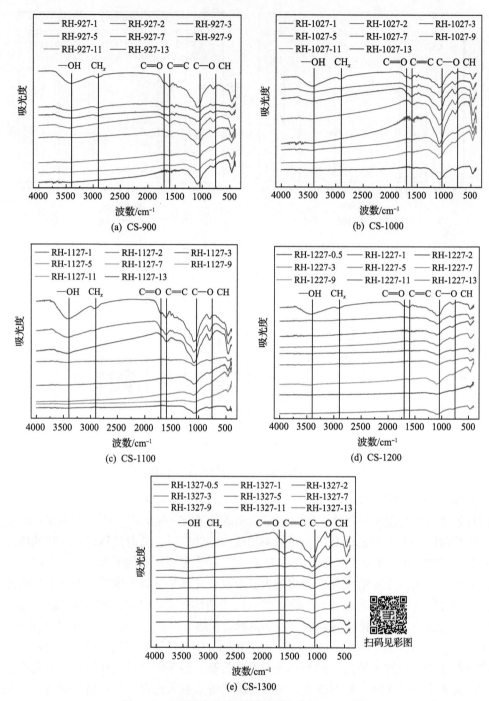

图 3-24 不同热解条件下粉料稻壳焦的 FTIR 谱图

秆焦和粉料稻壳焦中的 C 含量增加。秸秆焦中的 C 含量由 61.61% 升高到 68.81%，稻壳焦中的 C 含量由 36.18% 升高到 37.12%。在相同的温度下，随着停留时间由 5s 增加到 13s，稻壳焦中 C 含量由 37.12% 增加到 38.10%，秸秆焦中的 C 含量由 68.81% 增加到 69.77%。而生物质焦中的 H 与 C 含量趋势正好相反。热解温度由 900℃ 停留 5s 升高到 1300℃ 停

表 3-7　粉料生物质焦元素分析

| 样品 | C/% | H/% | N/% | S/% | O/% | H/C | O/C |
|---|---|---|---|---|---|---|---|
| CS-900-5 | 61.61 | 3.50 | 0.51 | 0.06 | 20.71 | 0.057 | 0.336 |
| CS-1100-5 | 66.80 | 2.48 | 0.55 | 0.09 | 16.39 | 0.037 | 0.245 |
| CS-1300-5 | 68.81 | 1.41 | 0.48 | 0.08 | 15.74 | 0.021 | 0.229 |
| CS-1300-13 | 69.77 | 1.09 | 0.37 | 0.10 | 18.75 | 0.016 | 0.269 |
| RH-900-5 | 37.12 | 2.98 | 0.39 | 0.03 | 16.64 | 0.080 | 0.448 |
| RH-1100-5 | 36.18 | 2.19 | 0.38 | 0.06 | 12.35 | 0.061 | 0.341 |
| RH-1300-5 | 38.10 | 2.19 | 0.38 | 0 | 12.92 | 0.057 | 0.339 |
| RH-1300-13 | 36.94 | 0.59 | 0.28 | 0 | 7.21 | 0.016 | 0.195 |

留 5s。秸秆焦中 H 含量由 3.50%降低到 1.41%，稻壳焦中 H 含量由 2.98%降低到 2.19%。在相同的温度、相同的停留时间，随着停留时间从 5s 升高到 13s，生物质焦中的 H、S 和 N 含量均降低。而在生物质热解过程中，秸秆焦和稻壳焦中的 O 在热解时间为 5s 时，随着热解温度从 900℃增加到 1300℃，秸秆焦和稻壳焦的 O 含量分别从 20.71%和 16.64%降低到 15.74%和 12.92%。在热解温度为 1300℃，热解时间从 5s 增加到 13s 时，稻壳焦中 O 含量降低，而秸秆焦 O 含量略微升高。生物质焦中 C 含量增加的主要原因是生物质热解过程是一个缩聚的过程，生物质焦由多个苯环构成，随着缩聚的增加，C 含量增加。在热解过程中随着温度的增加，生物质焦中的官能团发生反应。此时，由 O、H 组成的官能团种类和含量均降低。

(4)表面元素演化

XPS 用来表征生物质焦表面元素的组成和化学态，主要是通过处理表面逃逸电子数量来分析生物质焦表面官能团种类和含量，为研究粉料生物质焦表面官能团结构变化提供依据。图 3-25 为粉料生物质焦的总 XPS 谱图。粉料秸秆焦和粉料稻壳焦的总 XPS 在 284eV 和 532eV 均出现明显的 C 1s 和 O 1s 峰值。由于 N 和 S 元素过低，进行 XPS 分析未得出明显峰值。

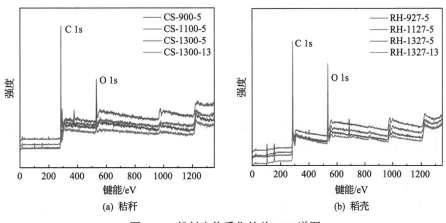

图 3-25　粉料生物质焦的总 XPS 谱图

对不同热解温度及停留时间的粉料生物质焦的 XPS 光谱进行分峰拟合，分峰结果通过 XPS PeakFit 软件分析所得。采用洛伦兹曲线和高斯曲线进行拟合，拟合过程中峰位位置保持不变[26]。生物质焦的表面主要有 C 1s 和 O 1s。其中，284.8eV 处的主峰主要与石墨碳（sp²）有关。生物质焦中 C 1s 的分峰分别为 C—C/C—H（284.8eV）、C—O（286eV）、C=O（287.4eV）和—COO（288.9eV）[27]。可以通过分峰结果对生物质焦中各官能团结构和形式进行定量分析，得出表面官能团的变化规律，正确认识表面官能团的演变规律。

碳元素是生物质焦的主要组成元素，研究含碳官能团的演变规律至关重要。图 3-26 和图 3-27 分别为不同热解条件下粉料秸秆焦和粉料稻壳焦含碳官能团拟合谱图。

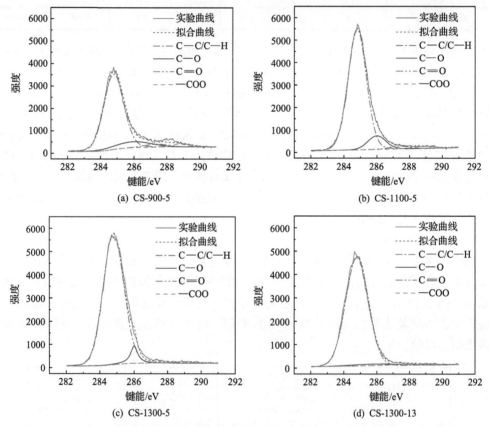

图 3-26　不同热解条件下粉料秸秆焦含碳官能团拟合谱图

从图 3-26 和图 3-27 中可以看出，在高温热解过程中，秸秆焦和稻壳焦表面 C 以 C—C/C—H 为主。秸秆焦中 C 1s 的面积均低于稻壳焦。同时，也可以看出，C—C/C—H 所占比例最大，且秸秆焦中所占比例大于稻壳焦中所占比例。

分峰拟合谱图面积表示官能团在粉料生物质焦中的含量占比。表 3-8 为粉料生物质焦表面含碳化合物形式和含量。

随着热解温度的升高，高温热解焦中 C—C/C—H 比例增加，粉料秸秆焦和粉料稻壳焦中含量分别从 900℃停留 5s 的 80.25mol%和 63.86mol%增加到 1300℃停留 5s 的

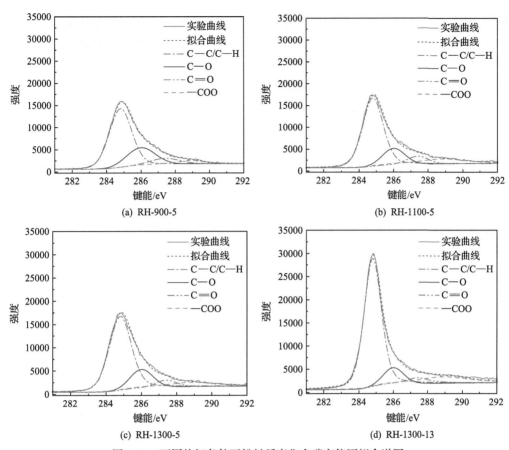

图 3-27　不同热解条件下粉料稻壳焦含碳官能团拟合谱图

**表 3-8　粉料生物质焦表面含碳化合物形式和含量**

| 官能团 | C—C/C—H | C—O | C=O | —COO |
|---|---|---|---|---|
| CS-900-5 | 80.25 | 11.60 | 3.95 | 4.19 |
| CS-1100-5 | 87.21 | 9.37 | 1.90 | 1.52 |
| CS-1300-5 | 91.65 | 6.05 | 0.63 | 1.67 |
| CS-1300-13 | 94.65 | 2.85 | 1.19 | 1.30 |
| RH-900-5 | 63.86 | 22.72 | 7.71 | 5.71 |
| RH-1100-5 | 64.50 | 15.03 | 6.85 | 13.62 |
| RH-1300-5 | 68.27 | 15.75 | 5.19 | 10.79 |
| RH-1300-13 | 70.71 | 9.73 | 5.70 | 13.86 |

注：单位为 mol%，含义为摩尔百分比

91.65mol%和 68.27mol%。这主要是因为，在生物质高温热解过程中，生物质焦从芳香烃环向高度有序碳质材料方向转变，C—C/C—H 含量增加。而 C—H、C—O、C=O 和—COO 含量均有不同程度的降低，高温含氧官能团损失严重。而停留时间对生物质焦各官能团结构和含量也有影响，热解温度为 1300℃，停留时间从 5s 升高到 13s 时，秸秆焦和稻壳焦中 C—C/C—H 含量由 91.65mol%和 68.27mol%分别升高到 94.65mol%和 70.71mol%，C—O 含量分别由 6.05mol%和 15.75mol%降低到 2.85mol%和 9.73mol%。在生物质高温热解过程中，随着停留时间的增加，生物质焦中芳环缩聚，含氧官能团损失，表面活性降低，这与拉曼峰强度降低含氧官能团含量降低相一致。

生物质焦表面 O 1s 的 XPS 光谱分峰构成分别为 C═O(531.5eV)、C—OH(532.4eV)、—COO(533.3eV) 和 COOH(534eV)[27, 28]。图 3-28 为不同热解条件下粉料秸秆焦含氧官能团拟合谱图。从图中可以看出，在高温热解过程中，随着热解温度的增加，秸秆焦和稻壳焦中 O 1s 的峰面积均降低。其中，秸秆焦表面 O 以 C═O 为主，而稻壳焦表面 O 以—COO 为主。

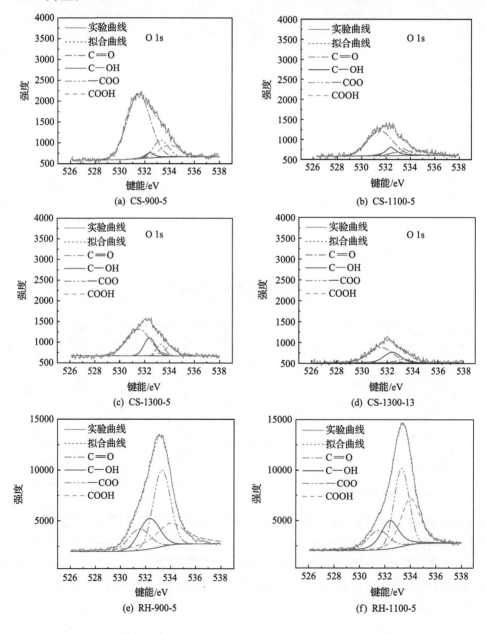

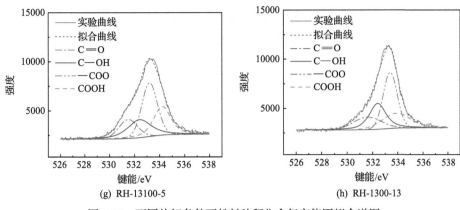

(g) RH-13100-5　　　　　(h) RH-1300-13

图 3-28　不同热解条件下粉料秸秆焦含氧官能团拟合谱图

　　表 3-9 为粉料生物质焦表面含氧化合物形式和含量。随着热解温度的升高，秸秆焦中 C═O 含量由从 900℃停留 5s 的 68.79%降低到 1300℃停留 5s 的 58.98%。而稻壳焦中的 C═O 含量由 900℃停留 5s 的 13.60%升高到 1300℃停留 5s 的 15.25%。秸秆焦和稻壳焦中的—COO 含量由 900℃停留 5s 的 11.57%和 38.48%降低到 1300℃停留 5s 的 9.46%和 36.01%。而热解温度为 1300℃停留时间由 5s 增加到 13s 秸秆焦的 C═O 含量由 58.98%降低到 56.78%，稻壳焦的 C═O 含量由 15.25%升高到 16.34%。秸秆焦和稻壳焦表面含氧官能团的构成有一定区别，秸秆焦中含氧官能团主要为 C═O，而稻壳焦中含氧官能团为 COO 和 COOH，这与 FTIR 所测得的结果保持一致。

表 3-9　粉料生物质焦表面含氧化合物形式和含量　　　　（单位：%）

| 官能团 | C═O | C—OH | —COO | COOH |
| --- | --- | --- | --- | --- |
| CS-900-5 | 68.79 | 8.98 | 11.57 | 10.66 |
| CS-1100-5 | 61.70 | 12.37 | 11.46 | 14.47 |
| CS-1300-5 | 58.98 | 19.27 | 9.46 | 12.29 |
| CS-1300-13 | 56.78 | 26.63 | 8.61 | 8.48 |
| RH-900-5 | 13.60 | 18.43 | 38.48 | 29.49 |
| RH-1100-5 | 13.97 | 18.92 | 36.06 | 31.05 |
| RH-1300-5 | 15.25 | 22.93 | 36.01 | 25.81 |
| RH-1300-13 | 16.34 | 25.79 | 37.36 | 20.51 |

　（5）碳结构演化

　　粉料生物质焦的 $^{13}C$ NMR 谱图可分为 4 个不同的区域，即羧基碳（165～200ppm）、芳基碳（95～165ppm）、O—烷基碳（45～90ppm）和烷基碳（0～45ppm）[29]。生物质焦中含有的碳化学位移如表 3-10 所示。

　　粉料生物质焦中碳元素存在形式及含量对化学反应性影响较大，图 3-29 为粉料生物质焦的 $^{13}C$ NMR 拟合谱图。粉料生物质焦的谱图主要分布在脂肪碳和芳香碳区域，生物质焦中芳香碳含量更高。秸秆焦中羟基碳含量明显高于稻壳焦中羟基碳含量，原因是在秸秆高温热解过程中，脂肪碳及芳香碳含量降低，而羟基碳含量减小的速率小于脂肪碳和芳香碳，因此羟基碳含量反而升高。

表 3-10　生物质焦中含有的碳化学位移

| 碳的类型 | 化学位移/ppm | 符号 |
|---|---|---|
| RCH₃ | 14～22 | $f_{al}^1$ |
| ArCH₃ | 22～26 | $f_{al}^a$ |
| RCH₂R | 26～37 | $f_{al}^2$ |
| 季碳/—CH | 37～50 | $f_{al}^3$ |
| 与氧相连的脂肪碳 | 50～95 | $f_{al}^O$ |
| 质子化芳碳 | 95～124 | $f_a^H$ |
| 芳桥碳 | 124～137 | $f_a^B$ |
| 烷基取代芳碳 | 137～149 | $f_a^S$ |
| ArOH 或 ArOR | 149～164 | $f_a^O$ |
| COOH 或 COOR/C=O 和 HC=O | 164～220 | $f_a^{CC}$ |

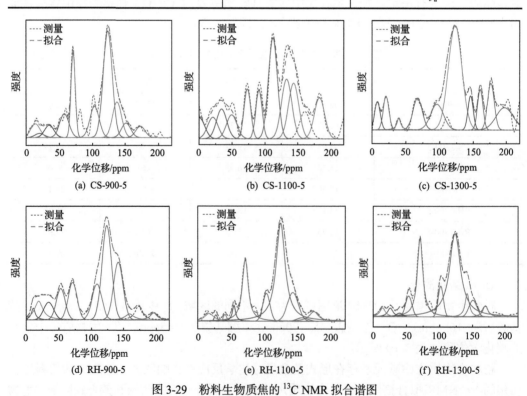

(a) CS-900-5　　　(b) CS-1100-5　　　(c) CS-1300-5

(d) RH-900-5　　　(e) RH-1100-5　　　(f) RH-1300-5

图 3-29　粉料生物质焦的 ¹³C NMR 拟合谱图

表 3-11 为粉料生物质焦碳结构分布。在秸秆焦和稻壳焦中碳比例最大的均为芳桥碳，

烷基碳比例相对较低。

**表 3-11　粉料生物质焦碳结构分布**　　　　（单位：%，面积百分比）

| 样品 | $f_{al}^1$ | $f_{al}^a$ | $f_{al}^2$ | $f_{al}^3$ | $f_{al}^O$ | $f_a^H$ | $f_a^B$ | $f_a^S$ | $f_a^O$ | $f_a^{CC}$ |
|---|---|---|---|---|---|---|---|---|---|---|
| CS-900-5 | 4.57 | 1.44 | 4.25 | 8.16 | 13.27 | 10.68 | 36.56 | 12.21 | 4.98 | 3.87 |
| CS-1100-5 | 2.62 | 5.08 | 4.05 | 7.68 | 8.61 | 7.11 | 35.33 | 13.26 | 6.50 | 9.74 |
| CS-1300-5 | 4.12 | 5.14 | 1.39 | 7.93 | 8.95 | 1.93 | 38.81 | 4.93 | 6.13 | 20.66 |
| RH-900-5 | 5.96 | 2.56 | 4.13 | 10.42 | 12.07 | 10.65 | 26.82 | 9.96 | 8.72 | 8.71 |
| RH-1100-5 | 3.28 | 0.93 | 1.08 | 2.97 | 20.81 | 9.80 | 42.79 | 12.55 | 1.57 | 4.22 |
| RH-1300-5 | 2.52 | 2.57 | 1.11 | 6.33 | 24.12 | 6.27 | 43.74 | 4.59 | 5.31 | 3.44 |

随着热解温度的增加，烷基碳比例降低，芳桥碳比例增大。这表明，随着温度的增加，生物质焦主要损失碳为烷基碳，侧链的碳在热解过程中更容易失去。而生物质焦中芳香环连接的碳比例增大，芳环增加。随着热解温度的增加，生物质焦中羧基碳含量降低。

根据不同类型碳的相对含量计算出生物质焦的结构参数。芳香度、脂肪碳比例、桥碳比、亚甲基链平均长度和芳环取代度能更好地表征生物质焦的碳骨架结构。生物质焦中各结构参数计算方法如下[30, 31]：

1）芳香度（$f_a$）为生物质焦中芳香碳原子数占总碳原子数之比，见式（3-1）：

$$f_a = f_a^H + f_a^B + f_a^S + f_a^O \qquad (3-1)$$

2）脂肪碳（$f_{al}$）比例，见式（3-2）：

$$f_{al} = f_{al}^1 + f_{al}^a + f_{al}^2 + f_{al}^3 + f_{al}^O \qquad (3-2)$$

3）桥碳比（$\chi_b$）是评估生物质焦中芳香团簇缩合程度的重要参数，见式（3-3）：

$$\chi_b = f_a^B / f_a \qquad (3-3)$$

4）亚甲基链平均长度（$C_n$）用来表示生物质焦中脂肪族链的长度，见式（3-4）：

$$C_n = f_{al}^2 / f_a^S \qquad (3-4)$$

5）芳环取代度（$\sigma$）表示生物质焦中非接氢芳香碳占总芳香碳的比例，见式（3-5）：

$$\sigma = \left( f_a^S + f_a^O \right) / f_a \qquad (3-5)$$

以上碳结构参数可以用来解析生物质焦中碳的结构特征，表 3-12 所示为粉料生物质焦结构参数。

生物质焦的芳香度和脂肪碳比例较大，CS-900-5、CS-1300-5、RH-900-5 和 RH-1300-5 的芳香度分别为 64.43%、51.80%、56.14% 和 59.92%，脂肪碳比例分别为 31.70%、27.54%、

表 3-12　粉料生物质焦结构参数

| 结构参数 | CS-900-5 | CS-1100-5 | CS-1300-5 | RH-900-5 | RH-1100-5 | RH-1300-5 |
|---|---|---|---|---|---|---|
| 芳香度/% | 64.43 | 62.20 | 51.80 | 56.14 | 66.71 | 59.92 |
| 脂肪碳比例/% | 31.70 | 28.04 | 27.54 | 35.15 | 29.07 | 36.64 |
| 桥碳比 | 0.57 | 0.57 | 0.75 | 0.48 | 0.64 | 0.73 |
| 亚甲基链平均长度 | 0.35 | 0.31 | 0.28 | 0.42 | 0.09 | 0.24 |
| 芳环取代度 | 0.27 | 0.32 | 0.21 | 0.33 | 0.21 | 0.17 |

35.15%和36.64%。桥碳比是生物质焦中芳香团簇的重要参数，分别为0.57、0.75、0.48、0.73，桥碳比的增加表明生物质焦中的芳桥碳占总苯环碳的比例增加，构成芳环碳的碳元素质量增加。综上所述，随着热解温度的增加，粉料生物质焦中的苯环数量逐渐减少，芳香环平均数增加，表面亚甲基数量减少，活性碳位点的含量降低。

### 3.5.2　成型生物质焦化学结构演化

成型生物质在高温热解过程中停留时间长，碳石墨化程度高且更加稳定，在对成型生物质焦进行 $^{13}C$ NMR 测试未出现明显化学位移。在成型秸秆和稻壳热解过程中，生物质焦表面出现熔融球，而熔融球中并未发现明显的 C 元素聚集，表明熔融球不是由有机物构成的。因此，通过 XRD 对成型生物质焦中无机成分进行测量。

（1）微晶结构演化

图 3-30 为不同热解条件下成型生物质焦的 XRD 谱图，通过 XRD 谱图分析了不同热解条件下成型秸秆焦和稻壳焦中灰的化学成分。

表 3-13 为不同热解条件下成型生物质焦的 XRD 分析结果。秸秆焦中的熔融球由 Ca、Al、Si 和 O 组成。随着温度升高至 1400℃（持续 10min），秸秆焦中的 $SiO_2$ 与 Ca 和 Al 结合形成 $CaAl_2Si_2O_8$、方石英和石英。而在热解温度为 1400℃停留 30min 的情况下，秸秆焦表面上的熔融球主要为 $Ca_2Al_2SiO_7$。在 1400℃下停留时间分别为 10min 和 30min 的稻壳焦检测到 $SiO_2$（方石英和石英）。

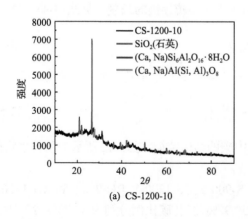

(a) CS-1200-10

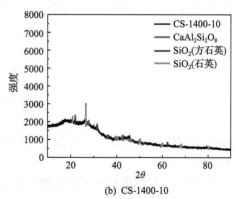

(b) CS-1400-10

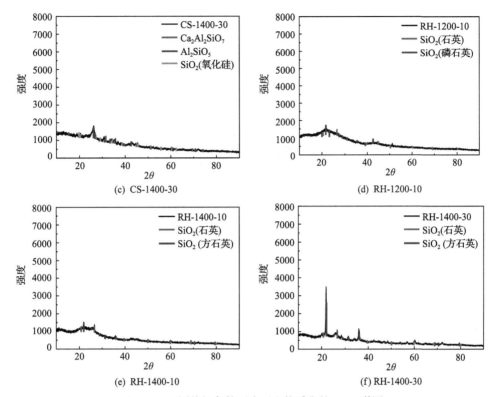

图 3-30　不同热解条件下成型生物质焦的 XRD 谱图

**表 3-13　不同热解条件下成型生物质焦的 XRD 分析结果**

| 样品/情况 | 1200℃停留 10min | 1400℃停留 10min | 1400℃停留 30min |
|---|---|---|---|
| 成型秸秆 | $SiO_2$(石英) | $CaAl_2Si_2O_8$ | $Ca_2Al_2SiO_7$ |
| | $(Ca,Na)Si_6Al_2O_{16}\cdot8H_2O$ | $SiO_2$(方石英) | $Al_2SiO_5$ |
| | $(Na,Ca)Al(Si,Al)_3O_8$ | $SiO_2$(石英) | $SiO_2$(氧化硅) |
| 成型稻壳 | $SiO_2$(石英) | $SiO_2$(石英) | $SiO_2$(石英) |
| | $SiO_2$(磷石英) | $SiO_2$(方石英) | $SiO_2$(方石英) |

（2）碳质结构演化

图 3-31 为在 1200℃停留 10min 的成型稻壳焦的热解拉曼光谱测量数据曲线拟合。

成型生物质焦都具有相似的曲线拟合。图 3-32 为不同热解条件下成型生物质焦拉曼峰面积。

拉曼峰面积与生物质焦样品的热解条件有关，随着热解温度的升高，所有生物质焦的总拉曼峰面积减小。拉曼强度的降低反映了含氧官能团的损失以及芳环系统的缩合/增长[19]。随着热解温度的升高，成型秸秆焦和成型稻壳焦的 D 带宽减小，这表明生物质中的芳环数量减少，并向石墨转化。

D 和 G 带强度之比$(I_D/I_G)$是评估生物质焦中晶体碳结构的重要参数。图 3-33 为成型生物质焦不同谱带比率与热解条件的关系。

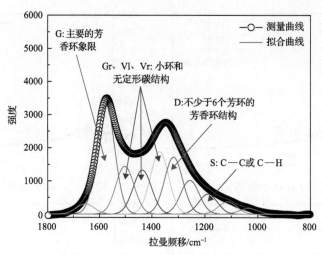

图 3-31 在 1200℃停留 10min 的成型稻壳焦的热解拉曼光谱测量数据曲线拟合

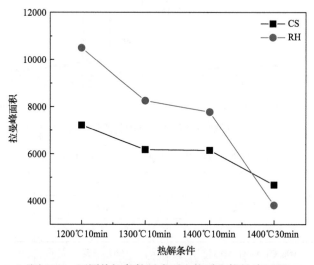

图 3-32 不同热解条件下成型生物质焦拉曼峰面积

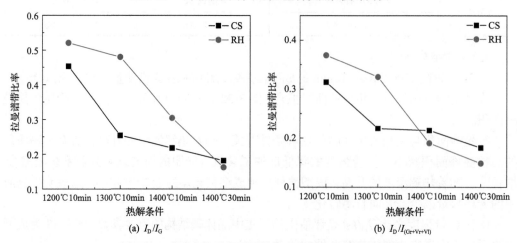

(a) $I_D/I_G$            (b) $I_D/I_{(Gr+Vr+Vl)}$

图 3-33 成型生物质焦不同谱带比率与热解条件的关系

从图 3-33（a）中可以看出，当热解温度升高时，$I_D/I_G$ 下降，生物质焦中至少 6 个稠合苯环的芳环的浓度降低。$I_D/I_{(Gr+Vr+Vl)}$ 用于评估生物质焦中碳分子结构的均匀性。随着 $I_D/I_{(Gr+Vr+Vl)}$ 的降低，碳结构的大芳环增加[17]。从图 3-33（b）中可以看出，随着热解温度的升高，$I_D/I_{(Gr+Vr+Vl)}$ 降低，随着停留时间的增加 $I_D/I_{(Gr+Vr+Vl)}$ 也降低，每个有序簇的芳环数增加。总之，随着热解温度和停留时间的增加，生物质焦的碳结构变得更加有序[32]。

（3）官能团演化

在成型生物质焦中，在 3400cm$^{-1}$ 附近的谱带为强氢键（—OH）拉伸振动，在 1578cm$^{-1}$ 附近是由芳环产生的，在 1030cm$^{-1}$ 和 1300cm$^{-1}$ 之间的能带波数的吸收可以归因于 C—O 振动[33]。700～900cm$^{-1}$ 的波段数与面芳香族 C—H 的存在有关[34]。

图 3-34 为不同热解条件下成型生物质焦的 FTIR 谱图。针对光谱进行成型生物质焦表面官能团结构分析，得出成型生物质焦高温热解过程中表面官能团的演变。

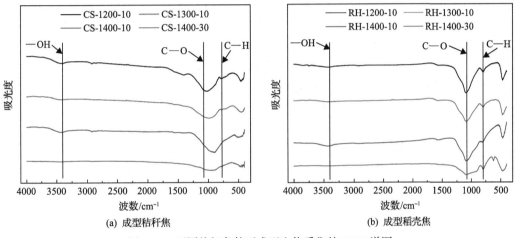

图 3-34　不同热解条件下成型生物质焦的 FTIR 谱图

成型秸秆焦和成型稻壳焦的光谱复杂，显示出与 OH、CO 和芳香核 CH 相对应的谱带。在高温热解过程中，长停留时间会使生物质焦中官能团结构变得简单。3400cm$^{-1}$ 附近的波强度降低，并且在 1400℃下颗粒热解 30min 后消失。这表明，在高温下，热解温度和停留时间会影响强氢键（—OH）拉伸振动。在高于 1300℃ 的热解温度下，生物质焦中 1578cm$^{-1}$ 附近的波数几乎消失了。在高温热解过程中，生物质焦中碳主要由 C—O 拉伸和芳族 C—H 构成。

# 3.6　本章小结

本章介绍了粉料生物质高温热解及焦水蒸气气化实验系统的设计、搭建及实验系统的工作原理。采用自行设计的给料系统进行给料，实现热解时间为 0～13s 的精确控制，得到所需的粉料生物质焦，并进行粉料生物质焦水蒸气气化实验。介绍了成型生物质高温热解及焦水蒸气气化实验系统的设计、搭建及工作原理，利用高速摄像机对成型生物质高温热解系统进行实时拍摄，得出成型生物质高温热解焦形态演化，并进行成型生物质焦水蒸气气化实验。针对粉料和成型生物质焦物理化学结构表征手段、方法及详细操作参数进行说明。

以粉料和成型生物质为研究对象，研究高温热解过程中不同温度和停留时间下生物质焦物理结构演化特性，得出：①粉料生物质高温热解过程中，秸秆和稻壳在热解停留时间为 13s 时，产率分别从 900℃的 14.7%和 30.4%降低为 1300℃的 13.0%和 26.9%。热解温度升高，挥发分释放速度增加，表面微观结构破坏严重，内部压力增大导致表面发生破碎。②提高热解温度和停留时间，粉料生物质焦比表面积增加，在停留时间相同时，随着热解温度的增加，秸秆焦和稻壳焦中微孔充分发展，比表面积均增加，在 1300℃停留 5s，秸秆焦和稻壳焦比表面积分别为 291.31m²/g 和 41.37m²/g。随着停留时间由 5s 增加到 13s，秸秆和稻壳热解更加充分，秸秆焦熔融温度低，秸秆灰熔融，造成孔隙塌缩，裂隙变大，平均孔径增加，稻壳焦生成更多微孔，平均孔径降低。比表面积分别增加至 588.51m²/g 和 141.17m²/g。③随着成型生物质热解温度的升高，秸秆焦和稻壳焦产率分别从 1200℃下的 24%和 29%降至 1400℃下的 17%和 20%。在高温热解过程中，秸秆表面 Ca、Al 和 Mg 等碱金属元素富集降低熔融温度，导致表面出现熔融球，随着停留时间的增加，熔融灰球变大。秸秆焦内部挥发分析出压力增大，出现裂隙，1400℃的秸秆焦由于挥发分释放速率快，裂隙比 1200℃秸秆焦的裂隙更大且少，稻壳表面主要含有 Si 和 O 元素，汇聚并熔融成小球。但熔融球产生并不足以在宏观上引起成型稻壳焦的形态变化。④随着成型生物质热解温度的升高，焦比表面积增加，热解温度为 1400℃时，停留时间由 10min 变为 30min，秸秆灰熔融堵塞秸秆焦中孔隙结构，造成秸秆焦的比表面积减小。而稻壳灰几乎不熔融，成型稻壳焦中灰熔融的影响小于热解生成的比表面积，稻壳焦的比表面积增加。熔融灰均团聚在生物质焦表面，尤其是在秸秆焦表面熔融灰团聚现象明显。

研究了热解条件对粉料和成型生物质高温热解焦化学结构的演化规律：①对于粉料生物质焦，随着热解温度和停留时间的增加，生物质焦的含氧官能团含量降低，生物质焦的活性官能团种类和数量均降低，含氧官能团含量降低。生物质焦中的碳质结构高度有序化，小芳环系统转变为较大芳环系统，同时总芳环数量减少。②随着热解温度的升高，粉料生物质焦脱氢缩合且石墨化显著增加，生物质焦中 C=O、C=C 和 C—O 强度降低。停留时间增加，秸秆焦中 C=O、C=C 和 C—O 消失，消失时间从 900℃的 9s 提前到 1300℃的 3s。稻壳焦中的 C—O 强度明显降低，但并未消失。③粉料生物质热解过程中，随着热解温度和停留时间的增加，生物质焦中的 C 含量增加，H 和 O 含量降低。生物质焦表面含碳元素存在形式主要为 C—C/C—H。生物质焦中芳香环平均数增加，秸秆和稻壳表面亚甲基数量降低，分别从 0.35 和 0.42 降低到 0.28 和 0.24。④随着热解温度的升高，成型生物质焦的含氧官能团和芳环系统的缩合/增长消失，具有至少 6 个稠合苯环的芳环的浓度增加。⑤成型生物质焦中碳主要由 C—O 拉伸和芳族 C—H 构成。在高热解温度下，生物质焦中 1578cm⁻¹ 附近的波数几乎消失了。停留时间增加，成型生物质焦中强氢键（—OH）拉伸振动减弱。⑥热解温度达到 1400℃停留 10min，秸秆焦表面上的 SiO₂ 与 Ca 和 Al 结合形成 CaAl₂Si₂O₈、方石英和石英，而在 30min 时成型秸秆焦表面上的熔融球主要为 Ca₂Al₂SiO₇。在热解温度为 1400℃停留为 10min 和 30min 时，稻壳焦

表面出现灰分均为 $SiO_2$。

# 参 考 文 献

[1] Zhai M, Wang X, Zhang Y, et al. Ash fusion during combustion of single corn straw pellets[J]. Journal of Energy Resources Technology, 2020, 143(6): 062306.

[2] Wang X, Zhai M, Guo H, et al. High-temperature pyrolysis of biomass pellets: The effect of ash melting on the structure of the char residue[J]. Fuel, 2021, 285: 119084.

[3] Gangil S. Beneficial transitions in thermogravimetric signals and activation energy levels due to briquetting of raw pigeon pea stalk[J]. Fuel, 2014, 128: 7-13.

[4] Stelte W, Clemons C, Holm J K, et al. Pelletizing properties of torrefied spruce[J]. Biomass & Bioenergy, 2011, 35(11): 4690-4698.

[5] Tong W, Liu Q C, Yang C, et al. Effect of pore structure on $CO_2$ gasification reactivity of biomass chars under high-temperature pyrolysis[J]. Journal of Energy Institute, 2020, 93(3): 962-976.

[6] Fang X, Jia L. Experimental study on ash fusion characteristics of biomass[J]. Bioresource Technology, 2012, 104: 769-774.

[7] Blasi C D. Combustion and gasification rates of lignocellulosic chars[J]. Progress in Energy & Combustion Science, 2009, 35(2): 121-140.

[8] Mcnamee P, Darvell L I, Jones J M, et al. The combustion characteristics of high-heating-rate chars from untreated and torrefied biomass fuels[J]. Biomass & Bioenergy, 2015, 82: 63-72.

[9] Zhang J, Liu J, Liu R. Effects of pyrolysis temperature and heating time on biochar obtained from the pyrolysis of straw and lignosulfonate[J]. Bioresource Technology, 2015, 176: 288-291.

[10] Wooten J B, Baliga V L, Hajaligol M R. Characterization of chars from biomass-derived materials: Pectin chars[J]. Fuel, 2001, 80(12): 1825-1836.

[11] Fu P, Hu S, Xiang J, et al. Evaluation of the porous structure development of chars from pyrolysis of rice straw: Effects of pyrolysis temperature and heating rate[J]. Journal of Analytical & Applied Pyrolysis, 2012, 98: 177-183.

[12] Magalhães D, Riaza J, Kazanç F. A study on the reactivity of various chars from Turkish fuels obtained at high heating rates[J]. Fuel Processing Technology, 2019, 185: 91-99.

[13] Song X, Lin Z, Bie R, et al. Effects of additives blended in corn straw to control agglomeration and slagging in combustion[J]. BioResources, 2019, 14(4): 8963-8972.

[14] Mansaray K, Ghaly A. Physical and thermochemical properties of rice husk[J]. Energy Sources, 1997, 19(9): 989-1004.

[15] Yu J, Lucas J A, Wall T F. Formation of the structure of chars during devolatilization of pulverized coal and its thermoproperties: A review[J]. Progress in Energy & Combustion Science, 2007, 33(2): 135-170.

[16] Guizani C, Jeguirim M, Gadiou R, et al. Biomass char gasification by $H_2O$, $CO_2$ and their mixture: Evolution of chemical, textural and structural properties of the chars[J]. Energy, 2016, 112: 133-145.

[17] Asadullah M, Zhang S, Min Z, et al. Effects of biomass char structure on its gasification reactivity[J]. Bioresource Technology, 2010, 101(20): 7935-7943.

[18] Feng D, Zhao Y, Zhang Y, et al. Effects of K and Ca on reforming of model tar compounds with pyrolysis biochars under $H_2O$ or $CO_2$[J]. Chemical Engineering Journal, 2016, 306: 422-432.

[19] Li X, Hayashi J, Li C. FT-Raman spectroscopic study of the evolution of char structure during the pyrolysis of a Victorian brown coal[J]. Fuel, 2006, 85(12-13): 1700-1707.

[20] Guo X, Tay H, Zhang S, et al. Changes in char structure during the gasification of a victorian brown coal in steam and oxygen at 800 °C[J]. Energy & Fuels, 2008, 22(6): 4034-4038.

[21] 冯冬冬. 多活性位焦炭原位催化裂解生物质焦油的反应机理研究[D]. 哈尔滨: 哈尔滨工业大学, 2018.

[22] 王超奇. 直接碳燃料电池的生物质燃料热处理和高效利用[D]. 哈尔滨: 哈尔滨工业大学, 2019.

[23] Feng D, Zhao Y, Zhang Y, et al. Changes of biochar physiochemical structures during tar H$_2$O and CO$_2$ heterogeneous reforming with biochar[J]. Fuel Processing Technology, 2017, 165: 72-79.

[24] Li B, Zhao L, Xie X, et al. Volatile-char interactions during biomass pyrolysis: Effect of char preparation temperature[J]. Energy, 2021, 215: 119189.

[25] Li B, Liu D, Lin D, et al. Changes in biochar functional groups and its reactivity after volatile char interactions during biomass pyrolysis[J]. Energy & Fuels, 2020, 34(11): 14291-14299.

[26] Kelemen S R, Afeworki M, Gorbaty M L, et al. Characterization of organically bound oxygen forms in lignites, peats, and pyrolized peats by x-Ray photoelectron spectroscopy(XPS) and solid state $^{13}$C NMR methods[J]. Energy & Fuels, 2002, 16(6): 1450-1462.

[27] Sun Z, Li D, Ma H, et al. Characterization of asphaltene isolated from low-temperature coal tar[J]. Fuel Processing Technology, 2015, 138: 413-418.

[28] Zhang Y, Wei X, Lv J, et al. Study on the oxygen forms in soluble portions from thermal dissolution and alkanolyses of the extraction residue from Baiyinhua lignite[J]. Fuel, 2020, 260: 116301.

[29] Ma Z, Yang Y, Wu Y, et al. In-depth comparison of the physicochemical characteristics of bio-char derived from biomass pseudo components: Hemicellulose, cellulose, and lignin[J]. Journal of Analytical & Applied Pyrolysis, 2019, 140: 195-204.

[30] Yang F, Hou Y, Wu W, et al. A new insight into the structure of Huolinhe lignite based on the yields of benzene carboxylic acids[J]. Fuel, 2017, 189(1): 408-418.

[31] Wei Q, Tang Y. $^{13}$C-NMR study on structure evolution characteristics of high-organic-sulfur coals from typical Chinese areas[J]. Minerals, 2018, 8(2): 49.

[32] Zaida A, Bar Ziv E, Radovic L R, et al. Further development of Raman microprobe spectroscopy for characterization of char reactivity[J]. Proceedings of the Combustion Institute, 2007, 31(2): 1881-1887.

[33] Colom X, Carrillo F, Nogués F, et al. Structural analysis of photodegraded wood by means of FTIR spectroscopy[J]. Polymer Degradation and Stability, 2003, 80(3): 543-549.

[34] McGrath T, Sharma R, Hajaligol M. An experimental investigation into the formation of polycyclic-aromatic hydrocarbons (PAH) from pyrolysis of biomass materials[J]. Fuel, 2001, 80(12): 1787-1797.

# 第4章　生物质高温热解焦气化特性

生物质焦气化反应过程中，气化反应的转化率主要受生物质焦结构、气化反应操作参数等影响。生物质焦提供反应界面和活性位点的着陆点，生物质焦的比表面积越大，气化反应性越好。生物质焦碳质结构和官能团结构提供反应的活性位点，活性位点的数量和活性直接影响焦气化反应的进行。在生物质焦高温气化反应过程中，生物质焦的物理结构和化学结构共同作用影响着气化反应的进行，因此，研究生物质焦理化结构对生物质焦气化反应特性的影响十分必要。

同时，生物质焦气化反应需要在高温下使生物质焦与气化剂发生部分氧化反应，以将碳质材料转化为合成气[1,2]。生物质热解气化过程复杂，反应参数影响最终结果[3-5]，同时气化剂在气化过程中也起着重要的作用[6,7]。与其他气化剂相比，水蒸气气化可以增加 $H_2$ 的产率同时也可以使 $H_2/CO$ 更高[8,9]。然而，产气中焦油含量过高依然是制约发展的主要原因。因此，需要较高的工艺温度用以降低焦油含量[10,11]。

为了确定合适的工艺条件，可以使用仿真建模来帮助理解和预测所涉及的热解气化反应，同时降低实验成本[12]。将计算模型与实验数据相结合，可用于开发新的热解气化炉设计，并为热解气化炉规模的扩大提供性能参数。Aspen Plus 软件具有过程分析功能，基于质量和能量的平衡，集成了物理属性数据库，并具有丰富的操作模块[13]。将这些模块和物理属性参数设置结合起来，可以模拟所需过程[14]。Aspen Plus 可用于预测合成气的组成及不同热解气化条件下发生的复杂化学反应[15,16]，包括煤气化[17-20]和生物质气化[21-23]等。

因此，本章对第3章制取的具有明确物理结构和化学结构的生物质焦进行高温水蒸气气化特性研究。通过设计并搭建的粉料和成型生物质焦水蒸气气化实验系统，分别对粉料和成型生物质焦进行水蒸气气化实验。分析生物质高温热解焦水蒸气气化实验结果，探究热解焦理化结构、气化温度和时间等对生物质焦高温水蒸气气化特性的影响规律。针对生物质焦气化特性提出生物质高温热解及其焦气化的可行性方案，建立生物质高温热解及其焦气化工艺流程的详细模型，得出运行参数对产物生成特性的影响规律。探究热解温度、空气和生物质焦混合物 O/C 及气化剂中水蒸气量对生物质焦气化产物的影响规律，为生物质焦高温热解气化工艺气化参数选择及应用奠定基础。

## 4.1　生物质高温热解焦水蒸气气化特性

### 4.1.1　实验系统及方法

（1）粉料生物质焦气化实验

粉料生物质焦高温气化反应均在如图4-1所示的生物质焦高温气化实验系统内进行。

该实验系统主要包括：粉料生物质焦气化给料单元、粉料生物质焦气化实验反应单元、粉料生物质焦气化气体供给单元和粉料生物质焦气化气体分析单元。

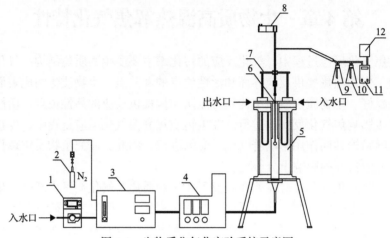

图 4-1　生物质焦气化实验系统示意图

1-蠕动泵；2-氮气瓶；3-蒸汽发生器；4-过热器；5-反应器；6-水冷装置；7-滑动模组；8-伺服电机；9-收集瓶；10-干燥瓶；
11-气泵；12-集气袋

　　粉料生物质焦气化气体供给单元主要供给生物质焦气化所需的气体环境，$H_2O$ 作为气化介质被引入滴管炉中。粉料生物质焦气化气体供给单元包括：微型蠕动泵（精度：±0.01g/min）、蒸汽发生器（150℃）和过热器（550℃）三部分。由微型蠕动泵对水蒸气流量进行控制，以得到气化所需水蒸气。经微型蠕动泵泵入的去离子水进入蒸汽发生器中变为水蒸气与通入蒸汽发生器中的 $N_2$ 进行混合，混合气体经过带有伴热带的钢管导入过热器中，混合气体经过热器由滴管炉下端通过整流板进入粉料生物质焦气化实验反应单元，与反应单元中的粉料生物质焦反应。粉料生物质焦气化气体供给单元如图 4-2 所示。

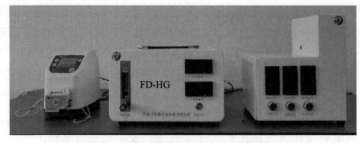

图 4-2　粉料生物质焦气化气体供给单元

　　粉料生物质焦高温气化实验在如图 4-1 所示的生物质焦气化实验系统中进行。将生物质高温滴管炉加热到生物质焦气化所需的温度（1000～1200℃）。通过蠕动泵调节并设定所需流量（3g/min），保持流量恒定不变。去离子水通过蒸汽发生器加热变成水蒸气，水蒸气通过带有伴热带的加热管进入过热水蒸气中进行过热，产生的过热水蒸气进入滴管炉中，进行吹扫。将装有（0.050±0.003）g 的生物质焦放入网兜（10mm×10mm×10mm）中并与钢管（直径 5mm，长 100mm，壁厚 1.5mm）进行连接，通过控制卡控制伺服电机，使生物质焦到达设定位置。在生物质焦水蒸气气化实验中，气化产物经干燥管处理后由气相分析仪抽吸并进行在线分析。当气化反应达到预设时间后，将气化后的生物质灰转移至冷却区冷却。待固体产物冷却后进行称重和收集，用于后续分析。

（2）成型生物质焦气化实验

成型生物质焦气化实验在如图 4-3 所示的实验系统内进行。

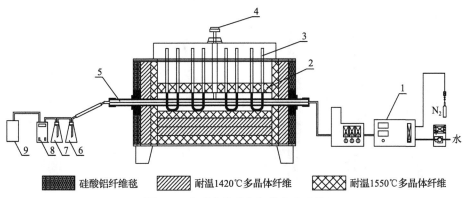

图 4-3　成型生物质焦气化实验系统

1-蒸汽发生器；2-电炉控制单元；3-加热棒；4-热电偶；5-刚玉管；6-收集瓶；7-干燥瓶；8-气泵；9-气体分析仪

成型生物质焦气化实验系统包含气体供给单元、实验反应单元和气体分析单元。气体供给单元主要供给成型生物质焦气化反应的气体环境。$H_2O$ 作为气化介质被引入滴管炉中。气体供给单元包括微型蠕动泵（精度：±0.01g/min）、蒸汽发生器（150℃）和过热器（550℃）三部分。经微型蠕动泵泵入的去离子水进入蒸汽发生器中变为水蒸气，同时另一管路需要连接 $N_2$ 对水蒸气进行携带。经过带有伴热带的不锈钢管将混合气体导入过热器中，经过热器过热的气体由滴管炉下端进入实验反应单元。实验反应单元包括刚玉管、耐高温多纤维保温层、8 个加热元件及温度控制器、顶端热电偶。煤气分析仪对成型生物质焦气化产气进行实时分析。

成型生物质焦气化实验在水蒸气及氮气混合气氛、不同气化温度（1200～1400℃）下进行。在成型生物质焦水蒸气气化反应前，对炉体进行升温至气化所需温度并停留 1h，确保炉内温度稳定。确保炉内温度达到实验要求后进行气化实验，以恒定流速通入水蒸气和氮气的混合气体。通入 5～10min 后，使炉内达到所需的水蒸气气化气氛。将准备好的成型生物质焦称重，并迅速放入高温区，进行生物质焦水蒸气气化反应，同时开启煤气分析仪，使气化产气通过洗气瓶、干燥瓶后利用煤气分析仪对生物质焦气化产气进行实时测量，待实验结束后，将生物质气化灰移入低温区进行冷却，待冷却后将剩余的生物质灰进行称量并收集，待后续分析。

### 4.1.2　气化产物生成特性

（1）粉料生物质焦气化

1）固体产物生成特性。

粉料生物质焦高温水蒸气气化过程中，气化温度和焦反应活性是制约生物质焦气化反应速率的主要因素。气化反应过程吸热，气化温度降低，会影响反应的进行，最终影响气化产物的生成特性。因此，研究气化温度和焦的物理化学结构对气化反应的影响尤为重要。

图 4-4 为粉料生物质焦高温气化反应的碳转化率。

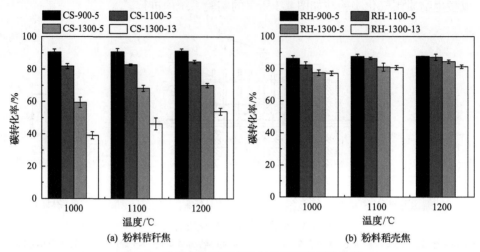

图 4-4　粉料生物质焦高温气化反应的碳转化率

从图 4-4(a)中可以看出，随着热解温度的升高，粉料秸秆焦的碳转化率增加，在气化温度为 1000℃，热解停留时间相同时，CS-900-5 的碳转化率最高为 90.59%，而 CS-1300-5 的碳转化率最低为 59.44%。这是因为秸秆焦反应性是限制焦转化的主要因素。随着温度的增加，秸秆焦中的碳质结构越有序，焦中的官能团含量降低，反应性降低，尽管 CS-1300-5 的比表面积($291.31m^2/g$)远远大于 CS-900-5 的比表面积($1.50m^2/g$)。而制取生物质焦的停留时间增加，CS-1300-13 焦与水蒸气气化反应的碳转化率降低。CS-1300-13 的比表面积大于 CS-1300-5 的比表面积，而焦转化率却较低。这也说明，在秸秆高温热解焦与水蒸气气化反应中，碳转化率受秸秆焦的化学结构影响大于物理结构影响。随着气化温度的升高，秸秆焦的碳转化率均升高。制取生物质焦的热解温度越高，气化温度对焦转化率的影响越大。气化温度从 1000℃升高到 1200℃，CS-900-5 和 CS-1300-13 的碳转化率分别从 90.59%和 39.18%增加到 91.20%和 53.82%，转化率随温度的增加变化较大，尤其是 CS-1300-13 的碳转化率变化尤为明显。主要原因是随着气化温度升高，秸秆焦与水蒸气的反应速率显著增加，说明化学反应动力学是该气化过程的主要限制因素之一。因此，秸秆焦的转化率变化较大。从图 4-4(b)中可以看出，随着气化温度的升高，稻壳焦的碳转化率增加，在气化温度为 1000℃，热解停留时间相同时，RH-900-5 的碳转化率为 86.43%，RH-1300-5 的碳转化率为 77.07%。稻壳焦的碳转化率趋势与秸秆焦相同。稻壳焦的化学结构随着制取温度的升高而趋于稳定且焦反应性降低，而稻壳焦表面微观结构和比表面积等物理结构对气化反应影响不大。因此，碳的转化趋势与秸秆焦相同。在相同热解温度下，RH-1300-5 焦与高温水蒸气气化反应的碳转化率大于 RH-1300-13 焦反应的碳转化率。RH-900-5 和 RH-1300-5 的碳转化率分别从 1000℃

的 86.43%和 77.07%增加到 1200℃的 87.49%和 81.26%。虽然高温热解过程中稻壳焦的碳质结构更加稳定,官能团含量降低,但稻壳焦表面依然具有一定数量的含氧官能团,含氧官能团(活性位点)可以与水蒸气进行反应,促进反应的进行。因此,气化温度对稻壳焦的碳转化率影响小于秸秆焦的碳转化率。

图 4-5 为 1100℃停留 60s 的粉料生物质焦水蒸气气化的 SEM 图。图 4-5(a)～(d)所示为秸秆焦水蒸气气化的 SEM 图。从图中可以看出,CS-900-5 焦的气化过程中,结构遭到破坏,表面均由灰分构成且气化反应进行完全,CS-1100-5 焦气化后,焦中灰分析出,形成灰球且表面光滑。CS-1300-5 和 CS-1300-13 焦气化后表面结构与焦结构相似,有明显的热蚀痕迹,少量灰分附着在焦表面。这主要是因为,CS-900-5 焦的化学结构最好,尤其是碳质结构和含氧官能团结构,生物质焦与水蒸气进行气化反应几乎将焦中的碳完全消耗。CS-1100-5 焦的化学结构与 CS-900-5 相比较差,反应活性差,焦中活性较好部分的碳与水蒸气反应,生成秸秆灰,由于气化温度较高,此时,大量秸秆灰呈球状,并附着在焦表面。而 CS-1300-5 和 CS-1300-13 活性最差,焦与水蒸气气化反应进行困难,焦表面结构变化不明显。图 4-5(e)～(h)为稻壳焦水蒸气气化的 SEM 图。稻壳焦与水蒸气反应产生稻壳灰分,稻壳焦反应彻底,表面有明显的孔隙结构,其中 RH-900-5、RH-1100-5 和 R1300-5 焦孔直径小于 RH-1300-13。原因是,稻壳焦中含氧官能团结构优于秸秆焦中含氧官能团结构。在气化反应过程中,焦中含氧官能团(反应的活性位点),更容易与水蒸气反应。稻壳焦中含氧官能团多于秸秆焦中含氧官能团,稻壳焦更容易发生气化反应。因此,稻壳焦高温水蒸气气化的碳转化率高于秸秆焦气化的碳转化率。

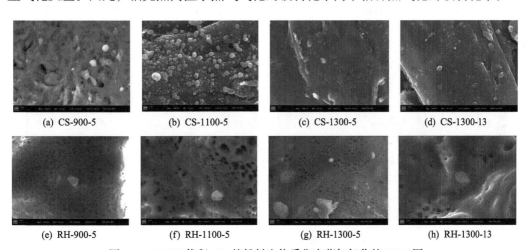

(a) CS-900-5　　　　(b) CS-1100-5　　　　(c) CS-1300-5　　　　(d) CS-1300-13

(e) RH-900-5　　　　(f) RH-1100-5　　　　(g) RH-1300-5　　　　(h) RH-1300-13

图 4-5　1100℃停留 60s 的粉料生物质焦水蒸气气化的 SEM 图

2)气体产物释放特性。

图 4-6 为不同秸秆热解焦水蒸气气化过程中气体释放速率曲线。粉料秸秆焦分别为 CS-900-5、CS-1100-5、CS-1300-5 和 CS-1300-13。在生物质焦高温水蒸气气化过程中,热解产气($CO$、$CO_2$、$H_2$ 和 $CH_4$)均呈单峰变化。秸秆焦气化产气的释放特性与稻壳焦气化产气的释放特性有明显不同。CS-900-5 焦的水蒸气气化反应生成 $H_2$ 的时间更短,$H_2$

含量更大，原因在于高温气化过程中，CS-900-5 焦的碳结构较好，同时含量较高，在高温水蒸气气化反应过程中，反应更快产生的 $H_2$ 更多。而随着制取秸秆焦的温度增加，秸秆焦的碳质结构越稳定，焦反应性降低。同时，秸秆焦气化过程中 CO 和 $CO_2$ 产气几乎同步进行，而 $H_2$ 产气会略微滞后，气化产气中 $H_2$ 含量较高。其中，CS-900-5 生物质焦气化反应中 $H_2$ 含量最高，这主要是由于秸秆焦中碳的大芳环结构较小，CS-900-5 的反应活性最高，同时，生物质焦含碳量相差不大。尽管 CS-1300-5 和 CS-1300-13 孔隙结构较好，然而气化反应中 $H_2$ 生成量依然最低，这主要是由于秸秆焦中的孔隙结构主要影响气化过程中气化剂的内扩散和外扩散，焦的化学结构能够制约气化反应的快慢。因此，在 1100℃下进行水蒸气气化，生物质焦的化学结构影响大于物理结构影响。

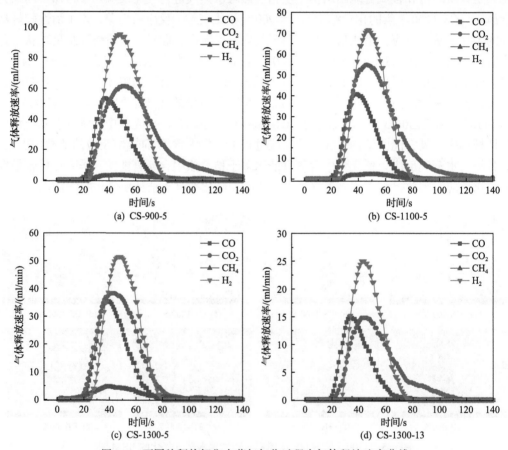

图 4-6　不同秸秆热解焦水蒸气气化过程中气体释放速率曲线

图 4-7 为不同稻壳热解焦水蒸气气化过程中气体释放速率曲线。稻壳焦分别为 RH-900-5、RH-1100-5、RH-1300-5 和 RH-1300-13。稻壳焦高温水蒸气气化产气曲线与秸秆焦相似，均具有单峰变化。随着稻壳焦制取温度的增加，稻壳焦气化反应性降低，$H_2$ 生成速率及生成量均变低，生成 CO 和 $H_2$ 的时间有一定的滞后，而随着稻壳焦制取温度及停留时间的增加，气化产气中生成 CO 和 $H_2$ 的时间滞后现象减少，这可能是由于

RH-1300-5 和 RH-1300-13 的稻壳焦孔隙结构更好，而焦孔隙结构的好与坏直接影响生成气体的逃逸速率，更好的孔隙结构使生成气体从生物质焦中扩散到环境中的时间变短，滞后现象减弱。稻壳焦的总 $H_2$ 生成量减少，这是因为稻壳焦中的碳含量低，在水蒸气充足的条件下，水煤气反应生成的 $H_2$ 量降低，同时稻壳焦中的 O/C 高。

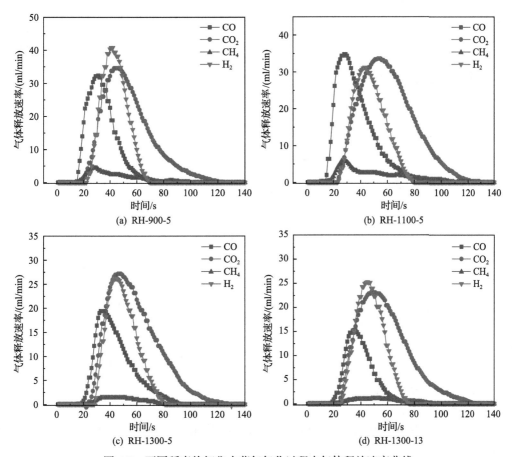

图 4-7　不同稻壳热解焦水蒸气气化过程中气体释放速率曲线

　　图 4-8 为停留时间对生物质焦水蒸气气化产气释放速率影响曲线。粉料生物质焦气化反应速率随着停留时间的增加而增大，气化产气中各气体产量均随停留时间的增加而增加。图 4-8(a) 和 (b) 中所示为 CS-1100-5 焦在 1100℃停留 20s 和 40s 的产气释放特性。从图中可以看出，随着停留时间的增加生物质焦水蒸气气化反应中 $H_2$ 含量增加，在停留时间为 40s 时，$H_2$ 含量均大于各产气成分。这表明，气化产气中各成分随气化停留时间的增加而增加，生物质焦气化反应速率增加。图 4-8(c) 和 (d) 为 RH-1100-5 焦在 1100℃停留 20s 和停留 40s 的产气释放特性。稻壳焦产物释放特性与秸秆焦相似。其中，CO 和 $CO_2$ 比例几乎不变，而 $H_2$ 比例逐渐变大。生物质焦水蒸气气化产气中 $H_2$ 的释放具有滞后性。

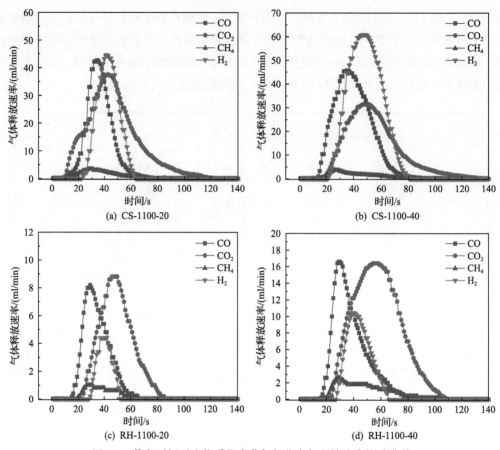

图 4-8　停留时间对生物质焦水蒸气气化产气释放速率影响曲线

(2)成型生物质焦气化

1)固体产物生成特性。

图 4-9 为生物质焦高温气化反应的碳转化率。从图 4-9(a)中可以看出，CS-1400-10 在各气化温度下的碳转化率最高，而 CS-1200-10 在各气化温度下的碳转化率最低。在气化温度为 1300℃时，秸秆焦的碳转化率均有一定程度的升高，气化温度为 1400℃时，秸秆焦的碳转化率最高，CS-1200-10、CS-1400-10 和 CS-1400-30 的碳转化率分别为 56.77%、66.11%和 63.87%。秸秆焦在 1200℃气化温度下的碳转化率最低，这主要是由其制备过程决定的，在高温热解过程中，较长的热解时间导致秸秆焦的化学结构(如官能团)变得更加稳定，活性位点减少，从而降低了气化反应速率，最终导致碳转化率下降。而 CS-1200-10 气化的碳转化率最低，秸秆焦的制取温度足够高，停留时间足够长，秸秆焦的化学结构基本保持一致，而 CS-1200-10 的物理结构最差，比表面积最小，影响气化反应速率。因此，不同气化条件下，秸秆生物质焦中 CS-1200-10 碳转化率最低，而 CS-1400-10 的比表面积最大，碳转化率最大。随着气化温度的增加，气化温度达到秸秆灰的熔融温度，秸秆灰熔融黏附在秸秆焦表面，影响反应进行。当气化温度为 1200～1300℃时，碳转化率增加的速率降低，随着气化温度的继续升高，秸秆灰的熔融黏附降

低，一部分灰流动剥落将秸秆焦中的碳暴露出来与水蒸气进行气化反应。因此，气化温度为 1300～1400℃时，各秸秆焦的碳转化率均大幅上升。

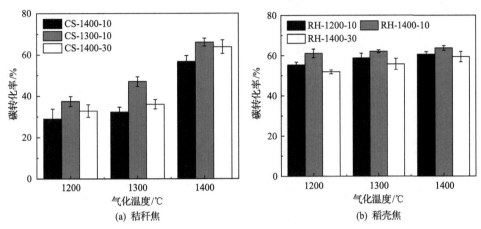

图 4-9　生物质焦高温气化反应的碳转化率

从图 4-9 (b) 中可以看出，RH-1400-10 焦在各温度下的碳转化率最高，而 RH-1400-30 焦在各温度下的碳转化率最低。RH-1200-10、RH-1400-10 和 RH-1400-30 焦的碳转化率分别从 1200℃的 55.37%、61.12%和 51.90%增加到 1400℃的 60.64%、63.75%和 59.46%。各稻壳焦均在气化温度为 1200℃时碳转化率最低。主要原因是，在稻壳热解过程中，热解温度足够高，秸秆焦中的官能团结构，由于长时间热解而减少，反应活性位点减少，影响气化过程中焦的碳转化率。其中，RH-1400-10 的碳转化率最高，因为稻壳焦高温热解均为 10min 时，焦中的官能团结构破坏严重，RH-1200-10 与 RH-1400-10 焦的化学结构变化不大，影响焦反应性的主要因素为物理结构，相对来说，CS-1400-10 焦的一些物理结构更有利于碳转化反应的进行，如比表面积更大等。RH-1400-30 焦的化学结构破坏严重，此时各稻壳焦物理结构相差不大，化学结构相差较大，尤其是碳质结构和官能团结构。因此，RH-1400-30 焦的碳转化率最低。而随着气化温度的增加，稻壳焦气化反应活性升高，而稻壳灰的熔点较高，灰不影响焦的物理结构，因此稻壳焦的碳转化率增加。图 4-10 为成型生物质焦在气化温度为 1300℃停留 10min 的水蒸气气化的 SEM 图。

从图 4-10 (a)～(c) 中可以看出，成型秸秆焦气化灰表面结构破坏严重，CS-1200-10 焦气化表面出现熔融灰球，一部分熔融灰球与相邻熔融灰球聚合成较大熔融灰球，碳转化率低，此时熔融灰球不足以覆盖气化灰表面。CS-1400-10 和 CS-1400-30 焦气化的气化灰表面出现明显灰层，且表面出现裂痕，伴随孔隙结构遭到破坏，裂痕加深，熔融灰球较少。主要是因为秸秆焦在气化过程中碳转化率增加，生成灰分增多，熔融灰球合并附在气化灰表面，形成灰膜，这也将导致气化反应性降低。从图 4-10 (d)～(f) 中可以看出，稻壳焦表面有明显的孔隙结构和破碎痕迹，RH-1400-10 焦气化后的灰分破碎更加严重，表明在气化反应过程中反应更加迅速，同时，稻壳焦中碳作为支撑骨架，气化反应碳转化率高，碳骨架遭到破坏，这也与转化率相对应。在稻壳焦气化过程中，稻壳灰并未熔融，阻碍气化反应进行。

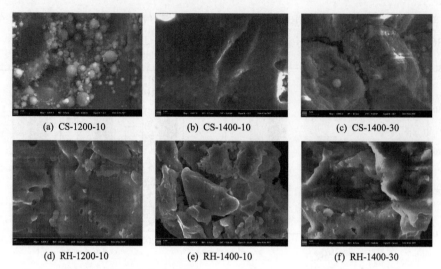

| | | |
|---|---|---|
| (a) CS-1200-10 | (b) CS-1400-10 | (c) CS-1400-30 |
| (d) RH-1200-10 | (e) RH-1400-10 | (f) RH-1400-30 |

图 4-10　成型生物质焦在气化温度为 1300℃停留 10min 的水蒸气气化的 SEM 图

2)气体产物释放特性。

图 4-11 为不同成型生物质焦在 1300℃水蒸气气化的气体产物释放速率曲线。CH₄ 含量基本为 0，因此不考虑 $CH_4$ 含量。

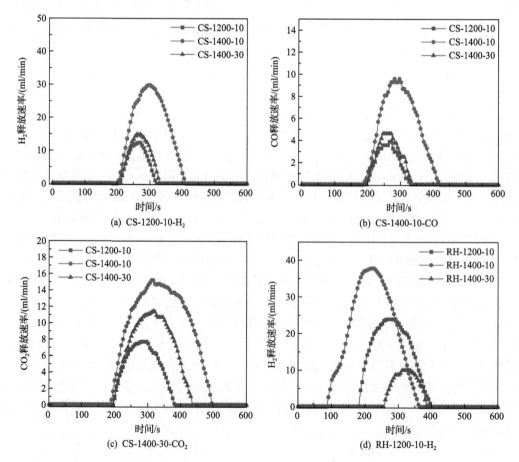

(a) CS-1200-10-$H_2$

(b) CS-1400-10-CO

(c) CS-1400-30-$CO_2$

(d) RH-1200-10-$H_2$

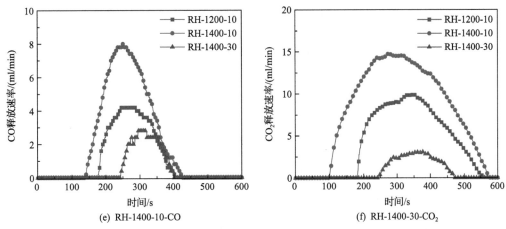

图 4-11　不同成型生物质焦在 1300℃水蒸气气化的气体产物释放速率曲线

成型秸秆焦和成型稻壳焦与水蒸气气化反应产生的气体均具有单峰变化，制取条件对反应性影响较大，制取条件为 1400℃停留 10min 的秸秆焦和稻壳焦反应生成的气化产气均为最大。在秸秆焦气化过程中，CS-1400-10 焦产生的气体含量均高于 CS-1200-10 和 CS-1400-30 秸秆焦产生的气体含量，且时间更长。这是因为在秸秆焦气化过程中，气化温度略高于秸秆灰熔融温度，气化产生的秸秆灰覆盖在生物质焦表面，影响反应的继续进行，同时，CS-1200-10 焦的孔隙结构远小于 CS-1400-10 焦的孔隙结构，因此秸秆焦孔隙结构的堵塞使其反应停止。而 CS-1400-30 秸秆焦，碳质结构很差，同时熔融灰覆盖在未反应的生物质焦表面，反应难以进行。对于稻壳焦水蒸气气化反应，热解温度为 1400℃停留 10min 的稻壳焦与水蒸气进行气化反应，产生 $H_2$ 和 CO 的时间均早于 RH-1200-10 和 RH-1400-30 气化产生气体的时间。在稻壳焦气化过程中，由于焦气化温度小于稻壳灰熔融温度，稻壳灰不影响反应进行，气化反应特性主要受稻壳焦结构影响，而 RH-1400-10 焦与 RH-1200-10 焦的化学结构相差不大，决定气化反应速率快慢的主要因素为焦物理结构，RH-1400-10 焦物理结构优于 RH-1200-10 焦物理结构。而 RH-1200-10 焦与 RH-1400-30 焦相比，前者化学结构远优于后者，稻壳焦的化学结构在气化反应过程中起决定作用。

## 4.2　生物质高温热解焦空气气化特性

### 4.2.1　实验系统及方法

生物质高温空气气化特性实验是在自行设计的高温可视化测试系统(HTVTS)和高温热重测试系统(HTTTS)上进行的。

高温可视化测试系统如图 4-12 所示。该系统由供气系统、加热系统和反应腔体组成。系统工作流程大致如下：当反应腔体内温度达到反应所需温度时，将实验样品置入反应腔体中。反应所需的气体经高压气瓶鼓入。实验样品反应过程中形貌的变化由高速摄像机记录。反应残余固体冷却后由密封袋收集，反应产生的气体由集气袋收集，以备后续检测。下面对实验系统几个主要部分进行分别描述。

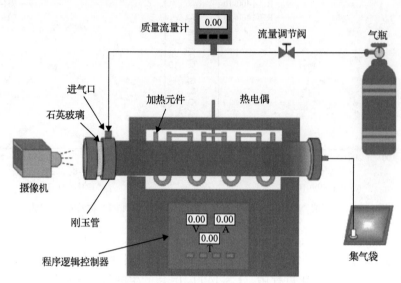

图 4-12　高温可视化测试系统结构示意图

反应腔体与加热系统：实验系统中的反应腔体和加热系统被封闭在一个绝缘箱体中。反应腔体为实验样品提供反应区域，由反应室、1 个进气管、1 个排气管及石英玻璃组成。反应室为圆柱形刚玉管，长度和内径分别为 1000mm 和 60mm。刚玉管水平放置，石英玻璃设置在刚玉管的左端，由两个不锈钢法兰固定。距石英玻璃 30mm 处设置有进气管。进气管的长度和内径分别为 35mm 和 8mm，其轴线与刚玉管轴线相垂直。排气管位于刚玉管的最右端。排气口的长度和内径分别为 15mm 和 8mm，其轴线与刚玉管的轴线相重合。加热系统由 8 根 U 型硅钼棒、B 型热电偶及程序逻辑控制器组成。其中，8 根 U 型硅钼棒作为加热元件对称设置在反应室的两侧，硅钼棒间通过导电金属连接。1 根 B 型热电偶设置在反应室中心的正上方，其测点与反应室外壁接触。程序逻辑控制器分别与B 型热电偶和 U 型硅钼棒相连接。通过在程序逻辑控制器上设置加热速率和终温，以控制反应腔体内部温度。程序逻辑控制器可控的终温和加热速率的范围分别为 300～1873K及 0～60K/min。在绝缘箱体与反应腔体和加热系统的间隙中填充耐火棉，以防止热量的散失。

供气系统：实验使用的气体由空气泵/高压气瓶提供。气体依次经过流量调节阀和质量流量计进入反应装置中。中间的连接管路为内径 12mm 的软管。软管与进气管通过软管变径接头相连。排气管通过软管变径接头转化为 3mm 内径的软管后，与集气袋相连接。

高温热重测试系统如图 4-13 所示。该系统由供气系统、加热系统、反应腔体及测量系统组成。系统工作流程大致如下：反应所需的气体经高压气瓶鼓入反应室腔体中。当反应室温度达到反应所需温度后，将装有实验样品的坩埚置入反应室中。为了测量反应过程中颗粒质量的变化，将坩埚用铂金丝悬挂在电子天平上。此外，将 B 型热电偶丝埋于颗粒中心处，以测量反应过程中颗粒中心温度的变化。高温热重测试系统中的供气系统和加热装置与高温可视化测试系统的供气系统相同，下面主要针对高温热重测试系统的反应腔体、加热系统和测量系统进行描述。

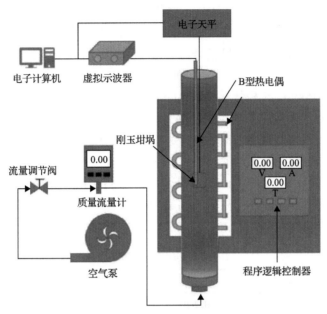

图 4-13　高温热重测试系统结构示意图

反应腔体和加热系统：反应腔体由 1 个进气管、1 个排气口及反应室组成。加热系统由 8 根 U 型硅钼棒、B 型热电偶及程序逻辑控制器组成。其中，反应腔体的反应室和加热系统中的 U 型硅钼棒、B 型热电偶被封闭在一个绝缘箱体中。反应室竖直设置，由圆柱形刚玉管制成，长度和内径分别为 700mm 和 60mm。在反应室下端设有 1 个进气管，其内径和长度分别为 8mm 和 15mm。进气管的轴线与反应室的轴线相重合。反应室上端作为排气口。8 根 U 型硅钼棒设置在反应室的两侧。B 型热电偶测点设置在反应室外壁中心处。程序逻辑控制器单独密封在一个绝缘箱体中。程序逻辑控制器可控的终温及加热速率的范围分别为 300～1873K 及 0～60K/min。

测量系统：①质量测试系统由电子天平、刚玉坩埚、悬挂丝、电子计算机组成。其中，电子天平被放置在反应室顶端 400mm 处。电子天平底部通过悬挂丝连接刚玉坩埚。通过连接电子天平和计算机，实时记录刚玉坩埚中样品颗粒的质量变化。②温度测试系统由 B 型热电偶、虚拟示波器、电子计算机组成。将热电偶的测点埋入颗粒中心处，热电偶接收到的热信号通过虚拟示波器转换成电信号。将虚拟示波器与电子计算机相连，进而实时记录温度数据。

生物质颗粒在反应腔体管中被加热，其实质是由 U 型硅钼棒加热反应腔体的外壁。外壁接收到的热量通过导热机制首先传递到反应腔体的内壁，接着向反应腔体中传递。因此，程序逻辑控制器上设定的终温和反应室中的实际温度间有一定的温差。反应室中温度通过美国 FERRO 测温环进行测量。其测量原理为，测温环的尺寸因受热而收缩。在检测温度范围内，随温度的提高，测温环收缩尺寸是线性的。当测温环尺寸不再发生变化时，通过测量测温环尺寸，即可得到所测量的温度。

使用质量流量计 MF5712 来测量实验中的气体流量。该仪器量程：0～200L/min，分辨率：0.1L/min，精度：(2.5±0.5)F.S.。测量原理为，在没有气体介质流过流量计内部时，传感器芯片可接收到稳定的温度信号。随着气体介质的进入，传感器芯片接收的温度信号会发生改变，通过校对温度信号与流量之间的定量关系以获取流量。颗粒中心温度通过泰州市安盈电热电器有限公司生产的 B 型热电偶丝测量。偶丝直径及其允许偏差分别为 0.3mm 和 0.015mm。正极偶丝铂和铑的成分含量分别占总质量的 70% 和 30%；负极偶丝铂和铑的成分含量分别占总质量的 94% 和 6%。该热电偶丝最高可在 1873K 温度条件下长期使用。实验中使用的虚拟示波器由虚仪科技有限公司生产，型号为 DSO-2810。其采样频率、采样位数及电压范围分别为 1～40MHz、8～16bits 及–50～+50V。实验中使用的双杰电子分析天平(型号 JJ224BF)，去皮后测量范围为 0～220g，分辨率为 0.0001g，使用温度范围为 278～313K。实验中收集的样品需要进行进一步的检验分析，使用的实验仪器见表 4-1。

**表 4-1　实验样品检测仪器**

| 设备名称 | 型号 | 生产厂家 |
| --- | --- | --- |
| 电子分析天平 | JJ224BF | 北京双杰电气股份有限公司 |
| 场发射扫描电子显微镜 | S4800 | 日立石塔拉公司 |
| X 射线光电子能谱分析仪 | ESCALAB250Xi | 赛默飞世尔科技有限公司 |
| X 射线荧光光谱仪 | AXIOS | 荷兰帕纳科公司 |
| X 射线衍射仪 | S4-Pioneer | 布鲁克(北京)科技有限公司 |
| 比表面积与孔隙度分析仪 | ASAP 2460 | 麦克默瑞提克(上海)仪器有限公司 |
| 拉曼光谱仪 | inVia | 英国雷尼绍公司 |
| 气相色谱仪 | GC7890 | 安捷伦科技(中国)有限公司 |
| 马弗炉 | SX2-8-10 | 北京科威天使环保控股有限公司 |
| 烧结仪 | YX-HRD | 长沙友欣仪器制造有限公司 |

实验系统工作过程如下：

1)打磨生物质样品至所需规格。

2)分别检验实验系统中的各个装置是否处于可正常使用的状态。

3)检验连接管路的气密性。

4)启动加热装置，通过调节程序逻辑控制器，将温度设定为实验所需温度。

5)启动供气装置，通过调节流量调节器，将流量调节至所需流量。

6)在反应室内温度达到设定温度时，将测温环置于反应室中。待测温环尺寸不再发生变化时，取出测温环，通过其尺寸的变化确定反应腔体内部温度，该温度定义为生物质颗粒的反应温度。

7)开启测量系统。

8)对于高温热重测试系统，将含有单个生物质颗粒的刚玉坩埚快速放入炉体中，当质量数据不变时，停止实验。然后将 B 型热电偶埋在颗粒中心，快速放入炉体中。当温度不变时，停止实验。

对于高温可视化测试系统，将单个生物质颗粒置于刚玉板上，并快速放入反应室中，当颗粒形貌不变时，停止实验。

9)将实验中得到的样品在隔离空气的条件下冷却至室温，使用密封袋收集，以备后续检测。

选择中国黑龙江省的秸秆生物质作为实验样品，其元素分析和工业分析如表 4-2 所示；样品灰分的元素含量及熔融温度如表 4-3 所示。

表 4-2　秸秆生物质元素分析及工业分析

| 元素分析 | | | | | 工业分析 | | | | |
|---|---|---|---|---|---|---|---|---|---|
| $C_{daf}$% | $H_{daf}$% | $O_{daf}$% | $N_{daf}$% | $S_{daf}$% | $M_{ad}$% | $V_{ad}$% | $FC_{ad}$% | $A_{ad}$% | 低热值/(MJ/kg) |
| 48.88 | 6.03 | 44.28 | 0.68 | 0.13 | 7.24 | 71.69 | 15.41 | 5.66 | 15.38 |

注：daf 为干燥无灰基；ad 为空气干燥基

表 4-3　生物质灰分的元素含量及熔融温度

| 灰分元素含量/wt.% | | | | 灰分熔融温度/K | |
|---|---|---|---|---|---|
| $Na_2O$ | 1.20 | $K_2O$ | 12.93 | 变形温度(DT) | 1418 |
| MgO | 16.70 | CaO | 16.71 | 软化温度(ST) | 1504 |
| $Al_2O_3$ | 9.80 | $TiO_2$ | 0.82 | 半球温度(HT) | 1555 |
| $SiO_2$ | 37.03 | MnO | 0.37 | 流动温度(FT) | 1558 |
| $P_2O_5$ | 2.19 | $Fe_2O_3$ | 2.25 | | |

在实验温度选择方面，考虑到秸秆生物质灰分的熔融温度在 1418~1558K，本章选择的实验温度跨越了生物质灰分从非熔化到完全熔化的温度范围。在样品选择方面，考虑到本实验是在一个固定体积的反应腔体中进行，需通过改变颗粒体积以改变环境中的气化当量比。实验前，将生物质颗粒打磨成规则的柱状样品，具体尺寸信息(直径 $D$、长度 $L$、体积 $V$、表面积与体积比 $S/V$)如表 4-4 所示。

表 4-4　生物质颗粒尺寸信息

| 样品序号 | $D$/mm | $L$/mm | $S/V$/m$^{-1}$ | $V$/mm$^3$ |
|---|---|---|---|---|
| 1 | 9 | 15 | 0.58 | 953 |
| 2 | 8 | 19 | 0.61 | 953 |
| 3 | 7 | 25 | 0.65 | 953 |
| 4 | 6 | 34 | 0.73 | 953 |
| 5 | 9 | 11 | 0.63 | 699 |
| 6 | 8 | 14 | 0.64 | 699 |
| 7 | 7 | 18 | 0.68 | 699 |
| 8 | 6 | 25 | 0.75 | 699 |

续表

| 样品序号 | $D/mm$ | $L/mm$ | $S/V/m^{-1}$ | $V/mm^3$ |
|---|---|---|---|---|
| 9 | 9 | 9 | 0.67 | 572 |
| 10 | 8 | 11 | 0.68 | 572 |
| 11 | 7 | 15 | 0.71 | 572 |
| 12 | 6 | 20 | 0.77 | 572 |
| 13 | 9 | 7 | 0.73 | 445 |
| 14 | 8 | 9 | 0.72 | 445 |
| 15 | 7 | 12 | 0.74 | 445 |
| 16 | 6 | 16 | 0.79 | 445 |

焦产率定义为焦颗粒质量与生物质颗粒质量的比值，如式(4-1)所示。

$$\eta = \frac{m_1}{m_2} \tag{4-1}$$

式中，$\eta$ 为焦产率；$m_1$ 为焦颗粒质量；$m_2$ 为生物质颗粒质量。

气化当量比定义为实际反应空气量与完全燃烧所需空气量的比值，如式(4-2)所示。

$$ER = \frac{V}{V^0} \tag{4-2}$$

式中，ER 为气化当量比；$V$ 为反应腔中空气体积；$V^0$ 为颗粒完全燃烧所需空气量。

颗粒收缩率定义为反应中颗粒横截面积减少量与颗粒初始横截面积的比值，如式(4-3)所示。

$$SR = 1 - \frac{S}{S^0} \tag{4-3}$$

式中，SR 为颗粒收缩率；$S$ 为反应后颗粒横截面积；$S^0$ 为颗粒初始横截面积。

碳转化率为单位质量颗粒气化产气中碳含量与原料中碳含量之比，如式(4-4)所示。

$$\eta_c = \frac{(\varphi(CO) + \varphi(CO_2) + \varphi(CH_4)) \times 12/22.4}{(100 - M_{ar}) \times C_d/100} \times y_g \tag{4-4}$$

式中，$\eta_c$ 为碳转化率；$\varphi$ 为气体组分的体积百分数；$y_g$ 为颗粒气化的气体产率；$M_{ar}$ 为颗粒收到基水分百分数；$C_d$ 为颗粒干燥基下碳含量百分数。

颗粒转化率为单位质量颗粒中已反应组分含量与原料可反应组分含量之比，如式(4-5)所示。

$$\eta_p = 1 - \frac{m - m_0 \times A_{ad}}{m_0 \times (1 - A_{ad})} \tag{4-5}$$

式中，$\eta_p$ 为颗粒转化率；$m$ 为反应后颗粒质量；$m_0$ 为颗粒初始质量；$A_{ad}$ 为颗粒空气干燥基下灰分含量百分数。

### 4.2.2　气化产物生成特性

（1）颗粒形貌

图 4-14 为生物质颗粒在 ER=0.4 条件下的宏观形貌变化。当气化温度低于灰变形温度时（气化温度 1396K），生物质颗粒在整个气化过程中，虽然能看出颗粒尺寸逐渐降低，但是其形貌几乎没有发生明显变化，始终保持圆柱状的初始状态。当气化温度高于灰的变形温度而低于灰的流动温度时（气化温度 1491K），在 200s 时，颗粒表面变得粗糙，呈现凹凸不平的形态。这种趋势随着反应的进行变得更加明显，直到 1000s 后，颗粒形状不再发生变化。随着气化温度高于灰的流动温度后（1591K），颗粒表面首先呈现粗糙状态。表面粗糙的物质在 500s 逐渐形成球形小颗粒。这些球形小颗粒随后会与周边的球形小颗粒相黏合，形成大球颗粒（600s）。最后，大球颗粒由生物质颗粒表面脱落，最终呈现液态状粘贴在刚玉板上。继续增加气化温度至 1677K 时，在 300s 已可以观察到生物质颗粒表面球形颗粒的出现，400s 时可以观察到明显的球形颗粒剥落现象。

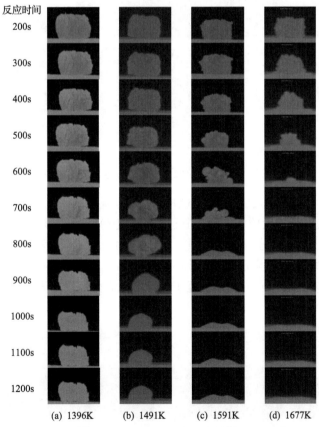

图 4-14　生物质颗粒在 ER=0.4 条件下的宏观形貌变化

图 4-15 为生物质颗粒表面和颗粒内部 SEM 检测结果。从图中可以看出，当气化温度低于灰变形温度时（1396K），颗粒内部呈现出松散结构，而相比于颗粒内部，颗粒表

面结构更为紧实，呈现出光滑结构。光滑结构的出现可以归因于高温时细胞结构的塑性转变[24]。由于反应腔体中的热量是从生物质颗粒表面向颗粒内部传递，颗粒表面处的温度高于颗粒中心处，因而相比于颗粒表面，颗粒内部塑性转变并不明显。当气化温度高于灰的变形温度而低于灰的流动温度时(气化温度1491K)，相比于1396K条件，无论在颗粒内部还是颗粒表面塑性转变现象明显增强，并且出现大量的球形晶体。从图4-15中观察到生物质颗粒表面宏观上呈现粗糙的状态可以推测出，该现象是由位于生物质颗粒表面的灰分熔化形成球形晶体颗粒所导致的。继续增加气化温度至灰分流动温度以上(1591K)，颗粒内部球形晶体颗粒进一步增多，而在颗粒表面大量的球形晶体发生了大面积的融合，以至于未观察到单独的球形晶体颗粒。该现象表明，在图4-15中颗粒表面的大球颗粒是由位于颗粒表面熔化的灰分相融合而产生的。另外，从图4-15中还可以观察到，形成的大球晶体颗粒会从生物质颗粒表面剥落。

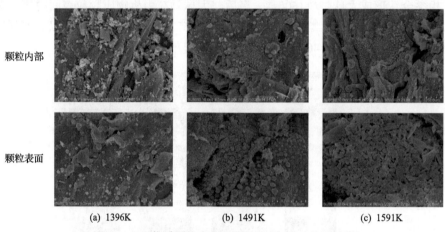

|　颗粒内部 |

|　颗粒表面 |

(a) 1396K　　　　　　　(b) 1491K　　　　　　　(c) 1591K

图 4-15　生物质颗粒表面和颗粒内部 SEM 检测结果

　　图4-16为生物质颗粒表面大球颗粒在1591K工况下的演化过程。从图中可以看出，在大球颗粒剥落过程中，大球颗粒会将其运动路径上分散的球形晶体颗粒黏附在其表面，进而使得其表面出现大量分散的小球颗粒，如图4-16(a)所示。随着大球颗粒的运动，黏附在其表面的小球颗粒会相互结合而形成条形颗粒串，如图4-16(b)所示。最终，这些颗粒串与大球颗粒表面融合为一体，以至于大球颗粒表面呈现出光滑形态，如图 4-16(d)所示。

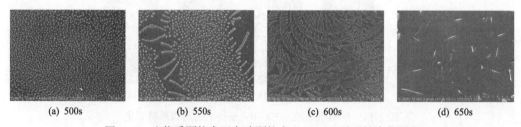

(a) 500s　　　　　　(b) 550s　　　　　　(c) 600s　　　　　　(d) 650s

图 4-16　生物质颗粒表面大球颗粒在 1591K 工况下的演化过程

　　图4-17为归一化颗粒横截面积随时间的变化。整体上看，随着气化的进行，颗粒尺

寸减小。一旦气化温度高于灰分的变形温度后，气化过程中颗粒横截面积的变化趋势与非高温气化过程中的变化趋势明显不同。在非高温气化过程中(气化温度为 1396K)，生物质横截面积降低至原先的 50%。在高温气化过程中，最终的颗粒横截面积明显降低，并且颗粒横截面积会出现快速降低的现象。例如，当气化温度为 1491K 时，在 500s 时，颗粒横截面积降低速率加快。结合图 4-14 可以发现，横截面积加速下降段出现的时间范围与颗粒表面呈现粗糙状态的时间范围相对应。考虑到颗粒粗糙状态的形成是由灰分熔化导致的，因而图 4-17 中的曲线快速下降段就意味着气化过程中灰分熔化的重要影响阶段。

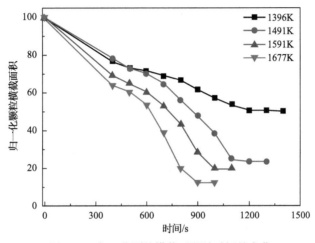

图 4-17  归一化颗粒横截面积随时间的变化

图 4-18 为在不同气化条件下颗粒尺寸加速下降的初始时刻(rapid decrease initial moment，RDIM)的变化。从图中可以看出，由于气化温度的增加加速了颗粒中灰分的熔化，因而随着气化温度的增加，颗粒的 RDIM 提前。随着气化当量比的增加，该趋势变得更加明显，这是因为，随着气化当量比的增加，颗粒中的氧化反应得以强化。氧化放热有利于颗粒中灰分的熔化，从而使颗粒的 RDIM 降低得更加明显。另外，颗粒 $S/V$ 的增加，降低了颗粒内部的热阻，这促进了颗粒灰分的熔化，使得 RDIM 随着 $S/V$ 的增加而降低。

(2)无机组分

图 4-19 为气化温度对无机组分的影响。从图中可以看出，在气化温度为 1396K 条件下，当碳转化率为 80%时，白云母和 $SiO_2$ 对应的峰值较为明显，同时微弱的峰对应的组分为硅酸钙岩石、钙长石、铁橄榄石及镁黄长石。生物质在转化过程中未被蒸发的 Na 和 K 元素与 $Al_2O_3$ 和/或 $SiO_2$ 反应生成铝硅酸盐和/或硅酸盐而保留在焦中。同时，K 的存在加速了 CaO 和 $SiO_2$ 的结合，这有利于二价和三价金属，如 Mg、Ca、Al，保留在焦中[25]。因此，随着反应的进行，新出现了霞石、钙铝黄长石和白榴石，并且这三种物质所对应的峰值强度逐渐增强。随着气化温度增加至灰分变形温度以上时(1491K)，由于灰分熔化相变，样品中会形成复杂的微晶化合物、共晶化合物或非晶化合物[26]，检测出峰的数量也急剧增加。相比于 1396K 的检测结果，新出现的峰对应的物质有红柱石、莫

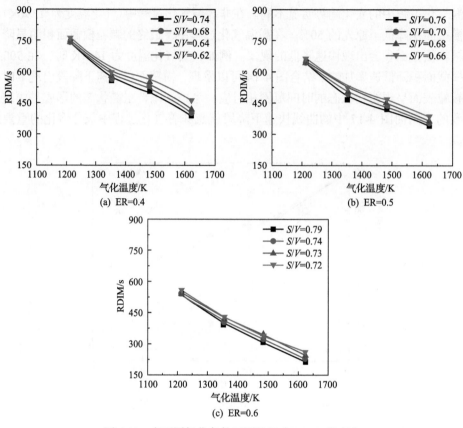

图 4-18　在不同气化条件下颗粒尺寸 RDIM 的变化

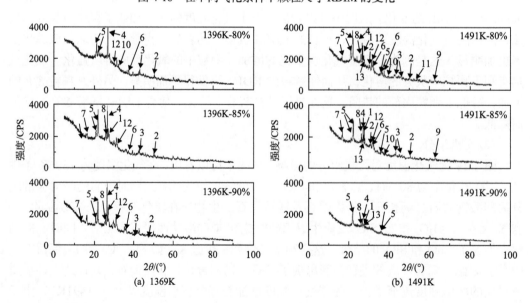

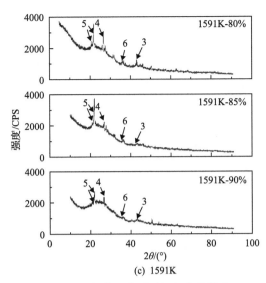

图 4-19　气化温度对无机组分的影响

1-霞石；2-硅酸钙岩石；3-钙长石；4-白云母；5-石英；6-铁橄榄石；7-钙铝黄长石；8-白榴石；9-红柱石；10-莫来石；
11-硅线石；12-镁黄长石；13-微斜长石；CPS-每秒计数；$\theta$-衍射 X 射线与入射 X 射线的夹角

来石、硅线石。温度的升高有利于 Ca、Mg 元素与硅酸盐相结合，因此随着转化的进行，样品中检测出的无机组分数量降低。当碳转化率为 95%时，样品中能检测出的物质主要是 $SiO_2$ 和白云母，伴有少量的霞石、铁橄榄石、白榴石和微斜长石。继续增加气化温度至灰分流动温度之上（1591K），无机成分在碳转化率为 85%之前已经完成。在碳转化率为 85%时，可检测出的无机成分仅有 $SiO_2$ 和白云母。在 XRD 分析中，对于给定的结晶相，其峰值强度的变化可以反映其含量的变化[27]。这就意味着，XRD 图谱中峰值强度与矿物成分的数量大致成比例[28]。另外，生物质中矿物质可以根据熔点（melting point, MP）分成易熔物质（MP<1473K）或难熔物质（MP>1473K）[29]。随着气化反应的进行，难熔的 $SiO_2$ 的比例降低，而易熔的白云母的比例逐渐增大。这就说明，气化温度的升高更有利于生物质灰分中难熔化合物向易熔化合物转化。生物质颗粒在气化过程中出现的熔化行为，是易熔化合物（白云母）含量的增加所导致的。

图 4-20 和图 4-21 分别为 ER 和 $S/V$ 对无机组分的影响。从图中可以看出，随着 ER 的增加，白云母含量逐渐增加。ER 的增加加强了气化环境中的氧化性，氧化性的增强有利于低熔点共熔物的形成，进而使得熔化现象更加明显。另外，随着 $S/V$ 的增加，白云母含量逐渐增加。$S/V$ 的增加有利于颗粒内部传热过程的进行，因而颗粒内部温度的增加随着颗粒 $S/V$ 的增加而加快，进而有利于低熔点共熔物的形成。

（3）孔隙结构

国际纯粹与应用化学联合会根据孔径尺寸将孔分为微孔、中孔和大孔，其中微孔尺寸小于 2nm，中孔尺寸为 2~50nm，大孔尺寸大于 50nm[30]，并且中孔与大孔合称为介孔。表 4-5 为气化温度对比表面积的影响。随着碳转化率由 80%升高至 90%时，微孔和介孔的比表面积分别由 $103.55m^2/g$ 降低至 $63.26m^2/g$ 和由 $208.48m^2/g$ 降低至 $109.44m^2/g$。相比于介孔，单位体积的微孔具有更大的比表面积，并且当气化温度高于灰分变形温度后，

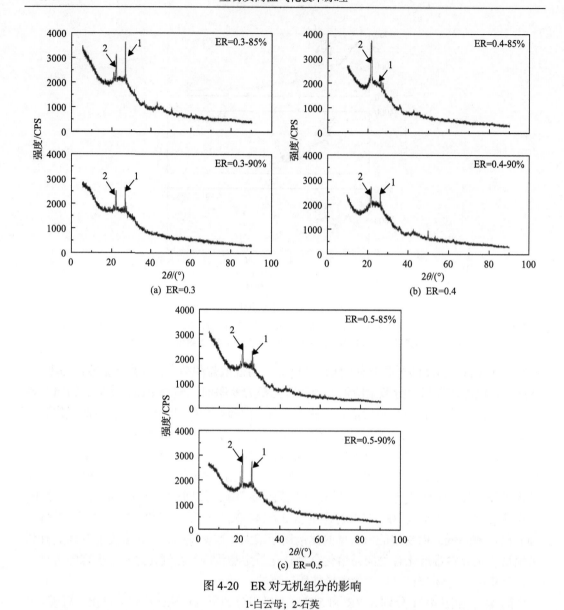

图 4-20　ER 对无机组分的影响

1-白云母；2-石英

检测出微孔比表面积最大不超过 4m²/g。可以推测出，当气化温度低于灰分变形温度时，颗粒中的微孔在孔隙结构中占有较大的比例。而当气化温度高于灰分变形温度，颗粒中的孔隙结构主要由介孔构成。

　　图 4-22 为气化温度对孔径分布的影响。可以观察到，颗粒在生物质的气化过程中形成的孔径均小于 200nm。颗粒中的中孔孔径几乎遍及 2～50nm 范围，而颗粒中的大孔孔径主要集中在约 75nm 处。当气化温度为 1396K 时，对于颗粒中的大孔，随着碳转化率由 80%增加至 90%的过程中，孔径为 75nm 的孔数量显著降低，与此同时出现了更大孔径的孔，进而形成所谓的"孔隙甩尾"现象。这种现象随着气化温度的增加变得更加明显。这说明，气化温度的增加有利于颗粒中大孔的合并。对于颗粒中的中孔，当气化温

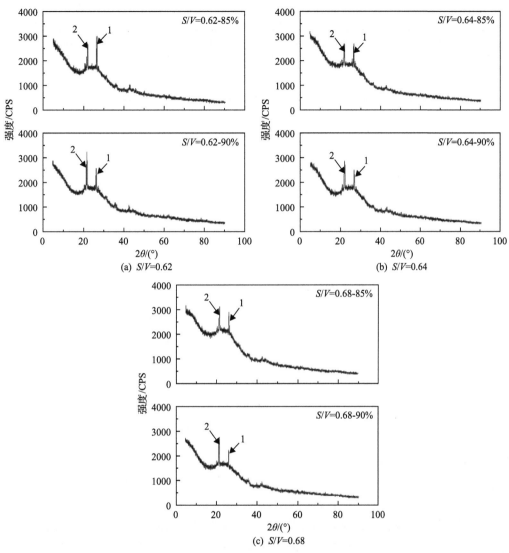

图 4-21 S/V 对无机组分的影响

1-白云母；2-石英

**表 4-5 气化温度对比表面积的影响**

| 温度/K | 碳转化率/% | 微孔比表面积/(m²/g) | 介孔比表面积/(m²/g) |
|---|---|---|---|
| 1369 | 80 | 103.55 | 208.48 |
| 1369 | 85 | 89.85 | 122.30 |
| 1369 | 90 | 63.26 | 109.44 |
| 1491 | 80 | 0.48 | 37.19 |
| 1491 | 85 | 2.69 | 36.27 |
| 1491 | 90 | 2.21 | 28.36 |
| 1591 | 80 | 2.04 | 28.21 |

| 温度/K | 碳转化率/% | 微孔比表面积/(m²/g) | 介孔比表面积/(m²/g) |
|---|---|---|---|
| 1591 | 85 | 3.06 | 28.17 |
| 1591 | 90 | 2.19 | 29.54 |

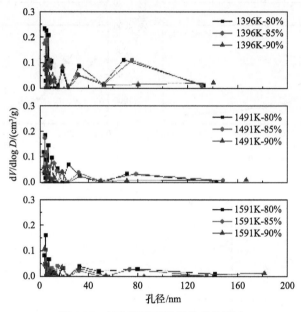

图 4-22　气化温度对孔径分布的影响

度为 1396K 时，随着碳转化率由 80%增加至 90%，20～50nm 范围内的孔容积几乎保持不变。小于 20nm 范围所对应的孔体积虽略微降低，但仍具有较为丰富的孔隙结构。考虑到此时颗粒中仍具有较大的比表面积，可以推断此范围内孔体积的降低是由孔隙聚合导致的[31]。一旦气化温度高于灰分变形温度后，随着碳转化率的增加，小于 20nm 范围内的孔数量明显降低，尤其是 5～15nm 的孔隙结构几乎消失。此时，颗粒的比表面积小于 30m²/g，孔体积的降低是由熔融灰分阻塞导致的[32]。随着气化温度的增加，灰中矿物质更容易熔化，进而该趋势随着气化温度的增加变得更加明显。孔体积的增加有利于反应物和产物的传质过程[33]，并且孔隙比表面积为气化剂与颗粒的反应提供了活性部位[34]。整体上看，随着反应的进行，颗粒的比表面积和孔体积降低，并且该趋势随气化温度的增加进一步加剧，这暗示着气化温度的增加会导致孔隙结构向着不利于气化反应进行的方向发展。

表 4-6 为 ER 对比表面积的影响。从表中可以看出，当气化温度高于灰熔融温度时，随着 ER 由 0.3 增加至 0.5，微孔比表面积小于 4m²/g。这说明，生物质在高温气化过程中，ER 的改变，并不能改变颗粒中的孔隙主要是由介孔构成的事实。但是，介孔比表面积会随着 ER 的增加而降低。

**表 4-6　ER 对比表面积的影响**

| ER | 碳转化率/% | 微孔比表面积/(m²/g) | 介孔比表面积/(m²/g) |
|---|---|---|---|
| 0.3 | 85 | 2.04 | 46.35 |
| | 90 | 3.09 | 37.25 |
| 0.4 | 85 | 1.09 | 28.17 |
| | 90 | 2.19 | 27.54 |
| 0.5 | 85 | 2.52 | 28.68 |
| | 90 | 1.17 | 23.41 |

图 4-23 为 ER 对孔径分布的影响。从图中可以看出，在不同 ER 的条件下，随着反应的进行，颗粒孔径变化趋势与图 4-22 相类似。ER 的增加对生物质颗粒的气化反应有两个方面的影响。其一，ER 的增加，加剧了挥发物与氧气的反应，这增加了氧化反应的放热量，进而在一定程度上增加了颗粒的温度；其二，ER 的增加，意味着环境中氧浓度的增加，这在一定程度上使得环境中的氧化性增强。这两者均有利于灰分中无机矿物质的熔化。因此，熔融灰对颗粒孔隙的堵塞影响增加，进而降低了颗粒中的孔体积。结合表 2-6 中颗粒孔隙比表面积随 ER 变化规律。这说明，ER 的增加使得颗粒中的孔隙结构向着不利于气化反应的方向发展。

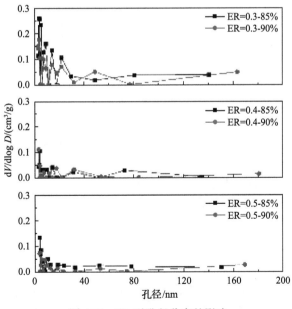

图 4-23　ER 对孔径分布的影响

表 4-7 为 $S/V$ 对比表面积的影响。可以观察到，在不同颗粒 $S/V$ 的工况下，颗粒内部仍然以介孔为主，颗粒微孔比表面积对颗粒总孔隙的贡献在 10%左右。颗粒 $S/V$ 的增加略微降低了介孔比表面积，但是该趋势并不明显。随着颗粒比表面积由 0.62mm⁻¹ 增加至 0.68mm⁻¹ 时，介孔比表面积降低不超过 10m²/g。

**表 4-7　*S/V* 对比表面积的影响**

| *S/V* | 碳转化率/% | 微孔比表面积/(m²/g) | 介孔比表面积/(m²/g) |
|---|---|---|---|
| 0.62 | 85 | 2.49 | 28.17 |
| | 90 | 2.19 | 29.54 |
| 0.64 | 85 | 1.32 | 23.13 |
| | 90 | 4.49 | 26.21 |
| 0.68 | 85 | 3.64 | 24.36 |
| | 90 | 3.28 | 22.43 |

　　图 4-24 为 *S/V* 对孔径分布的影响。从图中可以看出，*S/V* 对孔径分布的影响主要集中在 50～120nm。随着 *S/V* 的增加，该范围段的孔体积呈降低趋势。对图 4-22 的分析表明，气化温度的增加有利于孔的融合，进而形成"孔隙甩尾"现象。*S/V* 的增加导致了颗粒内部升温速率加快，这加速了孔的融合，因此在相同的碳转化率下，该范围内的孔径呈降低趋势。

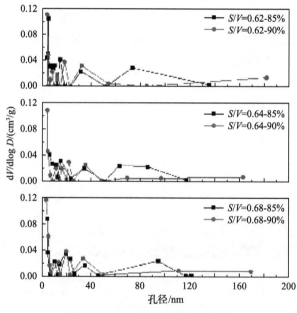

图 4-24　*S/V* 对孔径分布的影响

　　(4)碳结构

　　图 4-25 为不同气化温度下生物质颗粒的拉曼光谱曲线。从图中可以看出，随着气化反应的进行及气化温度的增加，检测出的光谱强度呈现逐渐降低的趋势。Li 等[35]和 Leites 等[36]的研究表明，焦中的含氧官能团可以通过共轭作用增加芳香环体系的拉曼强度。这就说明，随着气化反应的进行，生物质颗粒中含氧官能团含量逐渐减少，并且该趋势随着气化温度的增加而更加明显。另外，还可以观察到，在不同气化温度和碳转化率下的拉曼光谱虽略有不同，但均有两个特征峰大约出现在 1350 cm⁻¹(D 带)和 1580 cm⁻¹(G 带)。其中，D 带是由基本单元结构之间的无序结构和平面内缺陷结构引起的，G 带是由

芳环的振动引起的。考虑到 D 波段和 G 波段之间的重叠会导致高度无序碳结构信息丢失和隐藏。因此，将每条拉曼光谱曲线拟合为 4 个 Lorentz 带（$D_1$、$D_2$、$D_4$ 和 G）和 1 个 Gaussian 带（$D_3$）。每个带的初始峰位和拟合后的曲线分别如表 4-8 和图 4-26 所示。其中，$D_1$ 波段的特征是具有平面缺陷（如缺陷和杂原子）的无序石墨晶格的振动模式。$D_2$ 带总是与 $D_1$ 带同时出现，主要为芳香族层的晶格振动。$D_3$ 带归因于 $sp^2$ 键，它由无定形碳组成，包括有机分子和功能基团的碎片。$D_4$ 带经常出现在组织不良的碳质材料中。G 带与多环芳烃结构中碳原子的伸缩振动有关。通过选定拉曼谱带峰面积之间的比值可揭示有关碳结构的详细信息。

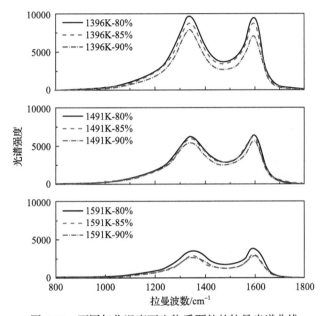

图 4-25　不同气化温度下生物质颗粒的拉曼光谱曲线

表 4-8　拉曼光谱带的初始峰位

| 峰带 | $D_1$ | $D_2$ | $D_3$ | $D_4$ | G |
|---|---|---|---|---|---|
| 峰值位置/cm$^{-1}$ | 1350 | 1620 | 1530 | 1200 | 1580 |

图 4-27 为峰带面积比随气化温度的变化。$I_{D1}/I_G$ 代表具有平面缺陷（如缺陷和杂原子）的无序石墨晶格结构。$I_{D2}/I_G$ 代表无序表面石墨烯层结构。$I_{D3}/I_G$ 代表小芳环结构，$I_{D4}/I_G$ 代表交联结构（如 C—C、C＝C 或 $sp^2$-$sp^3$ 键），$I_G/I_{All}$ 代表有序微晶结构。焦中碳结构的转变可分为缩聚和石墨化两种进程[37]。可以发现，随着气化反应的进行，无规则结构参数（$I_{D1}/I_G$、$I_{D2}/I_G$、$I_{D3}/I_G$、$I_{D4}/I_G$）呈现降低的趋势，而 $I_G/I_{All}$ 呈现升高的趋势。这表明，随着气化反应的进行，碳结构的变化属于石墨化阶段，碳结构的有序性随碳转化率的提高而增加。Xu 等[38]研究表明，焦中碳结构有序度的升高会导致焦活性降低，进而抑制气化反应的进行。因此，可以推断出，随着气化反应的进行，颗粒中碳结构的演变是不利于气化反应进行的。此外，还可以发现，$I_{D1}/I_G$ 随气化温度的增加而降低，其原因可以归结于颗粒中孔隙结构的演化。Alvarado 等[39]的研究表明，孔隙的发展会破坏碳结构的对

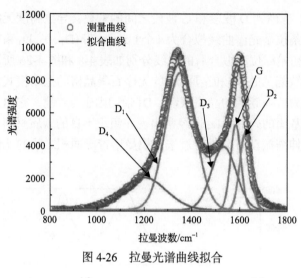

图 4-26　拉曼光谱曲线拟合

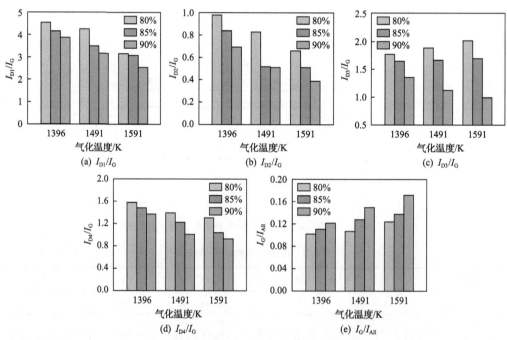

图 4-27　峰带面积比随气化温度的变化

称性，进而导致 $I_{D1}/I_G$ 的增加。结合之前孔隙测量结果，可以推断出，随着气化温度的增加，颗粒孔隙的降低使得对称的碳结构增加，进而使得 $I_{D1}/I_G$ 降低。随着气化反应的进行，$I_{D3}/I_G$ 增加，而 $I_{D4}/I_G$ 降低。这就说明，随着气化温度的增加，气化反应优先在交联结构的碳中反应。

　　图 4-28 为不同 ER 下生物质颗粒的拉曼光谱曲线。从图中可以看出，随着 ER 的增加，检测出的光谱强度增加。这是因为，随着 ER 的增加，削弱了气化环境中的还原性，使得颗粒中具有更多的含氧结构。图 4-29 为峰带面积比随 ER 的变化。对孔隙的分析表明，随着 ER 的增加，气化过程中的氧化反应得以强化，这有利于颗粒中灰分的熔化，

进而降低了颗粒内部孔隙。孔隙的降低有利于颗粒中对称结构碳的形成，从而导致 $I_{D1}/I_G$ 和 $I_{D2}/I_G$ 随 ER 的增加而降低。另外，可以观察到，随着 ER 的增加，$I_{D3}/I_G$ 和 $I_{D4}/I_G$ 均呈现降低的趋势。这表明，ER 的增加会同时促进气化剂与交联结构碳和小芳环结构碳的反应。但是整体上看，无规则结构参数（$I_{D1}/I_G$、$I_{D2}/I_G$、$I_{D3}/I_G$、$I_{D4}/I_G$）降低，而 $I_G/I_{All}$ 呈相反趋势。这说明，随着 ER 的增加，颗粒中碳结构的演变是不利于气化反应进行的。

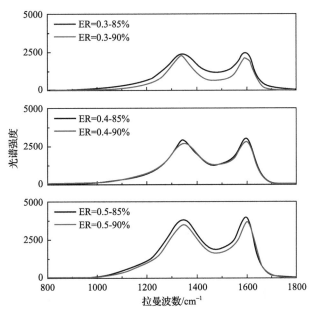

图 4-28　不同 ER 下生物质颗粒的拉曼光谱曲线

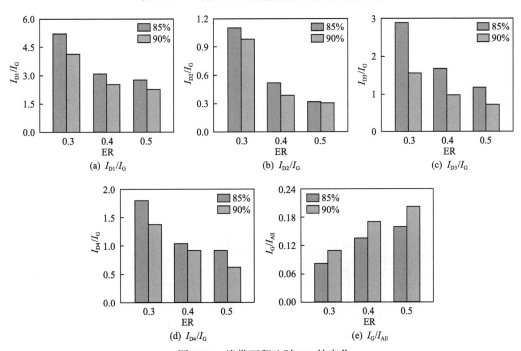

图 4-29　峰带面积比随 ER 的变化

图 4-30 为不同 $S/V$ 下生物质颗粒的拉曼光谱曲线。从图中可以看出，随着 $S/V$ 的增加，检测出的光谱强度降低。随着 $S/V$ 的增加，颗粒内部的传热阻力降低，颗粒升温速率加快，从而促使颗粒中含氧官能团的释放。图 4-31 为峰带面积比随 $S/V$ 的变化。从图中可以看出，随着 $S/V$ 的增加，生物质颗粒中碳结构的演化也是不利于气化反应进行的。此外，$S/V$ 的增加会抑制颗粒中平面缺陷碳结构的形成，并且促进气化剂与小芳环结构碳的反应。

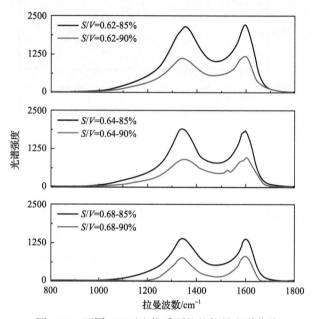

图 4-30　不同 $S/V$ 下生物质颗粒的拉曼光谱曲线

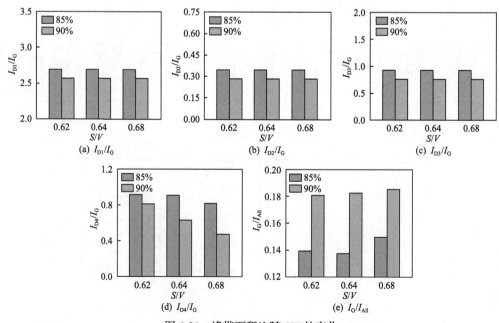

图 4-31　峰带面积比随 $S/V$ 的变化

# 4.3　生物质高温气化特性模拟

　　秸秆生物质高温气化过程涉及复杂的传热传质现象。当秸秆生物质颗粒进入高温环境中，环境中的热量首先通过对流和辐射机制传递到颗粒表面，接着颗粒表面的热量通过导热机制向颗粒中心传递。当颗粒中的局部温度达到水分蒸发温度时，干燥过程开始。随着干燥过程的结束，颗粒温度进一步增加，当达到热解所需温度时，秸秆生物质颗粒开始分解为固态焦和气态挥发分，其中，挥发分是 $H_2$、$CO_2$、$N_2$、$CO$、$H_2O$、焦油和多种烃类气体的混合物[40,41]。由于环境中的气态组分与颗粒内部的气态组分的浓度不同，环境中的组分通过扩散机制传递到颗粒表面，接着通过对流和扩散机制经颗粒孔隙向颗粒内部传递。颗粒中的气态组分向环境中的运动过程与之相反。在气体运动过程中，挥发分中的可燃组分与环境中的氧气相遇并反应，生成 $CO_2$、$CO$、$H_2O$ 等气态组分。同时，当颗粒局部温度达到焦反应所需温度时，气体组分如 $O_2$、$CO_2$、$H_2O$ 与焦中的碳反应，进一步转化为气态组分及灰分。随着温度增加至高于灰分熔融温度后，灰分开始熔化，焦转化形成的气态组分通过熔融灰层向颗粒表面运动。

　　秸秆生物质高温气化实验研究表明，灰分的熔化会导致颗粒结构发生改变，此外，灰分的熔化是吸热过程，因而灰分的熔化会同时影响颗粒内部传热传质机制，进而影响整个气化过程。为了探究灰分熔化对秸秆生物质气化过程的影响，本节考虑灰分在不同熔融特征温度段的熔化行为，结合传热传质机制和反应动力学机理，建立单颗粒秸秆生物质高温气化模型。基于该模型，探究灰分熔化对气化过程中传热传质、反应速率及反应时间的影响，以更好地理解秸秆生物质高温气化行为，为秸秆生物质高温气化装置的设计奠定基础。

## 4.3.1　气化模型建立

　　（1）基本假设

　　本节所建立的单颗粒高温气化模型基于如下基本假设：

　　1）蒸发、热解、焦转化和灰分熔化是独立的；

　　2）颗粒内部的气体和固体处于热平衡状态；

　　3）气体为理想气体；

　　4）气体的扩散过程满足菲克定律；

　　5）忽略灰的催化作用；

　　6）颗粒温度一旦超过灰分变形温度，灰分由固体变为液体。

　　（2）控制方程

　　本节针对柱状秸秆生物质颗粒进行模拟研究，为了简化计算，所建立的柱状秸秆生物质颗粒高温气化模型为一维模型。柱状颗粒的一维简化方案可见文献[42]。柱坐标系下的控制方程具体形式如下。

1)气体组分守恒方程。

$$\frac{\partial(\rho_g Y_i)}{\partial t} + \frac{1}{G(r)}\frac{\partial}{\partial r}(G(r)\rho_g Y_i u) = \frac{1}{G(r)}\frac{\partial}{\partial r}\left(G(r)\rho_g D_{eff}\frac{\partial Y_i}{\partial r}u\right) + S_i$$

$$i = CO, CO_2, CH_4, H_2O, H_2, O_2, N_2\text{和焦油} \tag{4-6}$$

式中，$\rho_g$ 和 $u$ 分别为气体的密度和速度；$Y_i$ 为气态组分在气体中的质量分数；$D_{eff}$ 为有效扩散系数；$G(r)$ 为控制面；$S_i$ 为气体组分反应源相，该项的数值与相应气体组分的反应速率直接相关，相应气体组分源项的计算如式(4-7)~式(4-14)所示。

$$S_{CO} = Y_{CO} r_1 + M_{CO}(r_4 - r_6 + 6r_7) + \frac{M_{CO}}{M_C}\left(2 - \frac{2}{\eta}\right)r_8 \tag{4-7}$$

$$S_{CO_2} = Y_{CO_2} r_1 + M_{CO_2} r_6 + \frac{M_{CO_2}}{M_C}\left(\frac{2}{\eta} - 1\right)r_8 \tag{4-8}$$

$$S_{H_2O} = Y_{H_2O} r_1 + M_{H_2O}(2r_4 + r_5) \tag{4-9}$$

$$S_{H_2} = Y_{H_2} r_1 + M_{H_2}(-r_5 + 3r_7) \tag{4-10}$$

$$S_{CH_4} = Y_{CH_4} r_1 - M_{CH_4} r_4 \tag{4-11}$$

$$S_{tar} = Y_{tar} r_1 - M_{C_6H_6} r_7 \tag{4-12}$$

$$S_{O_2} = -M_{O_2}(1.5r_4 + 0.5r_5 + 0.5r_6 + 3r_7) - \frac{M_{O_2}}{M_C}\frac{1}{\eta}r_8 \tag{4-13}$$

$$S_{N_2} = 0 \tag{4-14}$$

式中，$M_i$ 为相应组分的相对分子质量；$r_1$~$r_8$ 分别为 R1~R8 的反应速率，具体见后文热解动力学部分。

2)气体质量守恒方程。

$$\frac{\partial(\varepsilon\rho_g)}{\partial t} + \frac{1}{G(r)}\frac{\partial}{\partial r}(G(r)\rho_g u) = S_g \tag{4-15}$$

式中，$\varepsilon$ 为颗粒孔隙率；$S_g$ 为源项，代表气体组分反应所导致的质量变化，可由式(4-16)计算。

$$S_g = S_{CO} + S_{CO_2} + S_{H_2O} + S_{H_2} + S_{CH_4} + S_{tar} + S_{O_2} + S_{N_2} \tag{4-16}$$

3)气体动量守恒方程。

考虑到生物质颗粒作为一种多孔介质，气体在多孔介质中的动量守恒方程可以由达西定理表达，即

$$u = \nabla p \frac{\kappa}{\gamma} \tag{4-17}$$

式中，$\kappa$ 为渗透率；$\gamma$ 为气体黏度；$p$ 为气体压力。

　　4) 状态方程。

$$p = \frac{\rho_g RT}{M_g} \tag{4-18}$$

式中，$R$ 为通用气体常数，$J/(mol \cdot K)$。

　　5) 能量守恒方程。

$$(\rho_M c_{p,M} + \rho_B c_{p,B} + \rho_{char} c_{p,char}) \frac{\partial T}{\partial t}$$
$$= \frac{1}{G(r)} \frac{\partial}{\partial r} \left( G(r) k_{eff} \frac{\partial T}{\partial r} \right) + Q_{evap} + Q_{dev} + Q_{con} + Q_{melt} \tag{4-19}$$

式中，$\rho_M$、$\rho_B$ 和 $\rho_{char}$ 分别为水分、干燥生物质和焦的密度；$c_{p,M}$、$c_{p,B}$、$c_{p,char}$ 分别为水分、干燥生物质、焦的比热；$k_{eff}$ 为导热系数；$Q_{evap}$、$Q_{dev}$、$Q_{con}$ 和 $Q_{melt}$ 分别为蒸发、热解、焦转化和灰熔化导致热量的变化。

　　灰在相变阶段的吸热由式(4-20)计算。

$$Q_{melt} = \rho_{ash} L \frac{\partial \phi}{\partial t} \tag{4-20}$$

式中，$L$ 为灰的相变潜热；$\phi$ 为灰分的液相率；$\rho_{ash}$ 为灰的密度。

　　将式(4-20)代入式(4-19)，得到式(4-21)。式(4-21)可以计算伴随灰分熔化的生物质颗粒气化过程中颗粒温度的变化。

$$\left( \rho_M c_{p,M} + \rho_B c_{p,B} + \rho_{char} c_{p,char} + \rho_{ash} L \frac{\partial \phi}{\partial T} \right) \frac{\partial T}{\partial t}$$
$$= \frac{1}{G(r)} \frac{\partial}{\partial r} \left( G(r) k_{eff} \frac{\partial T}{\partial r} \right) + Q_{evap} + Q_{dev} + Q_{con} + Q_{melt} \tag{4-21}$$

　　6) 固体质量守恒方程。

$$\frac{\partial \rho_B}{\partial t} = -(r_1 + r_2 + r_3) \tag{4-22}$$

$$\frac{\partial \rho_{char}}{\partial t} = r_3 - r_8 \tag{4-23}$$

$$\frac{\partial \rho_{ash}}{\partial t} = r_8 \cdot 灰/焦 \tag{4-24}$$

　　(3) 动力学模型

　　1) 干燥动力学模型。

　　当生物质含水率高于纤维饱和点(fiber saturation point, FSP)时，水分在生物质中以游离水形式存在；当含水率低于 FSP 时，水分在生物质中以结合水形式存在[43]。自由水的蒸发速率由表面饱和蒸汽压力决定，而结合水的蒸发过程与化学反应过程类似[44]。生物质的 FSP 一般约为 30%[45]。考虑到本节使用的生物质中水分含量，水的蒸发率可以表示为式(4-25)[46]：

干燥过程：湿生物质 —→ 干生物质+H<sub>2</sub>O

$$\frac{\partial m_{\mathrm{M}}}{\partial t} = -k_{\mathrm{dry}} \exp\left(-\frac{E_{\mathrm{a,dry}}}{RT}\right) m_{\mathrm{M}} \tag{4-25}$$

$$m_{\mathrm{M}} = \frac{\rho_{\mathrm{M}}}{\rho_{\mathrm{M}} + \rho_{\mathrm{p}}} \tag{4-26}$$

式中，$k_{\mathrm{dry}}$ 为干燥频率因子；$E_{\mathrm{a,dry}}$ 为干燥时的活化能；$R$ 为通用气体常数；$m_{\mathrm{M}}$ 为颗粒中局部水分含量；$\rho_{\mathrm{p}}$ 为颗粒密度。

2)热解动力学模型。

热解阶段的产物较为复杂[47,48]。现有文献中已提出很多动力学模型。一般来说，复杂的模型有利于对热解过程的理解，但模型过于复杂会使得求解困难。Shafizadeh 等[49]将热解产物视为轻质气体、焦油和焦，建立了三平行动力学模型。该模型已经在生物质单颗粒建模中得到了广泛的应用，这说明该模型在求解上是可行的。此外，虽然在过去的一些实验工作中已经观察到焦油的二次反应[50-52]，但 Haseli 等[53]发现三平行反应模型可以合理地重现实验数据，而添加焦油的二次反应动力学模型并不能提高预测结果的准确性。因此，本节采用的动力学模型为三平行动力学模型，其中反应速率由式(4-27)计算[53]。

R1: 　　　　　　　　　　　$\xrightarrow{k_1}$热解轻质气体

R2: 　　　　　　干生物质$\left\{\xrightarrow{k_2}$热解焦油

R3: 　　　　　　　　　　　$\xrightarrow{k_2}$热解焦

$$r_i = -\rho_{\mathrm{B}} \sum_{i=1}^{3} k_i \exp\left(-\frac{E_{\mathrm{a},i}}{RT}\right) \quad i=1, 2, 3 \tag{4-27}$$

式中，$k_i$ 为动力学常数。

挥发物的反应过程由 R3-R8 表示：

R4: $CH_4 + 1.5O_2 \longrightarrow CO + H_2O$

R5: $H_2 + 0.5O_2 \longrightarrow H_2O$

R6: $CO + 0.5O_2 \longrightarrow CO_2$

R7: $C_6H_6 + 3O_2 \longrightarrow 6CO + 3H_2$

R8: $\eta C + O_2 \rightarrow 2(\eta-1)CO + (2-\eta)CO_2$

3) 焦转化动力学模型。焦转化阶段所涉及的化学反应方程如下：

$R_{char, O_2}$:　$\eta C + O_2 \longrightarrow 2(\eta-1)CO + (2-\eta)CO_2$

$R_{char, CO_2}$:　$C + CO_2 \longrightarrow 2CO$

$R_{char, H_2O}$:　$C + H_2O \longrightarrow 2CO + H_2$

相应反应的动力学速率如式(4-28)~式(4-30)所示。

$$r_{char, O_2} = k_{char} \exp\left(-\frac{E_a}{TR}\right) \rho_g Y_{O_2} \frac{M_C}{M_{O_2}} S''' \tag{4-28}$$

$$r_{char, CO_2} = k_{char} \exp\left(-\frac{E_a}{TR}\right) \rho_g Y_{CO_2} \frac{M_C}{M_{CO_2}} S''' \tag{4-29}$$

$$r_{char, H_2O} = k_{char} \exp\left(-\frac{E_a}{TR}\right) \rho_g Y_{H_2O} \frac{M_C}{M_{H_2O}} S''' \tag{4-30}$$

式中，$S'''$ 为颗粒的比表面积；$E_a$ 为活化能；$\eta$ 为化学反应计量数，该数值指明碳与氧气反应过程中生成 CO 和 $CO_2$ 的比值，其计算公式如下[54]：

$$\eta = \frac{2\,[1 + 4.3\exp(-3390/T)]}{2 + 4.3\exp(-3390/T)} \tag{4-31}$$

4) 熔化动力学模型。

之前的实验研究表明，生物质颗粒温度高于灰分熔融温度后，颗粒中的灰分开始熔化。随着灰分由固态向液态的转变，颗粒的尺寸显著降低。生物质颗粒干燥及热解阶段灰熔化过程示意图如图 4-32 所示。

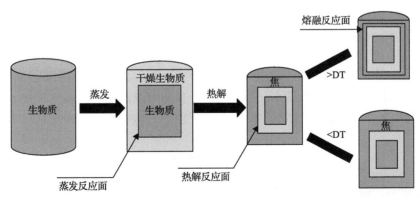

图 4-32　生物质颗粒干燥及热解阶段灰熔化过程示意图

根据之前的研究结果，当颗粒温度处于灰熔融温度范围内时，颗粒内部的灰分虽然由固态向液态转变，但始终包裹在颗粒表面。一旦颗粒温度高于灰分流动温度后，位于颗粒表面的液态灰分从颗粒表面剥落。焦转化阶段灰熔化过程示意图如图 4-33 所示。

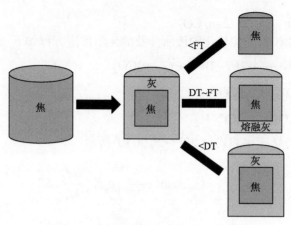

图 4-33　焦转化阶段灰熔化过程示意图

生物质灰成分复杂，因此其熔融不是在单一温度点而是在一个温度范围内发生的。为了模拟灰的熔化过程，引入凝固和熔化模型。在模型中，将液相和固相共存区域定义为糊状区。液-固相转变的动力学方程如式(4-32)所示。

$$\phi = \begin{cases} 0 & T < T_d \\ \dfrac{T - T_d}{T_f - T_d} & T_d < T < T_f \\ 1 & T_f < T \end{cases} \tag{4-32}$$

式中，$T_d$ 和 $T_f$ 分别为灰分的变形温度和流动温度。

熔融灰分的密度和体积分别由式(4-33)和式(4-34)计算：

$$\rho_{fusion\ ash} = \frac{\rho_{ash}}{1 - \varepsilon} \tag{4-33}$$

$$V_{fusion\ ash} = \rho_{fusion\ ash} \cdot m_{fusion\ ash} \tag{4-34}$$

式中，$\rho_{fusion\ ash}$ 和 $\rho_{ash}$ 分别为熔化和未熔化灰分密度；$m_{fusion\ ash}$ 为熔化灰分质量；$V_{fusion\ ash}$ 为熔融灰分体积；$\varepsilon$ 为颗粒孔隙率。当温度高于灰分熔融温度时，熔融灰分会占据孔隙空间。由熔化灰分所导致的孔隙率和颗粒体积的变化可分别由式(4-35)式(4-36)计算。

$$\varepsilon = \frac{V_{pore} - V_{fusion\ ash}}{V_p} \tag{4-35}$$

$$V_p = V_{p,0} - \frac{V_{fusion\ ash}\ \rho_{fusion,ash}\rho_{p,0}}{ash} \tag{4-36}$$

式中，$V_{pore}$、$V_{fusion\ ash}$ 和 $V_p$ 分别为孔隙体积、熔融灰分体积和颗粒体积；$\rho_{p,0}$ 为颗粒初始密度、体积。

（4）初始条件及边界条件

生物质颗粒的初始温度、颗粒中焦和灰分的初始密度，分别用式(4-37)～式(4-39)表示。

$$T(t=0,r) = 300 \text{ K} \tag{4-37}$$

$$\rho_{\text{char}}(t=0,r) = 0 \text{ kg/m}^3 \tag{4-38}$$

$$\rho_{\text{ash}}(t=0,r) = 0 \text{ kg/m}^3 \tag{4-39}$$

其中，初始条件用下角标 $t$=0 表示。

生物质颗粒中心处的边界条件如式(4-40)和式(4-41)所示。

$$\left.\frac{\partial T}{\partial t}\right|_{r=0} = 0 \tag{4-40}$$

$$\left.\frac{\partial Y_i}{\partial t}\right|_{r=0} = 0 \tag{4-41}$$

颗粒表面处能量方程和组分方程的边界条件如下：

$$-k_{\text{eff}}\left.\frac{\partial T}{\partial r}\right|_{r=R} = h(T_{(r=R)} - T_\infty) + \omega\sigma(T_{(r=R)}^4 - T_\infty^4) + Q \tag{4-42}$$

$$-\varepsilon D\left.\frac{\partial Y_i}{\partial r}\right|_{r=R} = k_{\text{m}}(Y_{i(r=R)} - Y_{i\infty}) \tag{4-43}$$

式中，$\sigma$ 为斯特藩-玻尔兹曼(Stefan-Boltzmann)常数；$\omega$ 为发射率；$k_{\text{m}}$ 为传质系数；$k_{\text{eff}}$ 和 $h$ 分别为导热系数和热对流系数；$T_\infty$ 为终了温度；$Q$ 为放热；$Y_{i(r=R)} - Y_{i\infty}$ 为终了组分含量。

（5）数值解法

采用全隐式差分法对边界条件和控制方程进行离散，一阶向前差分格式用于离散瞬态项、对流项和边界条件，二阶中心差分格式用于离散扩散项。

式(4-44)为离散后的气体组分守恒方程：

$$\frac{\left(\rho_{\text{g}}Y\right)_i^{n+1} - \left(\rho_{\text{g}}Y\right)_i^n}{\Delta t} + \frac{\left(G(r)\rho_{\text{g}}Yu\right)_i^{n+1} - \left(G(r)\rho_{\text{g}}Yu\right)_{i-1}^{n+1}}{G(r)_i^n \Delta r}$$

$$= \frac{\left(G(r)\rho_{\text{g}}DYu\right)_{i+1}^{n+1} - \left(2G(r)\rho_{\text{g}}DYu\right)_i^{n+1} + \left(G(r)\rho_{\text{g}}DYu\right)_{i-1}^{n+1}}{G(r)_i^n(\Delta r)^2} + S_i \tag{4-44}$$

式中，$DYu$ 为扩散系数。

式(4-45)为离散后的边界条件：

$$\frac{Y_2^{n+1} - Y_1^{n+1}}{\Delta r} = 0 \tag{4-45}$$

$$-\varepsilon D \frac{Y_m^{n+1} - Y_{m-1}^{n+1}}{\Delta r} = K_\alpha \left( Y_m^n - Y_\infty^n \right) \tag{4-46}$$

式中，$K_\alpha$ 为气相传质系数。

将式(4-44)～式(4-46)整理可得式(4-47)～式(4-49)：

$$\left[ \frac{\left( G(r)\rho_g u \right)_{i-1}^{n+1}}{G(r)_i^n \Delta r} + \frac{\left( G(r)\rho_g Du \right)_{i-1}^{n+1}}{G(r)_i^n (\Delta r)^2} \right] Y_{i-1}^{n+1}$$

$$+ \left[ -\frac{\rho_{gi}^{n+1}}{\Delta t} - \frac{\left( G(r)\rho_g u \right)_i^{n+1}}{G(r)_i^n \Delta r} - \frac{\left( 2G(r)\rho_g Du \right)_i^{n+1}}{G(r)_i^n (\Delta r)^2} \right] Y_i^{n+1} \tag{4-47}$$

$$+ \left[ \frac{\left( G(r)\rho_g Du \right)_{i+1}^{n+1}}{G(r)_i^n (\Delta r)^2} \right] Y_{i+1}^{n+1} = -\frac{\rho_g}{\Delta t} Y_i^n - S_i$$

$$\left( -\frac{1}{\Delta r} \right) Y_1^{n+1} + \left( \frac{1}{\Delta r} \right) Y_2^{n+1} = 0 \tag{4-48}$$

$$\left( \frac{\varepsilon D}{\Delta r} \right) Y_{m-1}^{n+1} + \left( -\frac{\varepsilon D}{\Delta r} \right) Y_m^{n+1} = K_\alpha \left( Y_m^n - Y_\infty^n \right) \tag{4-49}$$

令

$$a_i = \frac{\left( G(r)\rho_g u \right)_{i-1}^{n+1}}{G(r)_i^n \Delta r} + \frac{\left( G(r)\rho_g Du \right)_{i-1}^{n+1}}{G(r)_i^n (\Delta r)^2}, \quad i = 2, 3, \cdots, m-1 \tag{4-50}$$

$$b_i = -\frac{\rho_{gi}^{n+1}}{\Delta t} - \frac{\left( G(r)\rho_g u \right)_i^{n+1}}{G(r)_i^n \Delta r} - \frac{\left( 2G(r)\rho_g Du \right)_i^{n+1}}{G(r)_i^n (\Delta r)^2}, \quad i = 2, 3, \cdots, m-1 \tag{4-51}$$

$$c_i = \frac{\left( G(r)\rho_g Du \right)_{i+1}^{n+1}}{G(r)_i^n (\Delta r)^2}, \quad i = 2, 3, \cdots, m-1 \tag{4-52}$$

$$b_1 = -\frac{1}{\Delta r} \tag{4-53}$$

$$c_1 = \frac{1}{\Delta r} \tag{4-54}$$

$$a_m = \frac{\varepsilon D}{\Delta r} \tag{4-55}$$

$$b_m = -\frac{\varepsilon D}{\Delta r} \tag{4-56}$$

最终离散后的气体组分守恒方程及其边界条件可以表示为三角对称矩阵形式，即

$$
\begin{pmatrix}
b_1 & c_1 & & & & & \\
a_2 & b_2 & c_2 & & & & \\
& \ddots & \ddots & \ddots & & & \\
& & a_i & b_i & c_i & & \\
& & & \ddots & \ddots & \ddots & \\
& & & & a_{m-1} & b_{m-1} & c_{m-1} \\
& & & & & a_m & b_m
\end{pmatrix}
\begin{pmatrix}
Y_1^{n+1} \\
Y_2^{n+1} \\
\vdots \\
Y_i^{n+1} \\
\vdots \\
Y_{m-1}^{n+1} \\
Y_m^{n+1}
\end{pmatrix}
=
\begin{pmatrix}
0 \\
-\dfrac{\rho_\mathrm{g}}{\Delta t} Y_2^n - S_2 \\
\vdots \\
-\dfrac{\rho_\mathrm{g}}{\Delta t} Y_i^n - S_i \\
\vdots \\
-\dfrac{\rho_\mathrm{g}}{\Delta t} Y_{m-1}^n - S_{m-1} \\
K_\alpha \left( Y_m^n - Y_\infty^n \right)
\end{pmatrix}
\tag{4-57}
$$

离散后的能量守恒方程如下：

$$\Pi \frac{T_i^{n+1} - T_i^n}{\Delta t} = \frac{(G(r)K_\mathrm{eff}T)_{i+1}^{n+1} - (2G(r)K_\mathrm{eff}T)_i^{n+1} + (G(r)K_\mathrm{eff}T)_{i-1}^{n+1}}{G(r)_i^n (\Delta r)^2}$$
$$+ Q_\mathrm{evap} + Q_\mathrm{dev} + Q_\mathrm{con} + Q_\mathrm{melt} \tag{4-58}$$

式中，$K_\mathrm{eff}$ 为有效导热系数。

其中，

$$\Pi = \rho_\mathrm{M} c_{p,\mathrm{M}} + \rho_\mathrm{B} c_{p,\mathrm{B}} + \rho_\mathrm{char} c_{p,\mathrm{char}} + \rho_\mathrm{ash} L \frac{\partial \phi}{\partial T} \tag{4-59}$$

离散后的边界条件为

$$\frac{T_2^{n+1} - T_1^{n+1}}{\Delta r} = 0 \tag{4-60}$$

$$-\lambda \frac{T_m^{n+1} - T_{m-1}^{n+1}}{\Delta r} = h\left(T_m^n - T_\infty^n\right) + \sigma\omega\left[\left(T_m^n\right)^4 - \left(T_\infty^n\right)^4\right] \tag{4-61}$$

将式(4-58)～式(4-61)整理可得式(4-62)～式(4-64)：

$$\left[-\frac{(G(r)K_\mathrm{eff})_{i-1}^{n+1}}{G(r)_i^n (\Delta r)^2}\right] T_{i-1}^{n+1} + \left[\frac{\Pi}{\Delta t} + \frac{(2G(r)K_\mathrm{eff})_i^{n+1}}{G(r)_i^n (\Delta r)^2}\right] T_i^{n+1}$$
$$+ \left[-\frac{(G(r)K_\mathrm{eff})_{i+1}^{n+1}}{G(r)_i^n (\Delta r)^2}\right] T_{i+1}^{n+1} = \frac{\Pi}{\Delta t} T_i^n + Q_\mathrm{evap} + Q_\mathrm{dev} + Q_\mathrm{con} + Q_\mathrm{melt} \tag{4-62}$$

$$\left(-\frac{1}{\Delta r}\right)T_1^{n+1}+\left(\frac{1}{\Delta r}\right)T_2^{n+1}=0 \tag{4-63}$$

$$\left(\frac{\lambda}{\Delta r}\right)T_{m-1}^{n+1}+\left(-\frac{\lambda}{\Delta r}\right)T_m^{n+1}=h\left(T_m^n-T_\infty^n\right)+\sigma\omega\left[\left(T_m^n\right)^4-\left(T_\infty^n\right)^4\right] \tag{4-64}$$

令

$$a_i=-\frac{\left(G(r)K_{\mathrm{eff}}\right)_{i-1}^{n+1}}{G(r)_i^n(\Delta r)^2}\ ,\ i=2,3,\cdots,m-1 \tag{4-65}$$

$$b_i=\frac{\Pi}{\Delta t}+\frac{\left(2G(r)K_{\mathrm{eff}}\right)_i^{n+1}}{G(r)_i^n(\Delta r)^2}\ ,\ i=2,3,\cdots,m-1 \tag{4-66}$$

$$c_i=-\frac{\left(G(r)K_{\mathrm{eff}}\right)_{i+1}^{n+1}}{G(r)_i^n(\Delta r)^2}\ ,\ i=2,3,\cdots,m-1 \tag{4-67}$$

$$b_1=-\frac{1}{\Delta r} \tag{4-68}$$

$$c_1=\frac{1}{\Delta r} \tag{4-69}$$

$$a_m=\frac{\lambda}{\Delta r} \tag{4-70}$$

$$b_m=-\frac{\lambda}{\Delta r} \tag{4-71}$$

最终离散后的气体组分守恒方程及其边界条件可以表示为三角对称矩阵形式，即

$$
\begin{pmatrix}
b_1 & c_1 & & & & & \\
a_2 & b_2 & c_2 & & & & \\
 & \ddots & \ddots & \ddots & & & \\
 & & a_i & b_i & c_i & & \\
 & & & \ddots & \ddots & \ddots & \\
 & & & & a_{m-1} & b_{m-1} & c_{m-1} \\
 & & & & & a_m & b_m
\end{pmatrix}
\begin{pmatrix}
T_1^{n+1} \\
T_2^{n+1} \\
\vdots \\
T_i^{n+1} \\
\vdots \\
T_{m-1}^{n+1} \\
T_m^{n+1}
\end{pmatrix}
=
\begin{pmatrix}
0 \\
Q_{\mathrm{evap}}+Q_{\mathrm{dev}}+Q_{\mathrm{con}}+Q_{\mathrm{melt}}+\dfrac{\Pi}{\Delta t}T_2^n \\
\vdots \\
Q_{\mathrm{evap}}+Q_{\mathrm{dev}}+Q_{\mathrm{con}}+Q_{\mathrm{melt}}+\dfrac{\Pi}{\Delta t}T_i^n \\
\vdots \\
Q_{\mathrm{evap}}+Q_{\mathrm{dev}}+Q_{\mathrm{con}}+Q_{\mathrm{melt}}+\dfrac{\Pi}{\Delta t}T_{m-1}^n \\
h\left(T_m^n-T_\infty^n\right)+\sigma\omega\left[\left(T_m^n\right)^4-\left(T_\infty^n\right)^4\right]
\end{pmatrix}
$$

$$\tag{4-72}$$

将离散后的方程进行迭代求解，求解流程如图 4-34 所示，具体如下：

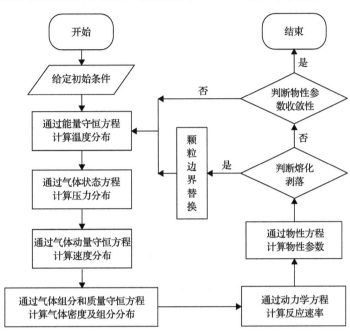

图 4-34　计算流程框图

1) 给定初始条件；

2) 将初始条件代入能量守恒方程，获得温度分布；

3) 将温度值代入气体状态方程，获得压力分布；

4) 将压力值代入气体动量守恒方程，获得气体速度分布；

5) 将速度值代入气体组分和质量守恒方程，获得气体密度及组分分布；

6) 将温度、气体密度、气体组分代入动力学方程，获得反应速率；

7) 求解物性方程，更新物性参数；

8) 判断是否发生熔化剥落现象，如果发生剥落现象，更新颗粒边界；

9) 将上述求解的参数重新代入气体能量守恒方程，重复 2)～7) 的计算，直至计算收敛。

通过对离散化后的方程进行求解。收敛准则设定为 $10^{-6}$。通过测试时间步长与网格的独立性，将时间步长设置为 0.001s，将粒子分成 200 层。

(6) 模型验证

为了验证模型，将模型预测结果与高温热重测试系统获得的实验数据进行对比。在计算中使用的物性参数及动力学参数见表 4-9。图 4-35 为 $N_2$ 气氛下模型预测值(实线)与实验测量值(符号)的对比。从图中可以看出，总体上，预测结果与实验数据吻合较好，主要差异体现在温度为 1213K 工况条件。这是因为，秸秆生物质的实际热解产物比较复杂，但模型中只简化了三种组分。随着温度的升高，热解产物的复杂性降低，预测精度也随之提高。此外，模型的建立基于颗粒具有均匀性的假设，然而实验中颗粒样品的性质不可能完全一致，这在一定程度上增加了预测结果与实验数据的差异。

**表 4-9 物性参数及动力学参数**

| 参数 | 单位 | 数值/方程 | 参考文献 |
|---|---|---|---|
| 干燥生物质比热 | J/ (kg·K) | $c_{p,B} = 1112 + 4.85(T - 273.15)$ | [55] |
| 焦比热 | J/ (kg·K) | $c_{p,char} = 0.36 \cdot T + 1390$ | |
| 热解吸热量 | J/ kg | $H_{devo} = 210000$ | [56] |
| 蒸发吸热量 | J/ kg | $H_{evap} = 2440000$ | [57] |
| 干燥生物质导热系数 | W/(m·K) | $k_B = 0.13 + 0.0003(T - 273.15)$ | [58] |
| 焦导热系数 | W/(m·K) | $k_{char} = 0.08 - 0.0001(T - 273.15)$ | |
| 有效导热系数 | W/(m·K) | $K_{eff} = \beta k_B + (1 - \beta)k_{char}$ | [59] |
| 发射率 | | $\omega = 0.95$ | |
| 有效扩散系数 | $m^2 / s$ | $D = 1.65 \times 10^{-4}(T / 1023)^{1.75}$ | |
| 蒸发动力学参数 | $s^{-1}$ | $k_{dry} = 4.5 \times 10^3$ | [60] |
| | J/ mol | $E_{a,dry} = 45000$ | |
| 热解动力学参数 | $s^{-1}$ | $k_1 = 1.44 \times 10^4$ | [61] |
| | J/ mol | $E_{a1} = 88600$ | |
| | $s^{-1}$ | $k_2 = 4.13 \times 10^6$ | |
| | J/ mol | $E_{a2} = 112700$ . | |
| | $s^{-1}$ | $k_3 = 7.38 \times 10^5$ | |
| | J/ mol | $E_{a3} = 106500$ | |
| 焦转化动力学参数 | m/s | $k_1 = 0.658 \times T$ | [62] |
| | J/ mol | $E_{a1} = 74800$ | |
| | m / s | $k_2 = 3.42 \times T$ | |
| | J/ mol | $E_{a2} = 130000$ | |

图 4-36 为空气气氛下模型预测值(实线)与实验测量值(符号)的对比。从图中可以看出，模型的预测值与实验值吻合性随温度的增加而提高。考虑到热解作为秸秆生物质反应的第一阶段，空气气氛下低温工况中预测的转化率变化与实验值的差异主要是由热解阶段的差异所导致的。

图 4-37 为 ER=0.6 下模型预测质量(实线)与实验测量值(符号)的对比。从图中可以看出，实验值与预测值吻合性随着反应温度的变化与图 4-35 和图 4-36 相似。从整体上看，模型的预测值与实验值吻合性是令人满意的，这就为使用该模型来探究生物质高温气化特性奠定了基础。

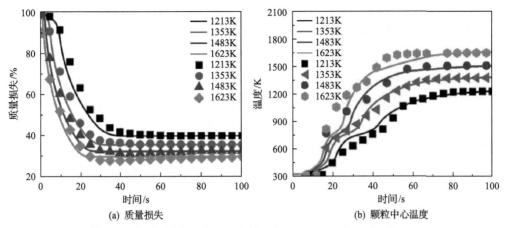

(a) 质量损失 (b) 颗粒中心温度

图 4-35 N₂气氛下模型预测值(实线)与实验测量值(符号)的对比

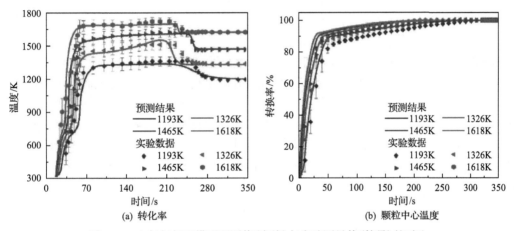

(a) 转化率 (b) 颗粒中心温度

图 4-36 空气气氛下模型预测值(实线)与实验测量值(符号)的对比

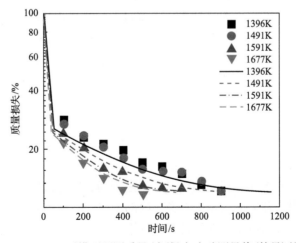

图 4-37 ER=0.6下模型预测质量(实线)与实验测量值(符号)的对比

### 4.3.2　高温气化特性模拟及分析

(1)传热特性

图 4-38 为气化温度对颗粒内部温度的影响。从图中可以看出，在气化过程中，秸秆生物质颗粒的升温过程大体呈现两阶段。在第一阶段，温度以较高的升温速率上升到一个特定温度，而在第二阶段，升温速率明显减慢。Bu[63]指出，颗粒内部升温速率的变化是由热解阶段和焦转化阶段之间的转变所导致的。在热解阶段，环境与颗粒间的温差大，传热能力强，进而导致颗粒温度迅速升高。在焦转化阶段，颗粒温度的升高，降低了环境与颗粒之间能量的传递，进而导致颗粒升温速率减慢。最终，随着生物质颗粒反应完全，颗粒温度与环境温度保持一致。另外，当秸秆生物质颗粒暴露在高温环境中，环境中的热量首先通过对流和辐射机制传递到颗粒表面，之后再经过导热机制向颗粒内部传递，因此颗粒表面温度升高早于颗粒内部。需要注意的是，热解产生的挥发分与氧气反应会释放热量，随着反应向内部进行，颗粒内部热量的累积量增加，这加速了颗粒的升温速度，因而颗粒中心在快速升温阶段，曲线出现了一个拐点。图 4-39 为气化温度对灰分液相率的影响。根据式(4-32)，灰分的液相率与温度直接相关。当气化温度为 1396K 时，颗粒中灰分的液相率为 0。随着气化温度升高至高于灰分变形温度而低于流动温度(1491K)时，约有 50%的灰分熔化。在 1591K 和 1677K 时，灰分完全熔化。理论上，随着气化温度的升高，颗粒与环境之间的温差加大，这有利于环境热量与颗粒表面间的对流和辐射强度的提高，进而增加了颗粒表面的升温速率。颗粒内部的温度梯度随颗粒表面升温速率的增加而增加，这有利于颗粒表面热量向颗粒内部的传递，进而提高了颗粒内部的升温速率。然而，随着气化温度由 1396K 增加至 1491K，在 $r=R/2$ 处前 400s 和 $r=0$ 处前 600s 的升温速率几乎并无变化，并且由图 4-39 可以看出，此时灰分的液相率快速增加。这表明，相比于 1396K 气化温度条件，在 1491K 气化温度条件下外界向颗粒内部多传递的热量主要用于颗粒中灰分的熔化。继续增加气化温度至 1591K，灰分的熔化组分增加，同时颗粒的升温速率明显加快。这表明，由于气化温度升高而增加的热量传递已大于灰分熔化而吸收的热量。另外，当灰分完全熔化(液相率为 1)后，颗粒表面上熔融灰分的剥落导致被熔化灰分覆盖的颗粒直接暴露于环境中，剥落处的温度上升曲线停止，进一步增加了颗粒内部与周围环境之间的热传递。当气化温度为 1677K 时，灰分熔化速率进一步加快，这加速了颗粒表面熔化灰分的剥落，因此颗粒内部的升温速率被进一步提高。

图 4-40 和图 4-41 分别为颗粒尺寸对颗粒内部温度和灰分液相率的影响。可以看出，在颗粒升温的第一阶段，随着颗粒尺寸的增大，颗粒内部升温速率降低，并且该现象沿着颗粒表面向颗粒中心方向变得更加明显。这是因为，颗粒尺寸的增大，提高了颗粒内部的热阻，进而阻碍了环境中的热量向颗粒内部传递。结合图 4-40 和图 4-41 可以发现，颗粒中灰分的熔化过程对应出现在颗粒升温的第二阶段。在约 200s 前，随着颗粒尺寸的增加，颗粒中灰分的熔化速率随之增加。这是因为，颗粒尺寸的增加降低了颗粒表面附近焦的气化速率，进而降低了颗粒表面附近单位时间吸收的热量，这有利于外界热量向颗粒内部传递，加速了颗粒内部灰分的熔化。200s 之后，随着颗粒尺寸的增加，颗粒的

熔化速率又呈现下降的趋势。这是因为，对于较小粒径的秸秆生物质颗粒，随着靠近颗粒表面处焦的反应完全，颗粒表面处灰分的剥落，增加了颗粒内部的温差。温差的增加促进了热量向颗粒内部传递，这有利于颗粒内部温度的升高，进而加速了颗粒内部灰分的熔化。

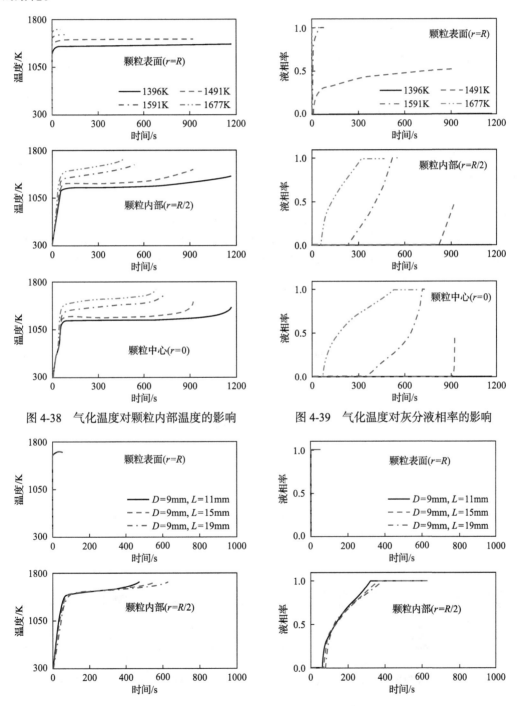

图 4-38　气化温度对颗粒内部温度的影响　　　　　图 4-39　气化温度对灰分液相率的影响

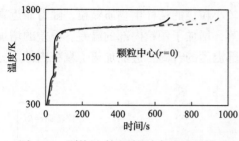

图 4-40　颗粒尺寸对颗粒内部温度的影响

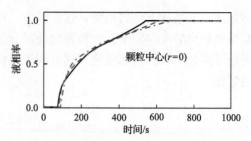

图 4-41　颗粒尺寸对灰分液相率的影响

图 4-42 和图 4-43 分别为 ER 对颗粒内部温度和灰分液相率的影响。整体上看，随着 ER 由 0.4 增加至 0.6，颗粒升温在第一阶段基本相同。这说明，虽然 ER 的增加提高了燃烧的放热量，但受到传热速率的限制，增加的放热量对热解阶段几乎没有影响。在升温的第二阶段，随着 ER 的增加，颗粒温度的升温速率呈现先增加(约前 190s)再降低(约前 400s)再增加的趋势。前 190s，灰分液相率的增加速率随着 ER 的增加而增加，这表明由 ER 的增加所提高的放热量对气化过程的影响逐渐显现。而 190s 之后，升温速率随 ER 的增加而降低，这是因为，由于氧化反应增加，环境中产生了更多的 $CO_2$ 和 $H_2O$。这两种组分含量的增加，有利于焦的转化。焦的转化是一个吸热过程，随着焦转化的进行吸热量增加，进而降低了颗粒的升温速率。随着颗粒表面附近焦转化完全，裸露出的熔化

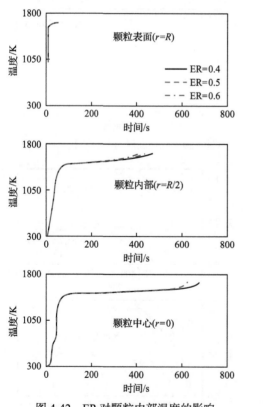

图 4-42　ER 对颗粒内部温度的影响

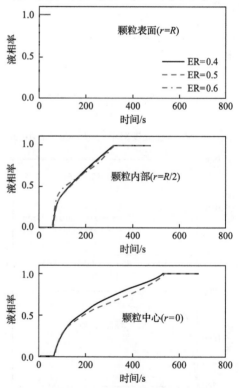

图 4-43　ER 对灰分液相率的影响

灰分逐渐剥落，这又有利于外界热量向颗粒内部传递。因此，400s后，颗粒的升温速率呈现增加的趋势。

(2) 传质特性

图 4-44 为气化温度对颗粒内部 $CO_2$ 浓度的影响。由 4.3.2 节的分析可以看出，环境中的热量首先使得颗粒表面温度升高。随着颗粒表面温度达到热解所需温度后，颗粒表面处的挥发分首先释放。同时，环境中的氧气向颗粒内部扩散，并与挥发物中的 $CH_4$ 和 CO 发生反应。这些反应导致颗粒表面 $CO_2$ 浓度迅速升高，但同时 $CO_2$ 与焦的反应消耗，使得 $CO_2$ 浓度又逐渐降低。当挥发分析出完全时，$CO_2$ 浓度达到峰值。需要注意的是，在焦转化后期，颗粒表面处的 $CO_2$ 浓度在反应后期呈现升高的趋势。考虑到焦转化是一个消耗 $CO_2$ 的过程，可以推测出，此时环境中的 $CO_2$ 浓度高于颗粒内部，颗粒内部 $CO_2$ 浓度的增加是由于环境中传质而来的。随着颗粒表面处焦的转化，所消耗的 $CO_2$ 浓度逐渐降低，这增加了颗粒表面与颗粒内部的 $CO_2$ 浓度差。因此，在焦转化后期，颗粒内部 $CO_2$ 浓度的增加速率显著加快。随着气化温度由 1396 K 增加至 1491K，颗粒的升温速率增加，这加速了热解所释放的 $CO_2$ 与焦的反应。因此，颗粒中 $CO_2$ 浓度峰值降低。$CO_2$ 浓度峰值的降低意味着颗粒与环境间的 $CO_2$ 浓度差增大，同时气体扩散系数随温度的增加而增大。这两者均有利于外界 $CO_2$ 向颗粒内部扩散，因此，峰值之后，随着气化温度的增加颗粒内部 $CO_2$ 浓度的增加速率加快。继续增加气化温度至高于流动温度（1591 K）后，颗粒中 $CO_2$ 的含量在长时间几乎保持不变，这是由于颗粒内部灰分的熔化占据了颗粒内部孔隙空间，进而阻碍了环境中的 $CO_2$ 向颗粒内部传递。随着颗粒表面焦转化完全，熔化的灰分剥落，颗粒内部传质阻力降低，同时，环境中的 $CO_2$ 浓度高于颗粒内部，表面灰分的剥落，增加了颗粒内部浓度梯度。这两方面原因共同导致在反应后期颗粒中 $CO_2$ 含量急剧增加。气化温度的增加，加速了颗粒中灰分的熔化，因此该趋势变得更加明显。

图 4-45 为气化温度对颗粒内部 $H_2O$ 浓度的影响。可以看出，在挥发分析出之前，由于水分的蒸发，颗粒中的水分含量增加。之后，随着挥发分的析出，稀释了颗粒中 $H_2O$ 浓度。此外，$H_2O$ 与焦反应也会在一定程度上减少 $H_2O$ 的绝对含量。因此，在挥发分析出阶段 $H_2O$ 浓度急剧降低，并且在热解完成时达到最低值。尽管焦转化过程会消耗 $H_2O$，但在焦转化阶段，颗粒中 $H_2O$ 浓度却逐渐升高，这表明颗粒内部 $H_2O$ 浓度的增加主要来自环境中的传质作用。当焦转化完成，颗粒中 $H_2O$ 浓度与环境中 $H_2O$ 浓度达到一致。随着气化温度的增加，颗粒中 $H_2O$ 浓度的最低值降低，这是因为，气化温度的增加加速了挥发分的释放，挥发分对 $H_2O$ 的稀释作用增强。气化温度对焦转化阶段 $H_2O$ 浓度的影响与 $CO_2$ 浓度相似。

图 4-46 和图 4-47 分别为颗粒尺寸对颗粒内部 $CO_2$ 和 $H_2O$ 浓度的影响。可以看出，在热解完成时出现的 $CO_2$ 浓度峰值随颗粒尺寸的增加而逐渐降低。由对图 4-40 分析表明，颗粒尺寸的增加限制了热解阶段颗粒内部温度的增加。因此，由挥发分析出而生成的 $CO_2$ 量降低，同时，由挥发分析出而生成的 $CH_4$ 和 CO 量减少，这也抑制了其与氧气反应所生成的 $CO_2$。挥发分析出量的降低减弱了对颗粒内部水分的稀释作用，因此颗粒中 $H_2O$ 浓度的降低趋势减缓。在焦转化阶段，颗粒内部 $CO_2$ 和 $H_2O$ 浓度的增加是由外界向内部传递所导致的。颗粒尺寸的降低减小了颗粒内部的传质阻力，同时降低颗粒尺

寸可提高颗粒内部的升温速率，进而增大气体的扩散系数，有利于气体的扩散。另外，灰分熔化速率增加，并从颗粒表面剥落，降低了颗粒的传质阻力。因此，随着颗粒尺寸的增加，$CO_2$ 和 $H_2O$ 浓度的增加速率减慢。

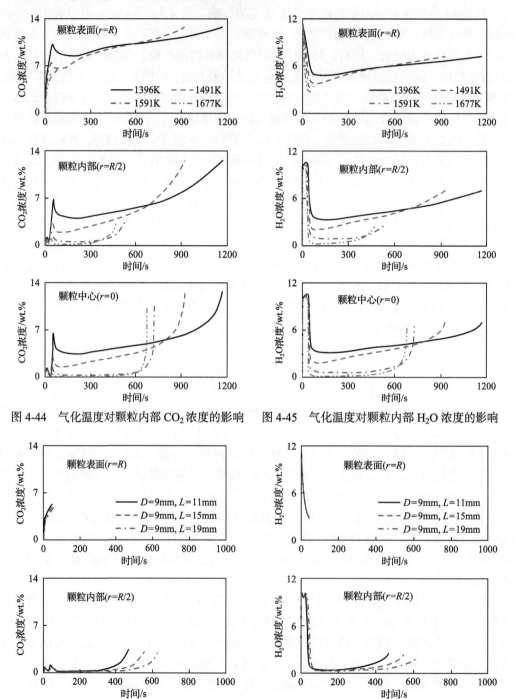

图 4-44　气化温度对颗粒内部 $CO_2$ 浓度的影响　　图 4-45　气化温度对颗粒内部 $H_2O$ 浓度的影响

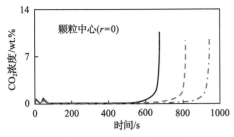

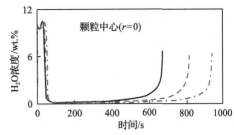

图 4-46　颗粒尺寸对颗粒内部 $CO_2$ 浓度的影响　　图 4-47　颗粒尺寸对颗粒内部 $H_2O$ 浓度的影响

　　图 4-48 为 ER 对颗粒内部 $CO_2$ 浓度的影响。在脱挥发分阶段，颗粒中的 $CO_2$ 主要是由热解产物中的 $CO_2$ 以及热解产物中的 CO、$CH_4$ 与氧气反应产生的。对图 4-42 的分析表明，ER 对热解阶段的温度几乎无影响，因此随着 ER 的增加颗粒中 $CO_2$ 浓度的几乎不变。随着反应向颗粒内部进行，在焦转化阶段，ER 的增加可以升高颗粒内部的 $CO_2$ 浓度。这是因为，随着 ER 的增加，热解产物中的可燃组分与氧气反应增强，进而导致环境中 $CO_2$ 浓度增加，提高了颗粒内部 $CO_2$ 的浓度梯度，因此加速了颗粒中 $CO_2$ 浓度的增加。同时，随着 ER 的增加，氧化反应增强，随之带来的是放热量的增强，这有利于颗粒表面处灰分的熔化与剥落，进而有利于颗粒传质阻力的降低以及 $CO_2$ 浓度梯度的提高。放热量的增加也有利于气体扩散系数的提高，因此 $CO_2$ 浓度的增加速率加快。图 4-49 为 ER 对颗粒内部 $H_2O$ 浓度的影响。可以看出，ER 对颗粒内部 $H_2O$ 浓度的影响集中在焦转

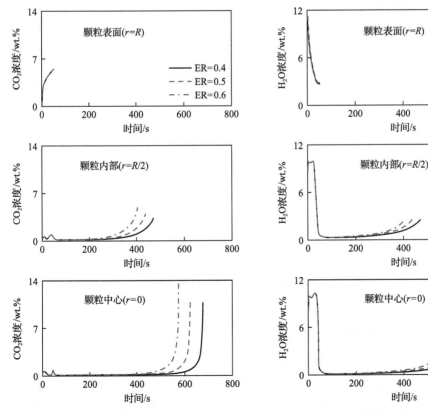

图 4-48　ER 对颗粒内部 $CO_2$ 浓度的影响　　　图 4-49　ER 对颗粒内部 $H_2O$ 浓度的影响

化阶段，并且其变化规律与 $CO_2$ 浓度的变化规律相似。

（3）反应特性

图 4-50 为气化温度对热解速率的影响。对图 4-38 的分析表明，在热解阶段，颗粒与环境的温差大，使得颗粒温度呈快速上升趋势。但是，受颗粒内传热的影响，沿着颗粒表面向颗粒中心的方向，颗粒内部升温速率降低。另外，热解模型［式(4-27)］表明，生物质颗粒的热解速率是由颗粒温度决定的，因而颗粒中心处的热解速率远低于颗粒表面处。当环境温度为 1396K 时，颗粒中心处的挥发分约在 35s 时开始析出，这说明，环境中的热量可在 35s 内使得颗粒中心处的局部温度高于热解所需温度。需要注意的是，随着气化温度由 1396K 增加至 1677K，颗粒表面处的热解速率降低了约 50%，而颗粒中心处的热解速率降低不足 5%。这说明，气化温度对颗粒内部热解速率的影响沿颗粒表面向颗粒中心方向逐渐降低。图 4-51 为气化温度对焦反应速率的影响。可以看出，焦转化速率的最大值沿颗粒表面向颗粒中心方向呈现先降低再升高的趋势。之前的分析表明，环境中的热量及气化组分均通过颗粒表面向颗粒中心传递，这意味着，焦转化反应是从颗粒表面向颗粒内部进行的。由于颗粒表面与外界环境直接接触，因此颗粒表面处焦的转化过程迅速发生，而颗粒内部靠近颗粒表面附近的焦，受传热和传质的影响，反应速率降低。例如，在 $r=R/2$ 处的焦，虽具有较高的反应温度，但是受传质速率的制约，限制了其反应。随着气化温度由 1396K 升高至 1491K，颗粒内部传质过程增强，这虽然使得颗粒内

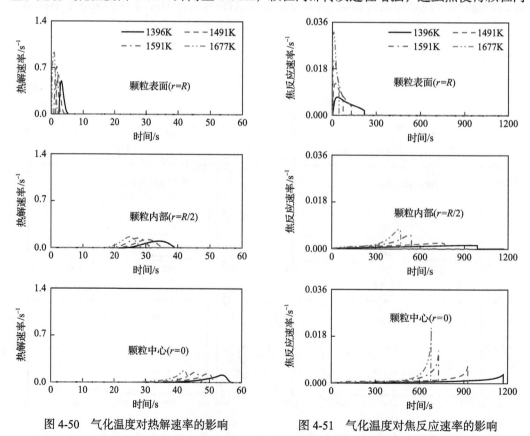

图 4-50　气化温度对热解速率的影响　　　图 4-51　气化温度对焦反应速率的影响

部的焦反应提前并且反应速率有所提高，但反应速率提高得并不明显。一旦气化温度高于灰分的流动温度后，焦的反应速率明显提高。这是因为，当气化温度低于灰分的流动温度时，提高气化温度增加了气体扩散系数，进而导致焦的反应速率提高。随着气化温度继续提高，除了增加气体扩散系数外，熔化灰分的剥落也促进了气体的传递，因此焦的反应速率提高得更加明显。

图 4-52 为颗粒尺寸对热解速率的影响。可以看出，随着颗粒尺寸的增加，颗粒表面和颗粒中心处的热解速率均呈现降低的趋势。这是因为，颗粒尺寸的增加，提高了颗粒的传热阻力，这减缓了热解阶段颗粒内部温度的上升，进而抑制了热解速率的提高。图 4-53 为颗粒尺寸对焦反应速率的影响。可以看出，随着颗粒尺寸的增加，焦反应速率逐渐降低，并且该趋势沿颗粒表面向颗粒中心方向加剧。图 4-40 表明，在焦转化过程中，不同尺寸下生物质颗粒的温度差别不大，因此焦反应速率上的差别主要是由颗粒内部传质过程上的差别导致的。随着颗粒尺寸的减小，颗粒的传质阻力降低，这有利于气化组分向颗粒内部传递。随着反应向颗粒中心处进行，颗粒表面处焦的反应完全，意味着颗粒表面处消耗的气化组分减少，这有利于气化组分向颗粒中心处传递。同时，颗粒尺寸的减小有利于颗粒灰分的熔化。熔化灰分从表面剥落进一步降低了颗粒的传质阻力，因而沿着颗粒表面向颗粒中心方向，焦反应速率变化得更加明显。

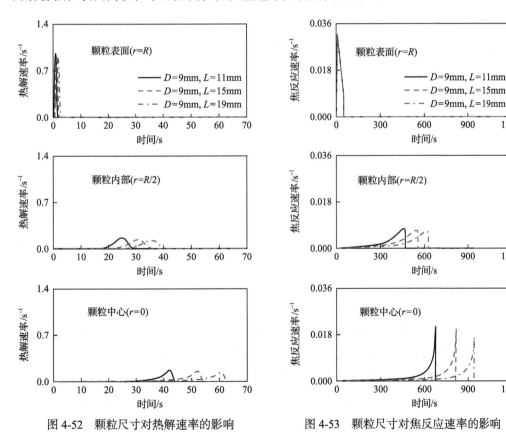

图 4-52　颗粒尺寸对热解速率的影响　　　　图 4-53　颗粒尺寸对焦反应速率的影响

图 4-54 为 ER 对热解速率的影响。可以看出，随着 ER 的增加，颗粒表面和颗粒中心处的热解速率均呈现增加的趋势。这是因为，ER 的增加，提高了生物质中的颗粒组分与氧气的反应，进而增加了放热量。放热量的增加，提高了颗粒内部的温度，进而增加了热解速率。但是，由图 4-42 可以看出，ER 的增加对颗粒温度的升高作用并不明显，因而热解速率的增加量较为微弱。但是，需要注意的是，ER 的增加会增加气化组分($CO_2$和$H_2O$)的含量，这有利于$CO_2$和$H_2O$组分向颗粒内部扩散，因此随着 ER 的增加，焦反应速率增加，如图 4-55 所示。随着靠近颗粒表面焦的转化，熔化灰分的剥落，又降低了颗粒内的传质阻力。因此，沿着颗粒表面向颗粒中心方向，ER 对焦反应速率的影响作用加剧。

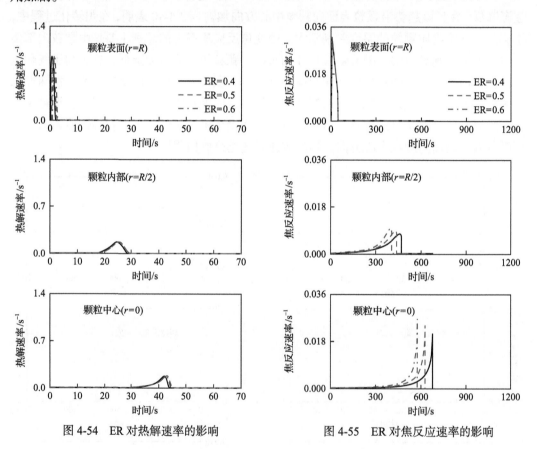

图 4-54　ER 对热解速率的影响　　　　图 4-55　ER 对焦反应速率的影响

(4) 反应时间

图 4-56 为气化温度对热解时间和总气化时间的影响。其中，颗粒中挥发分完全析出所需的时间定义为热解时间；颗粒中碳转化率达到 99% 时所用的时间定义为总气化时间。整体上看，随着气化温度的增加，秸秆生物质颗粒的热解时间和总气化时间均减少。例如，随着气化温度由 1400K 增加至 1680K，热解时间减少了约 10s，而总气化时间降低了约 400s。这表明，气化温度对秸秆生物质颗粒气化时间的影响集中在焦反应阶段。另外，可以发现，当气化温度高于灰分流动温度 50K 后，颗粒总气化时间加速降低，然而，

当气化温度达到 1600K 之后，反应时间降低的趋势减弱。这暗示着，当进行秸秆生物质高温气化装置设计时，气化温度应高于 1600K。热解时间和总气化时间的差值随着气化温度的增加而增加，这表明在整个气化过程中，热解阶段与焦反应阶段的阶段性更加明显。图 4-57 为 ER 对热解时间和总气化时间的影响。随着 ER 的增加，热解时间和总气化时间均呈现降低的趋势。随着 ER 由 0.4 增加至 1，总气化时间降低了约 130s，而热解时间降低了不足 10s，并且热解时间降低的趋势主要集中在 ER 大于 0.5 的条件下。这表明，在对生物质高温气化装置设计时，当 ER 小于 0.5 时，几乎可以忽略 ER 对热解时间的影响。图 4-58 为颗粒尺寸对热解时间和总气化时间的影响。可以看出，随着颗粒尺寸的增加，生物质颗粒的热解时间和总气化时间均呈现上升的趋势，并且该趋势随着颗粒尺寸的增加变得更加明显。

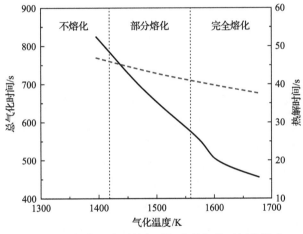

图 4-56　气化温度对热解时间和总气化时间的影响

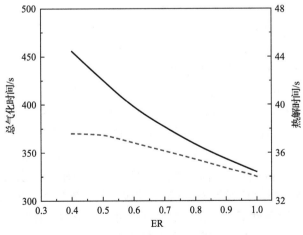

图 4-57　ER 对热解时间和总气化时间的影响

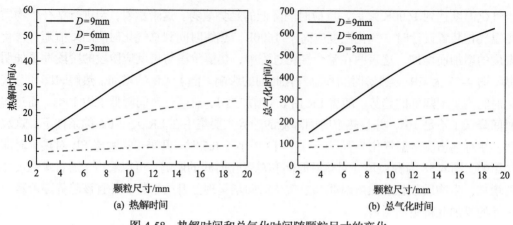

(a) 热解时间　　　　　　　　　　　　(b) 总气化时间

图 4-58　热解时间和总气化时间随颗粒尺寸的变化

## 4.4　本 章 小 结

本章以粉料和成型生物质焦为原料进行气化实验，通过气体分析系统在线分析气体产物的释放特性，并根据高温热解制焦及生物质焦气化特点，详细研究了热解温度、气化剂和生物质焦混合物 O/C 及气化剂中水蒸气量对生物质焦气化的影响。其结果如下：①粉料生物质焦水蒸气气化过程中，制取条件均为 900℃停留 5s 的秸秆焦和稻壳焦的碳转化率最高，最高分别为 91.20%和 87.79%，碳转化率受生物质焦的化学结构影响大于物理结构影响。在制取条件为 900℃停留 5s 时，秸秆焦和稻壳焦产生 $H_2$ 和 CO 均为最多。稻壳焦气化产气中 $CO_2$ 含量高于秸秆焦中 $CO_2$ 含量，$CH_4$ 含量较小，浓度变化不大。②成型生物质焦气化反应过程中，制取条件为 1400℃停留 10min 时，秸秆焦和稻壳焦的碳转化率最高，分别为 66.11%和 63.75%。气化温度为 1300℃时，该温度介于秸秆灰熔融特征温度区间，秸秆焦的碳转化率受到抑制，但该温度低于稻壳灰熔融温度，稻壳焦的碳转化率未受到抑制作用。③通过循环和燃烧分别占秸秆和稻壳热解产物的 43%～46%和 42%～44%的热解产气，可以实现热解系统中能量的自给。产气中 $H_2$ 和 CO 的含量随热解温度的增加而增加。秸秆焦和稻壳焦的产率从 700℃下的 24%和 35%下降到 1400℃下的 14%和 26%。④当气化剂为空气时，随着 O/C 输入比从 0.1 增至 1，即在燃料丰富的条件下，秸秆焦气化温度从 1100℃升高到 1518℃，稻壳焦气化温度从 1068℃升高到 1406℃。当气化剂为空气和水蒸气的混合物时，秸秆焦气化温度随水蒸气分数的增加而降低。在 O/C 为 1 时，秸秆焦和稻壳焦的气化产气中 $H_2$ 比例随水蒸气比例先增加，在 70%时达到最大值，然后下降。考虑到 $H_2$ 和 CO 的输出，建议在气化剂中的水蒸气分数为 30%～40%。当 O/C 设置为 1.5 时，建议在气化剂输入中的水蒸气分数为 60%。

探究了在不同气化条件下，生物质高温气化过程中形貌、孔隙、碳结构、无机组分的转化行为，结果表明：①当气化温度高于灰分的变形温度而低于灰分的流动温度时，生物质中的灰分因熔化而形成小球形晶体颗粒，进而导致颗粒表面呈现粗糙状态。继续增加气化温度至灰分流动温度之上，位于颗粒表面处的小球形晶体颗粒首先融合成大球形晶体颗粒，接着从颗粒表面剥落。②在生物质高温气化过程中，灰分的熔化主要是形成了低熔点的白云母所导致的，并且气化温度、ER 及颗粒 $S/V$ 的增加均有利于该物质的生成。③当气化温度低于灰分变形温度时，颗粒中微孔比表面积约占总比表面积的 30%。而随着气化温度高于灰分变形温度，颗粒中的孔隙结构主要由介孔构成，微孔比表面积最大不超过 $4m^2/g$。④在生物质高温气化过程中，随着气化反应的进行，颗粒的碳结构向着不利于气化反应的方向发展。气化温度的增加促进了气化剂与颗粒中交联结构的碳反应，抑制其与小芳环结构的碳反应。ER 和 $S/V$ 的增加会同时促进气化剂与交联结构和小芳环结构的碳反应。

考虑到灰分在不同熔融特征温度段内的演化行为，结合传热传质和反应动力学机理，建立了单颗粒秸秆生物质高温气化模型。通过将计算结果与实验结果相对比，验证了模型的正确性。基于该模型，探究了灰分熔化对秸秆生物质气化过程中传热传质、反应速率及反应时间的影响，结果表明：①随着气化温度高于灰分的流动温度，由环境向颗粒内部传递的热量已大于灰分因熔化而吸收的热量。颗粒表面处熔融灰分的剥落使得原先被熔融灰分覆盖的部分直接暴露于环境中，这有利于颗粒与周围环境之间热量的传递，进而提高了颗粒内部的升温速率。②位于颗粒内部灰分的熔化，减小了颗粒内部孔隙，进而阻碍了环境中的气态组分向颗粒内部传递。颗粒表面处熔融灰分剥落会降低颗粒内部传质阻力，进而导致在反应后期颗粒中气态组分含量的急剧增加。③当气化温度高于灰分流动温度 50K 后，颗粒总气化时间加速减少，然而，在气化温度达到 1600K 之后，总气化时间减少的趋势减弱。当 ER 小于 0.5 时，ER 对秸秆生物质颗粒热解速率的影响可以被忽略。

# 参 考 文 献

[1] Susastriawan A A P, Saptoadi H, Purnomo. Small-scale downdraft gasifiers for biomass gasification: A review[J]. Renewable and Sustainable Energy Reviews, 2017, 76: 989-1003.

[2] Doherty W, Reynolds A, Kennedy D. The effect of air preheating in a biomass CFB gasifier using Aspen Plus simulation[J]. Biomass & Bioenergy, 2009, 33(9): 1158-1167.

[3] Nemtsov D, Zabaniotou A. Mathematical modelling and simulation approaches of agricultural residues air gasification in a bubbling fluidized bed reactor[J]. Chemical Engineering Journal, 2008, 143(1-3): 10-31.

[4] Bridgwater A. The technical and economic feasibility of biomass gasification for power generation[J]. Fuel, 1995, 74(5): 631-653.

[5] Puig-Arnavat M, Bruno J C, Coronas A. Review and analysis of biomass gasification models[J]. Renewable and Sustainable Energy Reviews, 2010, 14(9): 2841-2851.

[6] Shayan E, Zare V, Mirzaee I. Hydrogen production from biomass gasification: A theoretical comparison of using different gasification agents[J]. Energy Conversion and Management, 2018, 159: 30-41.

[7] Hu Y, Cheng Q, Wang Y, et al. Investigation of biomass gasification potential in syngas production: Characteristics of dried biomass gasification using steam as the gasification agent[J]. Energy & Fuels, 2019, 34(1): 1033-1040.

[8] Yan F, Luo S, Hu Z, et al. Hydrogen-rich gas production by steam gasification of char from biomass fast pyrolysis in a fixed-bed reactor: Influence of temperature and steam on hydrogen yield and syngas composition[J]. Bioresource Technology, 2010, 101(14): 5633-5637.

[9] Koppatz S, Pfeifer C, Rauch R, et al. H$_2$ rich product gas by steam gasification of biomass with in situ CO$_2$ absorption in a dual

fluidized bed system of 8 MW fuel input[J]. Fuel Processing Technology, 2009, 90 (7-8) : 914-921.

[10] Wang X, Lv W, Guo L, et al. Energy and exergy analysis of rice husk high-temperature pyrolysis[J]. International Journal of Hydrogen Energy, 2016, 41 (46) : 21121-21130.

[11] Zhai M, Wang X, Zhang Y, et al. Characteristics of rice husk tar secondary thermal cracking[J]. Energy, 2015, 93: 1321-1327.

[12] Couto N, Silva V, Monteiro E, et al. Modeling of fluidized bed gasification: Assessment of zero-dimensional and CFD approaches[J]. Journal of Thermal Science, 2015, 24 (4) : 378-385.

[13] Nikoo M B, Mahinpey N. Simulation of biomass gasification in fluidized bed reactor using Aspen Plus[J]. Biomass & Bioenergy, 2008, 32 (12) : 1245-1254.

[14] Kaushal P, Tyagi R. Advanced simulation of biomass gasification in a fluidized bed reactor using Aspen Plus[J]. Renewable Energy, 2017, 101: 629-636.

[15] Sharma A M, Kumar A, Madihally S, et al. Prediction of biomass-generated syngas using extents of major reactions in a continuous stirred-tank reactor[J]. Energy, 2014, 72: 222-232.

[16] Kong X, Zhong W, Du W, et al. Compartment modeling of coal gasification in an entrained flow gasifier: A study on the influence of operating conditions[J]. Energy Conversion and Management, 2014, 82: 202-211.

[17] Biagini E, Bardi A, Pannocchia G, et al. Development of an entrained flow gasifier model for process optimization study[J]. Industrial & Engineering Chemistry Research, 2009, 48 (19) : 9028-9033.

[18] Kong X, Zhong W, Wenli D, et al. Three stage equilibrium model for coal gasification in entrained flow gasifiers based on Aspen Plus[J]. Chinese Journal of Chemical Engineering, 2013, 21 (1) : 79-84.

[19] Yi Q, Feng J, Li W Y. Optimization and efficiency analysis of polygeneration system with coke-oven gas and coal gasified gas by Aspen Plus[J]. Fuel, 2012, 96: 131-140.

[20] Duan W, Yu Q, Wang K, et al. Aspen Plus simulation of coal integrated gasification combined blast furnace slag waste heat recovery system[J]. Energy Conversion and Management, 2015, 100: 30-36.

[21] Tavares R, Monteiro E, Tabet F, et al. Numerical investigation of optimum operating conditions for syngas and hydrogen production from biomass gasification using Aspen Plus[J]. Renewable Energy, 2020, 146: 1309-1314.

[22] Dhanavath K N, Shah K, Bhargava S K, et al. Oxygen-steam gasification of karanja press seed cake: Fixed bed experiments, Aspen Plus process model development and benchmarking with saw dust, rice husk and sunflower husk[J]. Journal of Environmental Chemical Engineering, 2018, 6 (2) : 3061-3069.

[23] Ahmad A A, Zawawi N A, Kasim F H, et al. Assessing the gasification performance of biomass: A review on biomass gasification process conditions, optimization and economic evaluation[J]. Renewable and Sustainable Energy Reviews, 2016, 53: 1333-1347.

[24] Cetin E, Moghtaderi B, Gupta R, et al. Influence of pyrolysis conditions on the structure and gasification reactivity of biomass chars[J]. Fuel, 2004, 83: 2139-2150.

[25] Wornat M J, Hurt R H, Yang N Y C, et al. Structural and compositional transformations of biomass chars during combustion[J]. Combustion and Flame, 1995, 100: 131-143.

[26] Du S, Yang H, Qian K, et al. Fusion and transformation properties of the inorganic components in biomass ash[J]. Fuel, 2014, 117: 1281-1287.

[27] Yao X, Zhao Z, Chen S, et al. Migration and transformation behaviours of ash residues from a typical fixed-bed gasification station for biomass syngas production in China[J]. Energy, 2020, 201: 117646.

[28] Vassilev S V, Kitano K, Takeda S, et al. Influence of mineral and chemical composition of coal ashes on their fusibility[J]. Fuel Processing Technology, 1995, 45: 27-51.

[29] Vassilev S V, Baxter D, Vassileva C G. An overview of the behaviour of biomass during combustion: Part I. Phase-mineral transformations of organic and inorganic matter[J]. Fuel, 2013, 112: 391-449.

[30] Tong W, Liu Q, Yang C, et al. Effect of pore structure on $CO_2$ gasification reactivity of biomass chars under high-temperature pyrolysis[J]. Journal of the Energy Institute, 2020, 93: 962-976.

[31] Borah R C, Ghosh P, Rao P G. A review on devolatilization of coal in fluidized bed[J]. International Journal of Energy Research, 2011, 35: 929-963.

[32] Huo W, Zhou Z, Guo Q, et al. Gasification reactivities and pore structure characteristics of feed coal and residues in an industrial gasification plant[J]. Energy & Fuels, 2015, 29: 3525-3531.

[33] Adschiri T, Furusawa T. Relation between $CO_2$-reactivity of coal char and BET surface area[J]. Fuel, 1986, 65: 927-931.

[34] Hurt R H, Sarofim A F, Longwell J P. The role of microporous surface area in the gasification of chars from a sub-bituminous coal[J]. Fuel, 1991, 70: 1079-1082.

[35] Li X, Hayashi J, Li C Z. FT-Raman spectroscopic study of the evolution of char structure during the pyrolysis of a Victorian brown coal[J]. Fuel, 2006, 85: 1700-1707.

[36] Leites L A, Bukalov S S. Raman intensity and conjugation with participation of ordinary $\sigma$ - bonds[J]. Journal of Raman Spectroscopy, 2001, 32: 413-424.

[37] Li X, Hayashi J, Li C Z. FT-Raman spectroscopic study of the evolution of char structure during the pyrolysis of a Victorian brown coal[J]. Fuel, 2006, 85: 1700-1707.

[38] Xu S, Zhou Z, Yu G, et al. Effects of pyrolysis on the pore structure of four Chinese coals[J]. Energy & fuels, 2010, 24: 1114-1123.

[39] Alvarado P N, Cadavid F J, Santamaría A, et al. Reactivity and structural changes of coal during its combustion in a low-oxygen environment[J]. Energy & Fuels, 2016, 30: 9891-9899.

[40] Evans R J, Milne T A. Molecular characterization of the pyrolysis of biomass. 2. Applications[J]. Energy & fuels, 1987, 1: 311-319.

[41] Demirbaş A. Biomass resource facilities and biomass conversion processing for fuels and chemicals[J]. Energy conversion and Management, 2001, 42 (11): 1357-1378.

[42] Thunman H, Leckner B, Niklasson F, et al. Combustion of wood particles—A particle model for Eulerian calculations[J]. Combustion and Flame, 2002, 129: 30-46.

[43] Machmudah S, Wicaksono D T, Happy M, et al. Water removal from wood biomass by liquefied dimethyl ether for enhancing heating value[J]. Energy Reports, 2020, 6: 824-831.

[44] Lu H, Robert W, Peirce G, et al. Comprehensive study of biomass particle combustion[J]. Energy & Fuels, 2008, 22 (4): 2826-2839.

[45] Simpson W, TenWolde A. Physical properties and moisture relations of wood[J]. The Encyclopedia of Wood, 1999, 3: 3-5.

[46] Li J, Paul M C, Younger P L, et al. Prediction of high-temperature rapid combustion behaviour of woody biomass particles[J]. Fuel, 2016, 165: 205-214.

[47] Evans R J, Milne T A. Molecular characterization of the pyrolysis of biomass. 2. Applications[J]. Energy & Fuels, 1987, 1: 311- 319.

[48] DEMİRBAŞ A. Hydrocarbons from pyrolysis and hydrolysis processes of biomass[J]. Energy Sources, 2003, 25: 67-75.

[49] Shafizadeh F, Chin P P S. Thermal Deterioration of Wood[M]. Washington DC: American Chemical Society, 1977.

[50] Chan W C R, Kelbon M, Krieger B B. Modelling and experimental verification of physical and chemical processes during pyrolysis of a large biomass particle[J]. Fuel, 1985, 64: 1505-1513.

[51] Rath J, Staudinger G. Cracking reactions of tar from pyrolysis of spruce wood[J]. Fuel, 2001, 80: 1379-1389.

[52] Haseli Y, van Oijen J A, de Goey L P H. A detailed one-dimensional model of combustion of a woody biomass particle[J]. Bioresource Technology, 2011, 102: 9772-9782.

[53] Haseli Y, van Oijen J A, de Goey L P H. Modeling biomass particle pyrolysis with temperature-dependent heat of reactions[J]. Journal of Analytical and Applied Pyrolysis, 2011, 90: 140-154.

[54] Porteiro J, Granada E, Collazo J, et al. A model for the combustion of large particles of densified wood[J]. Energy & Fuels, 2007, 21: 3151-3159.

[55] Grieco E, Baldi G. Analysis and modelling of wood pyrolysis[J]. Chemical Engineering Science, 2011, 66: 650-660.

[56] Narayan R, Antal M J. Thermal lag, fusion, and the compensation effect during biomass pyrolysis[J]. Industrial & Engineering Chemistry Research, 1996, 35: 1711-1721.

[57] Bryden K M, Hagge M J. Modeling the combined impact of moisture and char shrinkage on the pyrolysis of a biomass particle[J]. Fuel, 2003, 82: 1633-1644.

[58] Koufopanos C A, Papayannakos N, Maschio G, et al. Modelling of the pyrolysis of biomass particles. Studies on kinetics, thermal and heat transfer effects[J]. The Canadian Journal of Chemical Engineering, 1991, 69: 907-915.

[59] Babu B V, Chaurasia A S. Heat transfer and kinetics in the pyrolysis of shrinking biomass particle[J]. Chemical Engineering Science, 2004, 59: 1999-2012.

[60] Bates R B, Ghoniem A F. Modeling kinetics-transport interactions during biomass torrefaction: The effects of temperature, particle size, and moisture content[J]. Fuel, 2014, 137: 216-229.

[61] Hagge M J, Bryden K M. Modeling the impact of shrinkage on the pyrolysis of dry biomass[J]. Chemical Engineering Science, 2002, 57: 2811-2823.

[62] Fatehi H, Bai X S. A comprehensive mathematical model for biomass combustion[J]. Combustion Science and Technology, 2014, 186: 574-593.

[63] Bu C S. Investigation on mechanism of oxy-fuel coal combustion in fluidized beds[D]. Nanjing: Southeast University, 2015.

# 第5章 生物质高温热解气化反应动力学

动力学的研究对于理解化学反应过程和确定反应参数至关重要。热解气化动力学与生物质的热化学利用直接相关，通过它可以深入了解反应的反应过程或机理，并可以预测反应速率和复杂程度及反应的难易程度[1,2]。因此，建立反应动力学模型将有助于揭示生物质高温热解气化反应机制。开发基于高温热化学转化的新型途径来高效利用生物质，具有重要的科学研究价值和工程应用前景。

过去的几十年中，学者对生物质热解动力学已经进行了广泛的研究。热解动力学模型通常借助于实验研究，使用先进仪器及分析技术进行动力学建模[3,4]。最广泛使用的计算方法是模型拟合方法，它预先假设反应函数 $f(\alpha)$，随后强行拟合实验数据以获得动力学参数。例如，反应级数模型[5]、成核生长模型[6]、二次热解模型[7]等。此类模型理论主要是从均相反应动力学理论发展而来。而在实际情况中，热解过程其实是一种热刺激非均相反应，因此学者[8,9]提出了用于模拟原料的热降解速率或预测生物质热解过程中产物的形成速率的方法来推导模型。先进的动力学方法和计算化学方法的大量使用，使得具有综合机理方案的模型出现，如详细集中动力学模型[10]、分布式活化能模型[11]、动力学蒙特卡罗模型[12]等。它们都通过模拟生物质的质量损失率以及热解产物分布来验证准确性。两类模型的不同之处在于，综合机理采用的是固相转化率，而不是反应物浓度。通常使用阿累尼乌斯理论来描述反应速率，计算出相应的动力学参数。而若想精确地模拟热解过程中的质量损失过程，前提是需要明确基元反应步骤以及精确地计算每个步骤内的动力学参数(指前因子、活化能等)。然而，中间产物详细检测技术手段的缺失，使得通过实验对热解机制进行分子水平的了解受到了阻碍[13]。但是伴随着高性能计算机的发展，分子模拟为确立每个基本步骤的反应方程和计算相关动力学参数的详细信息提供了可能性[14]。

木质纤维素生物质因为主要成分明确、结构简单、重复性好而在热解动力学研究中受到广泛关注。然而却由于生物质种类、实验条件、计算过程和线性区间选择的差异，不同研究获得的动力学参数差异很大[15]。例如，Ramiah[16]提出木聚糖热解过程中的质量损失可以分为两个范围：第一个范围为195~225℃，活化能为62.8kJ/mol，第二个范围为225~330℃，活化能为108.7kJ/mol。Liu 等[17]根据 DTG 曲线中的两个质量损失峰，观察到从冷杉和桦木中分离出的木质素热解过程中的两个主要降解阶段。杉木木质素热解这两个质量损失阶段的活化能分别为72.9kJ/mol 和136.9kJ/mol，而桦木木质素热解这两个质量损失阶段的活化能分别为87.2kJ/mol 和141.7kJ/mol。因此，需要将实验条件与生物质成分联系起来，建立统一的热解模型。Ranzi 等[18]开发的详细动力学方案是从生物质的三个参考组分出发，依据实验条件设定，来描述热解过程的固体转化、气体释放和脱挥发分反应，可以预测有限数量的反应步骤中某些产物的总产率。该模型不仅可以在颗粒尺度上，而且可以在反应器尺度上有效地预测生物质的热解行为。但在生物质结构及其脱挥发分过程中有着明显的简化。随后 Debiagi 等[19]将提取物分为两类：亲水性提取物和疏水性提取物。疏水性提取物主要包括树脂和甘油三酯，并以新的参比成分 TGL（$C_{57}H_{100}O_7$）为代表。亲水性提取物主要由缩合单宁组成，并以 TANN（$C_{15}H_{12}O_7$）为代表。在热解过程中，TGL 的分解产物为一种丙烯醛（$C_2H_3CHO$）和三种游离脂肪酸（$C_{18}H_{32}O_2$）。TANN 的降解由两个串联反应描述：TANN 首先经历杂环裂变形成酚类物质和中间体 ITANN（$C_9H_6O_6$）。中间体 ITANN 进一步转化为焦、水和小分子气体产物。将提取物引入详细的集总动力学模型极大地扩展了其应用并更准确地模拟了整个热解过程。

综上所述，基于多步反应的集总动力学模型适用于不同的生物质原料和热解条件，是用于探究生物质高温热解动力学的最优选择。但现有的生物质热解多步集总模型工作范围均处于热解温度低于 800℃的范围内，未考虑在高温条件下的情况。高温热解的产物不仅具有良好的蒸汽气化反应活性，同时又可以彻底解决焦油带来的问题。因此，开发一种适用于高温热解条件下的生物质热解集总动力学模型，为高温蒸汽气化动力学研究提供基础具有重要意义。

# 5.1　生物质焦的分子结构及其气化动力学研究基础

生物质焦是生物质在热解过程中分解而成的一种固体物质，其结构会随着热解条件的不同（温度、反应气氛等）而发生改变。而焦结构很大程度上决定着焦的化学反应性，对气化过高起着至关重要的作用，因此充分认识生物质焦结构演化，构建合理的焦结构模型是从微观角度研究生物质热转化过程及其反应机理的基础。因此，许多学者致力于研究生物质焦的理化特性。

制焦条件对生物质焦颗粒理化特性的影响是研究人员首先关注的问题。Guizani 等[20]研究了在 $H_2O$、$CO_2$ 及其混合气氛下焦的气化反应特性。研究结果表明，在 $H_2O$ 气氛中获得的焦的孔隙结构比在相同转化率下 $CO_2$ 气氛中获得的焦的孔隙结构更加丰富。在 $H_2O$ 气氛下，颗粒中优先产生 1nm 的微孔并在转化过程中产生中孔，而在 $CO_2$ 气氛下，颗粒中主要形成微孔且具有明显的双峰孔径分布现象。Keown 等[21]研究了生物质焦在 $O_2$ 气氛中结构的演变。结果发现，在热解温度为 973K 与 1173K 条件下得到的焦结构相似，而 773K 条件下得到的焦结构与这两者明显不同。较小的芳香环和脂肪族结构会被 $O_2$ 优先消耗，从而使焦颗粒中含有更丰富的大芳环碳结构。He 等[22]研究了焙烧生物质焦的 $CO_2$ 气化特性，研究发现，一旦制焦温度高于 1073K，焦的反应性会明显降低，这是由焦结构演变及碱金属和碱土金属含量变化所导致的。Zhang 等[23]研究了生物质组分之间的相互作用机理，发现焦演化受初级相互作用（在 300℃或 400℃）和次级相互作用（在 500℃或 650℃）的影响，主要相互作用有助于聚合物解聚和苯丙烷侧链断裂，促进单体分子的开环、环化、重排和聚合，导致焦芳构化程度更高（图 5-1）。Dall'Ora 等[24]研究了热解条件对焦结构和反应性的影响。结果表明，在高加热速率（104～105K/s）条件下产生

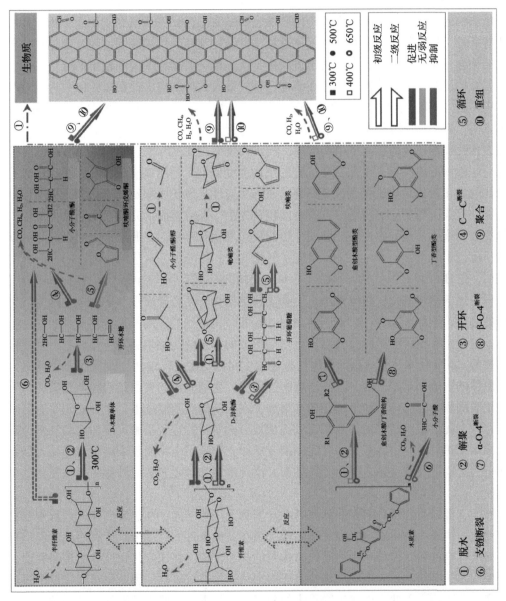

图5-1　焦化学结构演变的相互作用机理[23]

的松木焦颗粒为球形且内部具有空腔结构；山毛榉焦颗粒的球形度低于松木焦颗粒，其表面光滑且内部为多孔结构。山毛榉中的灰分含量（尤其是 Ca 和 K 含量）高于松木，灰分熔化是造成这两种焦颗粒形貌区别的主要原因。林晓芬等[25]使用压汞法分析了生物质焦孔隙结构，发现热解温度、热解保持时间、快/慢速热解都会影响焦的比表面积和平均孔径，但对孔径分布规律影响不大，孔径分布规律取决于生物质原料自身的性质。

焦颗粒的理化特性会随着焦的转化而发生明显变化。Fu 等[26]研究了稻壳生物质在快速热解条件下所制得的焦在水蒸气气化过程中的结构演变。结果表明：随着焦的转化，颗粒结构会发生剧烈变化。在焦转化过程中，优先消耗脂肪族结构和较小的芳环结构，使得焦结构更有序并富含较大的芳环结构，颗粒最大孔隙结构出现在焦转化率为 48.6%时。Wu 等[27]研究了杨树、玉米秸秆和柳枝颗粒在 $H_2O$ 和 $CO_2$ 气化过程中的孔隙变化。结果表明：焦的反应过程主要在颗粒的大孔中进行，随着碳转化率从 0 增加至 90%，颗粒的大孔孔径和比表面积几乎单调增加。当焦转化率达到 97%时，颗粒中的孔结构会急剧减小。Fatehi 等[28]建立了焦转化过程的结构演变模型。利用该模型发现：颗粒中微孔和中孔的演化对焦转化过程有重要影响。焦的反应性与焦表面积及反应物和孔表面接触的可能性有关。与反应物接触的有效表面积首先由于颗粒温度的升高而降低，接着由于孔的扩大而增大。这导致在转化前期，焦的反应性相对缓慢的单调增加，而在转化后期焦的反应性迅速增加。Wang 等[29]研究了气化气氛和颗粒尺寸对焦结构的影响，研究结果表明，在 $H_2O$ 和 $CO_2$ 气氛下颗粒尺寸对焦结构的影响最小。Wu 等[30]研究了在 $H_2O$ 气化过程中焦的结构演化。结果显示，生物质焦结构具有高度异质性和无序性，随着气化过程的进行，较大的芳环结构增加。Komarova 等[31]发现焦的非均相反应主要发生在中孔表面，这些中孔很可能是微孔在焦转化初期形成的。焦的孔隙率随着转化的进行呈线性增加趋势。碳转化率达到 50%时，焦的粒径发生明显变化。Tong 等[32]研究了孔结构对焦化反应性的影响。结果发现，在高温热解过程中，生物质焦的表面结构逐渐被破坏，同时，比表面积、总孔体积和平均孔径均增加。在较高的热解温度下，生物质焦具有更多的微孔和中孔。戴贡鑫[33]对生物质三大组成成分热解过程进行了微尺度的实验和理论研究，揭示了热解过程中各组分的官能团演变规律，明晰了生物质复杂结构官能团与最终热解行为之间的关联关系，提出了纤维素、半纤维素和木质素热解转化为生物质焦的微观机制。

然而，源自生物质焦的碳质具有高度异质和无序的结构，在热解和气化过程中容易发生变化。由于生物质本身结构复杂多样，虽在高温条件下会逐渐趋于有序化，但仍存在诸多活性官能团，使得对生物质焦结构未能全面认识。在现有气化反应机理研究中，也均使用多苯环结构作为生物质焦的替代模型化合物进行研究，因此也对气化反应机理研究产生了影响。因此，构建生物质焦的分子结构是进一步研究高温气化过程的重要前驱基础。

生物质焦气化反应过程复杂且短暂，对其中间产物及反应过程难以用实验的方法进行检测和分析。分子动力学模拟和密度泛函理论（density functional theory, DFT）是应用最为广泛的两种微尺度计算方法。其中分子动力学模拟已经被证明是一种可以识别压力和温度下的分子运动规律和原子迁移信息的计算方法。密度泛函理论则是一种有价值的量子化学研究工具，既可以用来验证从实验分析中得出的结论，也可以用来理解微观反应过程。因此，随着数值计算技术的飞速发展，越来越多的学者试图使用数值模拟方法从微观上更加详细地揭示气化机理。

徐朝芬[34]对煤与生物质焦混合物气化动力学特性开展了研究，发现褐煤与木屑共气化过程中存在协同效应，生物质羟基的引入是促使共气化反应活性点增加的主要原因，整个共气化过程可分为缩聚反应快于小分子气化反应阶段、小分子气化反应为主体的气化阶段和大分子碳骨架被气化消耗阶段。Liu 等[35]对木质素在超临界水中的气化过程进行了 ReaxFF 分子动力学模拟，揭示了其微观机理，发现气化反应生成大量 $H_2$ 和 CO，并且超临界水为产物提供更多的 H 和 O，而温度在木质素的产物和裂解速率中起重要作用。Chen 等[36]使用分子动力学方法对焦 $CO_2$ 气化过程和燃烧过程进行了模拟。结果表明，O 自由基和 $CO_2$ 分子在焦氧化和气化过程中会吸附和破坏焦模型中代表性多环芳烃分子的边缘。高 $CO_2$ 浓度会阻碍气态分子和轻质焦油与 O 自由基反应形成较小的碳质分子。在原子水平上加深对焦热化学转化过程的理解。Hong 等[37]对烟煤焦的氧化和气化过程进行了分子动力学计算，发现焦氧化反应所需活化能低于气化反应所需活化能，水蒸气气化反应活化能低于 $CO_2$ 气化反应。通过对产物和自由基的分布及焦分子结构演变的分析，揭示了焦的燃烧和气化机理。Du 等[38]使用原子模拟研究了焦水蒸气、$CO_2$ 及二者混合气气化反应(图 5-2)。结果表明，高压条件下水蒸气最初更好地渗透到焦中，随着碳转化率的增加逐渐降低。水蒸气的增加会极大地抑制焦与 $CO_2$ 反应。而当压力逐渐降低时，两种气化剂从竞争性向添加剂性转变。不同气化剂对焦中孔径的变化存在差异，水蒸气气化对微孔的影响更大。

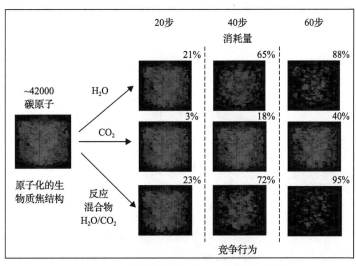

图 5-2　不同气化剂条件下焦结构演化[38]

Sendt 等[39]使用密度泛函理论在 B3LYP/6-31G(d)计算精度上先后研究了焦与氧气的反应。对化学吸附、脱附、重排和表面转移的路径进行了全面搜索，提供了焦炭边缘几何结构在反应中的变化细节，并通过过渡态和中间体的能量计算了相应的动力学参数，揭示了焦表面活性位点与氧结合迁移转化的动力学机理。Link 等[40]通过密度泛函理论对比了几种生物质焦的气化氧化反应活性，结果表明反应性的差异可以通过矿物质含量、内表面积、活性位点和多孔结构性质的差异来解释，同时高硅含量会抑制碱/碱土金属对气化催化的活性。Tian 等[41]对芒草生物质焦 $CO_2$ 气化过程进行了量子化学计算（图 5-3），分析了气化过程中每个步骤热力学参数和动力学参数，对比了不同反应路径。同时，发现在气化过程中，对于发生开环反应的苯环，当取代基位于 2、3 号位时 1 和 6 之间的 C—C 键更容易发生断裂反应。Jiao 等[42]利用密度泛函理论研究了钾改性过渡金属复合催化剂催化木屑炭 $CO_2$ 气化的过程。研究结果表明，温度是焦炭气化最重要的操作变量之一，当温度从 750℃升至 800℃时，40min 内碳转化率提高 2.55 倍。复合催化剂有效提高了低温下的碳转化率，为提高生物质气化产业化提供进一步的理论指导。Zhou 等[43]研究了 $CO_2$ 和水蒸气共气化过程中，相互作用机制对焦结构演化的影响。结果表明，$H_2O$ 分子容易扩散到焦内部发生反应，孔径变大，形成微孔，在钙化合物的作用下演变成中孔。在共气化过程中 $CO_2$ 气化产生的新的孔隙，可为水蒸气气化提供更多的反应面积和位点。而水蒸气气化可以扩大孔径，有利于 $CO_2$ 扩散到焦内部进行气化反应，并产生更多的新孔隙。González 等[44]在 B3LYP/6-311G(d) 理论水平上使用密度泛函理论计算研究了钙对生物质焦 $CO_2$ 气化的作用机制。研究发现，当钙被化学吸附在活性位点上时，会改变一些碳原子的净电荷，从而对 $CO_2$ 解离化学吸附更有利，并提出了两种可能的一氧化碳解吸途径。赵登[45]基于密度泛函理论对焦的非催化/催化气化反应机理进行了深入研究。结果发现，水蒸气气化的决速步骤在氢转移过程，水蒸气中的 H 通过削弱焦炭边缘的芳香性降低气化反应的难度，解释了 $CO_2$ 气化与水蒸气气化反应差异的原因，并揭示了不同金属催化焦气化的本质特性，为气化催化剂的理论设计提供依据。

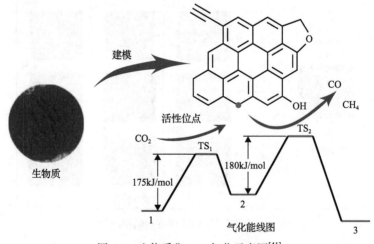

图 5-3　生物质焦 $CO_2$ 气化示意图[41]

目前，对生物质气化特性的研究通常是基于热力学平衡或经验关系，并不能描述由生物质焦结构出发的高温气化机制。学者针对生物质焦气化反应特性，提出了不同利用方式的设计思路，但各有利弊，而针对高温条件下焦气化过程的全局反应动力学机制尚未有充足的研究。

## 5.2　生物质高温热解详细动力学模型构建

实验原料选取黑龙江地区常见的木质纤维素类生物质秸秆和稻壳。生物质原料的元素分析及工业分析如表 5-1 所示。所有元素均由 Vario EK Ⅲ型分析测试仪测试得到。

表 5-1　生物质原料的元素分析和工业分析　　　　　（单位：wt.%）

| 生物质 | 工业分析 | | | | 元素分析 | | | |
|---|---|---|---|---|---|---|---|---|
| | $M_{ad}$ | $V_{ad}$ | $A_{ad}$ | $FC_{ad}$ | $C_{daf}$ | $H_{daf}$ | $O_{daf}$ | $N_{daf}$ |
| 稻壳 | 4.45 | 62.74 | 18.76 | 17.12 | 46.53 | 6.07 | 46.71 | 0.69 |
| 秸秆 | 4.45 | 75.88 | 2.55 | 15.74 | 45.82 | 5.98 | 47.27 | 0.93 |

热解过程是在自行设计的高温热解实验系统下完成的，如图 5-4 所示。热解反应腔主体为圆柱形刚玉管，长度和内径分别为 1000mm 和 60mm。加热系统由 8 根 U 型硅钼棒、B 型热电偶及程序逻辑控制器组成。可控的加热温度范围为 25～1600℃。实验使用的气体由高压气瓶提供。在实验开始前，先将炉体在 $N_2$ 气氛下升温至热解所需温度并停留 2h，确保炉内温度恒定并排尽空气。生物质原料经研磨机反复研磨，然后用 20 目的筛子过滤，过筛的细小颗粒直径均在 0.85mm 以下。在 105℃的干燥箱中干燥 12h。称取实验样品 2g 放置于坩埚中，调整 $N_2$ 流量为 20L/min，随后迅速将坩埚置于中心恒温处，热解 10min。热解完成后，将坩埚置于刚玉管尽头石英玻璃处，在 $N_2$ 气氛下冷却。收集生物质焦样品以备后续测试使用。

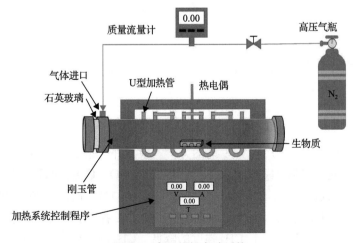

图 5-4　高温热解实验系统

### 5.2.1　TGA-MS 分析

　　实验中使用热重分析仪(TGA STA449C，德国，Netzsch)和质谱仪(MS QMS403，德国，Netzsch)。每次实验使用 5～10mg 样品，在控制氩气气氛下以 100ml/min 的流速进行 TGA。升温速率为 20℃/min，目标温度达到 1000℃。在真空条件下，质谱仪根据挥发物各自的质荷比检测并测量挥发物的特征片段离子强度。

　　图 5-5 为 TG 及其导数(DTG)的曲线。第一阶段为生物质脱水干燥阶段，在75～150℃。两种生物质主要的热解事件均发生于 300～400℃。这一过程被认为是挥发分的释放，主要来源于半纤维素和纤维素的分解[46]。500℃以上时是生物质焦形成的过程，通常木质素在这一过程中进行分解。芳香族化合物聚合形成多环结构。相较于其他两种成分，木质素的分解发生在较宽的温度范围内。随着热解温度的继续升高，在 900℃时质量损失趋于稳定。700～1000℃范围内，质量损失分别为 1.07% 和 1.5%。整体上，秸秆的质量损失速率高于稻壳，这可能是由稻壳的高灰分含量导致的。DTG 结果显示，热解过程不能描述为单一的热转化。峰值高度和位置的不同，表明生物质的热稳定性与其化学结构密切相关。稻壳和秸秆的主要峰值分别出现在 354.3℃和 334.1℃。不同的是，秸秆在 206.4℃处出现了另外一个峰值，失重率为 5.87%/min，可能是由轻质挥发分析出导致的。因为秸秆有着更高的半纤维素含量，其由短链杂多糖组成，具有无定形支链结构[47]，更容易分解。这充分证明，生物质的有机物成分和无机组分的不同会对热解过程产生影响。

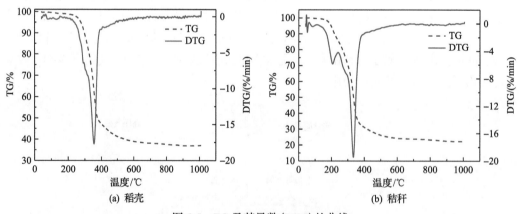

(a) 稻壳　　　　　　　　　　　(b) 秸秆

图 5-5　TG 及其导数(DTG)的曲线

　　图 5-6 为热解主要气体产物 MS 谱图分析。检测并讨论了几种热解过程中释放的主要气体物质的强度，包括 $H_2$、$CH_4$、$H_2O$、$CO$、$CH_2O$、$CO_2$，两种生物质热解气中的 $H_2$ 离子强度与释放过程均比较相似。在低温(300～400℃)和高温(700～800℃)各存在一个峰值。前者是纤维素中的 C—H 基团分解产生的，后者可能是热解过程中 $CH_4$ 重整反应导致的，对应于该温度条件下 $CH_4$ 强度的降低。$CH_4$ 的释放峰值恰好分布于三种重要成分的分解阶段，主要来源于甲氧基取代基的去除和脂肪族碳链的断裂。

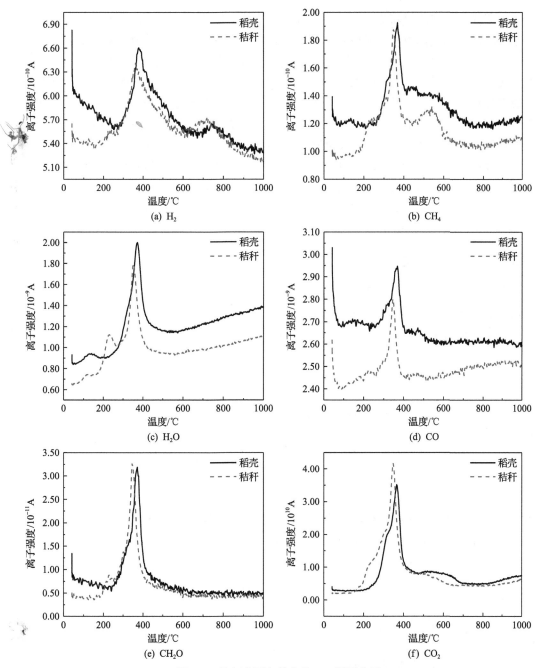

图 5-6　热解主要气体产物 MS 谱图分析

　　根据离子强度发现 $H_2O$ 的释放可以分为多个阶段。100℃左右时为干燥水分去除。随后的峰值是热解过程中羟基的脱附所导致。木质素分解过程中，芳香族烷基/羟基取代物的转化及脱水反应是产生 $H_2O$ 的主要原因。值得注意的是，热解温度高于 700℃后，$H_2O$ 的强度有小幅度提升，可能与含氧官能团的进一步转化有关。秸秆在 200～300℃范围内出现的峰值是由更高的半纤维素含量导致的。

由于使用的热解气氛为氩气，不存在氮气干扰，因为认定质荷比=28 为 CO。CO 是离子强度最高的气体物质，其峰值出现在半纤维素和纤维素分解阶段，主要来源于 C—O—C 和 C=O 基团的裂解。稻壳的峰值宽度略高于秸秆，但在高温时趋于平稳。而秸秆的 CO 离子强度，在 600℃以上后呈上升趋势，可能是初级热解产生的焦炭二次反应和裂解导致的。因此，此温度范围内秸秆的焦产率减小速率略高于稻壳。两者 CH₂O 的离子强度大小和分布较为相似，是产量最低的主要热解气。不同仅表现在秸秆的 CH₂O 释放略早于稻壳。CO₂ 的释放被认为与反应速率相关[48]，因此 TGA 反映出的秸秆热损失速率高解释了其 CO₂ 优先释放并且峰值较高的原因。在 600℃时出现的小峰值可归因于焦油的裂解。同样地，离子强度在 800℃后略有上升，可能是来源于羰基和羧基的分解重整。除 CO₂ 外，稻壳热解产生的气体物质含量均高于秸秆，但固体残留却高于秸秆。很明显，可以预计秸秆热解中焦油及不可凝气体的总和高于稻壳。

### 5.2.2　表观动力学建模

对于生物质高温热解的表观动力学分析，采用的是 Coats-Redfern[31]积分法计算非等温热解的活化能。其具体计算过程如下：

基本的动力学方程为

$$\frac{\mathrm{d}\alpha}{\mathrm{d}t} = kf(\alpha) \tag{5-1}$$

式中，$t$ 为反应时间；$f(\alpha)$ 为反应机理函数；$k$ 为反应速率常数；$\alpha$ 为生物质转化率，由下式定义：

$$\alpha = \frac{m_0 - m_t}{m_0 - m_F} \tag{5-2}$$

式中，$m_0$、$m_t$ 和 $m_F$ 分别为初始样品质量、$t$ 时刻样品质量和最终样品质量。

反应速率常数 $k$ 可以由阿累尼乌斯方程计算：

$$k = A\exp\left(-\frac{E_a}{RT}\right) \tag{5-3}$$

式中，$A$ 为指前因子；$E_a$ 为反应活化能；$T$ 为反应温度；$R$ 为通用气体常数，取 8.3145J/(mol·K)。

将式(5-1)与式(5-2)结合可以得到：

$$\frac{\mathrm{d}\alpha}{\mathrm{d}t} = A\exp\left(-\frac{E_a}{RT}\right)f(\alpha) \tag{5-4}$$

对于非等温热解实验，升温速率可以定义为

$$\frac{\mathrm{d}T}{\mathrm{d}t} = \beta \tag{5-5}$$

代入式(5-4)可得

$$\frac{\mathrm{d}\alpha}{\mathrm{d}T} = \frac{A}{\beta}\exp\left(-\frac{E_\mathrm{a}}{RT}\right)f(\alpha) \tag{5-6}$$

$f(\alpha)$ 定义为

$$f(\alpha) = (1-\alpha)^n \tag{5-7}$$

对式(5-6)积分可得

$$\int_0^\alpha \frac{1}{(1-\alpha)^n}\mathrm{d}\alpha = \frac{A}{\beta}\int_{T_0}^T \exp\left(-\frac{E_\mathrm{a}}{RT}\right)\mathrm{d}T \tag{5-8}$$

表观动力学计算结果如表 5-2 所示。Coats-Redfern 方法使用 $\ln(f(\alpha)/T^2)$ 与绝对温度的导数 $(1/T)$ 绘图,以直线的斜率作为活化能。因此,活化能的计算获得了高度相关性,由此认定动力学结果的合理性。由于本节专注于高温热解动力学的研究,因此只针对 500℃以上的热解过程进行拟合计算。稻壳需要的活化能更高为 173.54kJ/mol,秸秆的则是 118.02kJ/mol,在此温度范围内 TG-MS 计算的最大失重率分别为 0.038%/℃和0.026%/℃。这说明,在高温下稻壳的热解活跃性仍高于秸秆。本研究中的动力学结果与文献中类似的研究结果一致[48]。

表 5-2 表观动力学计算结果

| 生物质 | $T/℃$ | $\beta/(℃/\mathrm{min})$ | $E/(\mathrm{kJ/mol})$ | $R^2$ |
|--------|--------|---------------------------|------------------------|-------|
| 稻壳 | 500~1000 | 20 | 173.54 | 0.997 |
| 秸秆 | 500~1000 | 20 | 118.02 | 0.997 |

### 5.2.3 集总动力学建模

集总动力学模型可以更好地揭示高温热解过程,为工程实际应用提供理论基础。本节所使用的集总动力学模型来自 Debiagi 等[49]提出的 CRECK-S-B 生物质热解多步动力学机理。该模型包括 32 个化学反应和 59 个物种,基于全局和表观一级反应的多步动力学机制描述了每个参考组分的分解。挥发物由 29 种真实和集中的物质代表,包括永久性气体和可凝物质。该模型考虑了在不同温度下具有不同选择性的竞争反应,并描述了不同的热解途径。这些特征存在于纤维素、半纤维素和木质素的参考成分中。使用 OpenSMOKE ++ Suite 进行热解过程模拟和灵敏度分析[50],预测样品的质量损失曲线、炭的产率及其元素组成。

图 5-7 为不同温度下稻壳和秸秆的焦产率。随着温度的升高,稻壳的焦产率从 500℃的 41.22%下降到 1000℃的 36.94%,变化了 4.28 个百分点;秸秆则是从 26.17%降至 22.30%,变化了 3.87 个百分点,略低于稻壳。两种生物质的焦产率均在 900℃以上时不再改变,与质量损失的结果保持一致,同时二者焦产率之差几乎不变。虽然灰分含量的差距导致了焦

产率的不同，但是两种生物质在高温条件下的元素含量变化规律几乎一致。

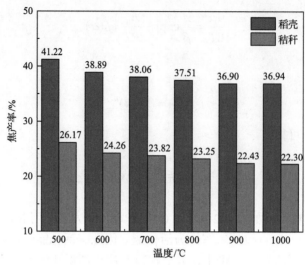

图 5-7　不同温度下稻壳和秸秆的焦产率

表 5-3 显示了两种生物质焦的元素分析结果。稻壳或秸秆在不同温度下热解产生的生物质焦用 "RH-Temperature" 或 "CS-Temperature" 表示。例如，RH-500 是指稻壳在 500℃下热解产生的生物质焦。正如预期的那样，随着生物质焦热解温度的升高，生物质焦产率降低，H/C 和 O/C 也随之降低。碳含量的增加主要是由生物质焦中的芳香结构单元聚合形成聚芳烃类石墨碳结构导致的。而氢和氧含量的降低主要归因于含氧官能团的去除和三种生物质组分结构单元的开环反应。氧含量的快速下降发生了两次，分别是在 500~600℃ 及 800~900℃，可以分别对应于 MS 结果中 CO、$CO_2$ 释放的峰值以及高温时增长的趋势。稻壳的 O/C 下降速率高于秸秆。这可归因于，稻壳中含有略高的木质素。O-4 键是木质素中的主要单元间键，更倾向于在中温条件下（500~600℃）进行分解。O/C 在 900℃以上时不再变化，但 H/C 继续有所下降，说明生物质焦还在继续碳化。各温度下的 H/C，均是稻壳略高于秸秆，根据 Crombie 等[51]的结论，秸秆焦的稳定性高于稻壳焦。

表 5-3　生物质焦的元素分析结果

| 生物质焦 | 元素分析 (daf wt.%) | | | | | 灰分 (dry wt.%) | 元素比例 (daf) | |
| --- | --- | --- | --- | --- | --- | --- | --- | --- |
| | $C_{daf}$ | $H_{daf}$ | $O_{daf}$ | $N_{daf}$ | $S_{daf}$ | $A_{ad}$ | H/C | O/C |
| RH-raw | 46.52 | 6.07 | 46.71 | 0.69 | 0.01 | 18.76 | 1.57 | 0.75 |
| RH-500 | 68.08 | 3.58 | 27.32 | 0.98 | 0.04 | 32.42 | 0.63 | 0.30 |
| RH-600 | 74.05 | 2.63 | 22.19 | 1.05 | 0.08 | 39.15 | 0.43 | 0.22 |
| RH-700 | 76.63 | 2.08 | 20.21 | 1.07 | 0.02 | 42.8 | 0.33 | 0.20 |
| RH-800 | 77.64 | 1.58 | 19.67 | 1.05 | 0.05 | 43.11 | 0.24 | 0.19 |
| RH-900 | 89.52 | 1.21 | 7.95 | 1.21 | 0.10 | 51.35 | 0.16 | 0.07 |
| RH-1000 | 89.99 | 0.90 | 8.12 | 0.90 | 0.09 | 53.55 | 0.12 | 0.07 |

续表

| 生物质焦 | 元素分析 (daf wt.%) | | | | | 灰分 (dry wt.%) | 元素比例 (daf) | |
|---|---|---|---|---|---|---|---|---|
| | $C_{daf}$ | $H_{daf}$ | $O_{daf}$ | $N_{daf}$ | $S_{daf}$ | $A_{ad}$ | H/C | O/C |
| CS-raw | 45.77 | 5.98 | 47.22 | 0.93 | 0.10 | 2.55 | 1.57 | 0.77 |
| CS-500 | 70.43 | 3.36 | 25.20 | 0.92 | 0.09 | 3.05 | 0.57 | 0.27 |
| CS-600 | 75.20 | 2.79 | 20.82 | 1.06 | 0.13 | 4.00 | 0.45 | 0.21 |
| CS-700 | 77.61 | 2.08 | 19.07 | 1.12 | 0.12 | 5.00 | 0.32 | 0.18 |
| CS-800 | 79.04 | 1.26 | 18.32 | 1.27 | 0.11 | 5.68 | 0.19 | 0.17 |
| CS-900 | 86.65 | 1.01 | 10.25 | 2.02 | 0.07 | 11.82 | 0.14 | 0.09 |
| CS-1000 | 86.67 | 0.75 | 10.41 | 1.99 | 0.18 | 11.92 | 0.10 | 0.09 |

随后依托全新的实验结果对 CRECK-S-B 集总动力学模型进行了讨论与更新。在 CRECK-S-B 模型中，考虑每种生物质焦残留物质的组成和质量分数，通过计算 C、H、O 含量来验证模型预测的准确性。图 5-8 为实验与 CRECK-S-B 模型预测的对比结果。对元素含量进行归一化校正，使 C、H、O 之和为 100%。结果表明，在低于 800℃时，正如报道的那样[49]，CRECK-S-B 模型表现出了完美的预测性，各种元素的相对误差均在 10%以内。但是在高温条件下，C 含量高于实验值，O 和 H 含量明显低于实验值，甚至 O 含量已经接近于 0。但通过本节的测试结果，结合多位作者关于生物质焦结构及官能团的研究[52-54]，高温生物质焦中应含有部分 O 元素。说明，模型在高温条件下含 O 物质转化方面可能存在缺陷，因此导致预测结果的差异。为了更好地验证猜想，将数据库中高于 800℃的热解实验数据与模拟结果进行统计汇总，如图 5-9 所示。在总计 95 个案例中，40%的实验结果 O 含量在 1%~5%，35.8%的实验结果 O 含量在 5%~10%。仅有 7.37%的实验结果表明 O 含量低于 1%，而模型预测结果 97.9%均低于 1%。因此，在这项工作

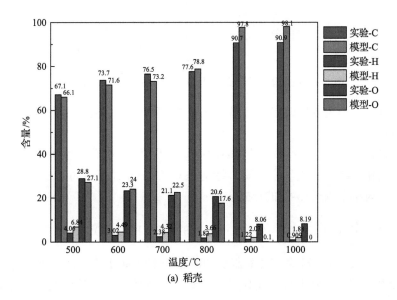

(a) 稻壳

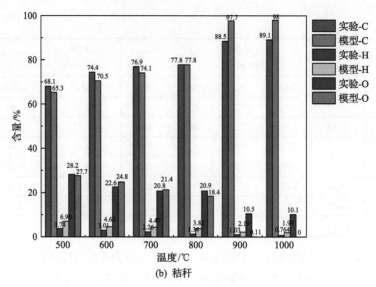

(b) 秸秆

图 5-8　实验与 CRECK-S-B 模型预测的对比结果

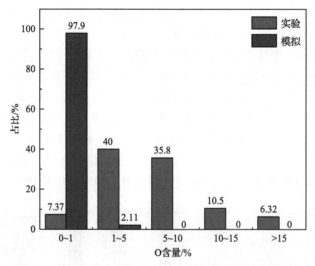

图 5-9　数据集中高温条件下 O 含量与模型预测结果对比

中讨论的修订机制的主要修改是指高温下含 O 物质的转化以提高生物质焦中 O 含量,更好地匹配实验结果。

　　在 CRECK-S-B 模型中,命名为 $G\{C_xH_yO_z\}$ 的固体物质代表生物质热解过程中附着在新生炭上的化生物质和化学官能团。特别是 $G\{COH_2\}$ 对炭中的 O 含量影响很大,该组分在原反应模型中以式(5-9)的形式分解:

$$G\{CH_2O\} \longrightarrow 0.8\,CO + 0.8\,H_2 + 0.2\,H_2O + 0.2\,CHAR \tag{5-9}$$

　　这导致在中高温下,残余固体炭组成中的 O 含量大幅下降。由于该反应的唯一固体产物是 CHAR(纯碳),因此 $G\{COH_2\}$ 完全分解后,固体中没有残留的 O。关于每种 G{}

型物种的作用和分解的详细信息可以在其他文献中找到[49]。为此对 G{COH₂}分解反应进行敏感性分析。图 5-10 为反应速率参数的敏感性分析。

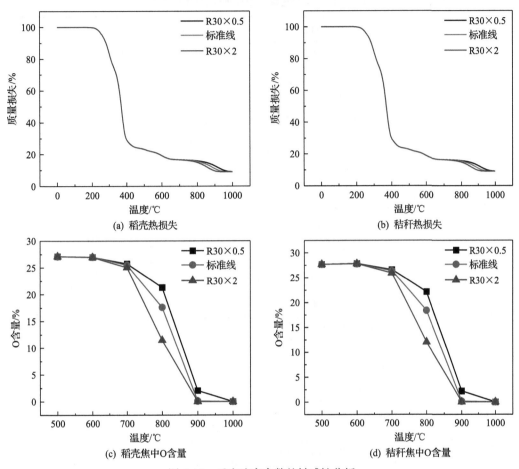

图 5-10　反应速率参数的敏感性分析

从图 5-10 中可以看出，在低温条件下，反应速率的变化对反应结果影响不大。然而，当热解温度超过 700℃时，反应速率的增加导致小分子气体产物的产量增加。O 含量迅速下降的拐点逐渐提前，加快了生物质焦中 O 的转化。到 900℃时，已几乎没有 O 的存在。尽管如此，对数据集的统计分析表明，当热解温度高于 800℃时，生物质焦中的 O 含量通常为 1%~10%。这些结果清楚地强调了式(5-9)的动力学参数对高温热解过程中 O 含量的敏感性。因此，对式(5-9)做如下调整，包括 G{CO$_{stiff}$}的形成，代表与碳结构结合的弹性氧。在式(5-10)中仅在较高温度下以 CO 的形式释放，并且在式(5-11)中部分保留在新的含氧碳(CHAR$_O$)中。

$$G\{CH_2O\} \longrightarrow 0.4CO + 0.8H_2 + 0.2H_2O + 0.2CHAR + 0.4\{CO_{stiff}\} \quad k = 1.0 \times 10^9 e^{-0.1409 \cdot T}$$

$$(5\text{-}10)$$

$$G\{CO_{stiff}\} \longrightarrow 0.8\ CO + 0.2\ CHAR_O \quad k = 1.8 \times 10^8 e^{-0.1279 \cdot T} \qquad (5\text{-}11)$$

表 5-4 为全新的多步动力学机理，包括所有生物质热解反应的动力学参数。

表 5-4　生物质高温热解反应详细动力学机理前因子

| 序号 | 热解方程 | $A/\text{s}^{-1}$ | 活化能/(kcal/kmol) |
|---|---|---|---|
| 1 | CELL $\longrightarrow$ CELLA | $1.50\times10^{14}$ | $4.70\times10^4$ |
| 2 | CELLA $\longrightarrow$ 0.40 $CH_2OHCHO$ + 0.03 CHOCHO + 0.17 $CH_3CHO$ + 0.25 $C_6H_6O_3$ + 0.35 $C_2H_5CHO$ + 0.20 $CH_3OH$ + 0.15 $CH_2O$ + 0.49 CO + 0.05 G{CO} + 0.43 $CO_2$ + 0.13 $H_2$ + 0.93 $H_2O$ + 0.05 G{$CH_2O$}$_{loose}$ + 0.02 HCOOH + 0.05 $CH_2OHCH_2CHO$ + 0.05 $CH_4$ + 0.1 G{$H_2$} + 0.66 CHAR | $2.50\times10^6$ | $1.91\times10^4$ |
| 3 | CELLA $\longrightarrow$ $C_6H_{10}O_5$ | $3.30\times T$ | $1.00\times10^4$ |
| 4 | CELL $\longrightarrow$ 4.45 $H_2O$ + 5.45 CHAR + 0.12 G{$COH_2$}$_{stiff}$ + 0.18 G{$CH_2O$}$_{loose}$ + 0.25 G{CO} + 0.125 G{$H_2$} + 0.125 $H_2$ | $5.00\times10^7$ | $3.10\times10^4$ |
| 5 | GMSW $\longrightarrow$ 0.70 HCE1 + 0.30 HCE2 | $1.00\times10^{10}$ | $3.10\times10^4$ |
| 6 | XYHW $\longrightarrow$ 0.35 HCE1 + 0.65 HCE2 | $1.25\times10^{11}$ | $3.14\times10^4$ |
| 7 | XYGR $\longrightarrow$ 0.12 HCE1 + 0.88 HCE2 | $1.25\times10^{11}$ | $3.00\times10^4$ |
| 8 | HCE1 $\longrightarrow$ 0.25 $C_5H_8O_4$ + 0.25 $C_6H_{10}O_5$ + 0.16 FURFURAL + 0.13 $C_6H_6O_3$ + 0.09 $CO_2$ + 0.1 $CH_4$ + 0.54 $H_2O$ + 0.06 $CH_2OHCH_2CHO$ + 0.1 CHOCHO + 0.02 $H_2$ + 0.1 CHAR | $16\times T$ | $1.29\times10^4$ |
| 9 | HCE1 $\longrightarrow$ 0.4 $H_2O$ + 0.39 $CO_2$ + 0.05 HCOOH + 0.49 CO + 0.01 G{CO} + 0.51 G{$CO_2$} + 0.05 G{$H_2$} + 0.4 $CH_2O$ + 0.43 G{$CH_2O$}$_{loose}$ + 0.3 $CH_4$ + 0.325 G{$CH_4$} + 0.1 $C_2H_4$ + 0.075 G{$C_2H_4$} + 0.975 CHAR + 0.37 G{$CH_2O$}$_{stiff}$ + 0.1 $H_2$ + 0.2 G{$C_2H_6$} | $3.00\times10^{-3}\times T$ | $3.60\times10^3$ |
| 10 | HCE2 $\longrightarrow$ 0.3 CO + 0.5125 $CO_2$ + 0.1895 $CH_4$ + 0.5505 $H_2$ + 0.056 $H_2O$ + 0.049 $C_2H_5OH$ + 0.035 $CH_2OHCHO$ + 0.105 $CH_3CO_2H$ + 0.0175 HCOOH + 0.145 FURFURAL + 0.05 G{$CH_4$} + 0.105 G{$CH_3OH$} + 0.1 G{$C_2H_4$} + 0.45 G{$CO_2$} + 0.18 G{$CH_2O$}$_{loose}$ + 0.7125 CHAR + 0.21 G{$H_2$} + 0.78 G{$CH_2O$}$_{stiff}$ + 0.2 G{$C_2H_6$} | $7.00\times10^9$ | $3.05\times10^4$ |
| 11 | LIGH $\longrightarrow$ LIGOH + 0.5 $C_2H_5CHO$ + 0.4 $C_2H_4$ + 0.2 $CH_2OHCHO$ + 0.1 CO + 0.1 $C_2H_6$ | $6.70\times10^{12}$ | $3.75\times10^4$ |
| 12 | LIGO $\longrightarrow$ LIGOH + $CO_2$ | $3.30\times10^8$ | $2.5\times10^4$ |
| 13 | LIGC $\longrightarrow$ 0.35 LIGCC + 0.1 VANILLIN + 0.1 $C_6H_5OCH_3$ + 0.27 $C_2H_4$ + $H_2O$ + 0.17 G{$CH_2O$}$_{loose}$ + 0.4 G{$CH_2O$}$_{stiff}$ + 0.22 $CH_2O$ + 0.21 CO + 0.1 $CO_2$ + 0.36 G{$CH_4$} + 5.85 CHAR + 0.2 G{$C_2H_6$} + 0.1 G{$H_2$} | $1.00\times10^{11}$ | $3.72\times10^4$ |
| 14 | LIGCC $\longrightarrow$ 0.25 VANILLIN + 0.15 CRESOL + 0.15 $C_6H_5OCH_3$ + 0.35 $CH_2OHCHO$ + 0.7 $H_2O$ + 0.45 $CH_4$ + 0.3 $C_2H_4$ + 0.7 $H_2$ + 1.15 CO + 0.4 G{CO} + 6.80 CHAR + 0.4 $C_2H_6$ | $1.00\times10^4$ | $2.48\times10^4$ |
| 15 | LIGOH $\longrightarrow$ 0.9 LIG + $H_2O$ + 0.1 $CH_4$ + 0.6 $CH_3OH$ + 0.3 G{$CH_3OH$} + 0.05 $CO_2$ + 0.65 CO + 0.6 G{CO} + 0.05 HCOOH + 0.45 G{$CH_2O$}$_{loose}$ + 0.40 G{$CH_2O$}$_{stiff}$ + 0.25 G{$CH_4$} + 0.1 G{$C_2H_4$} + 0.15 G{$C_2H_6$} + 4.25 CHAR + 0.025 $C_{24}H_{28}O_4$ + 0.1 $C_2H_3CHO$ | $1.50\times10^8$ | $3.20\times10^4$ |

| 序号 | 热解方程 | $A/\text{s}^{-1}$ | 活化能/(kcal/kmol) |
|---|---|---|---|
| 16 | LIG $\longrightarrow$ VANILLIN + 0.1 $C_6H_5OCH_3$ + 0.5 $C_2H_4$ + 0.6 CO + 0.3 $CH_3CHO$ + 0.1 CHAR | $4.00 \times T$ | $1.20 \times 10^4$ |
| 17 | LIG $\longrightarrow$ 0.6 $H_2O$ + 0.3 CO + 0.1 $CO_2$ + 0.2 $CH_4$ + 0.4 $CH_2O$ + 0.2 G{CO} + 0.4 G{$CH_4$} + 0.5 G{$C_2H_4$} + 0.4 G{$CH_3OH$} + 1.25 G{$CH_2O$}$_{loose}$ + 0.65 G{$CH_2O$}$_{stiff}$ + 6.1 CHAR + 0.1 G{$H_2$} | $8.30 \times 10^{-2} \times T$ | $8.00 \times 10^3$ |
| 18 | LIG $\longrightarrow$ 0.6 $H_2O$ + 2.6 CO + 0.6 $CH_4$ + 0.4 $CH_2O$ + 0.75 $C_2H_4$ + 0.4 $CH_3OH$ + 4.5 CHAR + 0.5 $C_2H_6$ | $1.50 \times 10^9$ | $3.15 \times 10^4$ |
| 19 | TGL $\longrightarrow$ $C_2H_3CHO$ + 2.5 MLINO + 0.5 $U_2ME_{12}$ | $7.00 \times 10^{12}$ | $4.57 \times 10^4$ |
| 20 | TANN $\longrightarrow$ 0.85 $C_6H_5OH$ + 0.15 G{$C_6H_5OH$} + G{CO} + $H_2O$ + ITANN | $2.00 \times 10^1$ | $1.00 \times 10^4$ |
| 21 | ITANN $\longrightarrow$ 5 CHAR + 2 CO + $H_2O$ + 0.55 G{$CH_2O$}$_{loose}$ + 0.45 G{$CH_2O$}$_{stiff}$ | $1.00 \times 10^3$ | $2.50 \times 10^4$ |
| 22 | G{$CO_2$} $\longrightarrow$ $CO_2$ | $1.00 \times 10^6$ | $2.45 \times 10^4$ |
| 23 | G{CO} $\longrightarrow$ CO | $5.00 \times 10^{12}$ | $5.25 \times 10^4$ |
| 24 | G{$CH_3OH$} $\longrightarrow$ $CH_3OH$ | $2.00 \times 10^{12}$ | $5.00 \times 10^4$ |
| 25 | G{$CH_2O$}$_{loose}$ $\longrightarrow$ 0.8 CHAR + 0.8 $H_2O$ + 0.2 CO + 0.2 $H_2$ | $6.00 \times 10^{10}$ | $5.00 \times 10^4$ |
| 26 | G{$C_2H_6$} $\longrightarrow$ $C_2H_6$ | $1.00 \times 10^{11}$ | $5.20 \times 10^4$ |
| 27 | G{$CH_4$} $\longrightarrow$ $CH_4$ | $1.00 \times 10^{11}$ | $5.30 \times 10^4$ |
| 28 | G{$C_2H_4$} $\longrightarrow$ $C_2H_4$ | $1.00 \times 10^{11}$ | $5.40 \times 10^4$ |
| 29 | G{$C_6H_5OH$} $\longrightarrow$ $C_6H_5OH$ | $1.50 \times 10^{12}$ | $5.50 \times 10^4$ |
| 30 | G{$H_2$} $\longrightarrow$ $H_2$ | $1.80 \times 10^8$ | $7.00 \times 10^4$ |
| 31 | ACQUA $\longrightarrow$ $H_2O$ | $1.00 \times T$ | $8.00 \times 10^3$ |
| 32 | G{$CH_2O$}$_{stiff}$ $\longrightarrow$ 0.2 CHAR + 0.2 $H_2O$ + 0.4 CO + 0.8 $H_2$ + 0.4 G{$CO_{stiff}$} | $1.00 \times 10^9$ | $5.90 \times 10^4$ |
| 33 | G{$CO_{stiff}$} $\longrightarrow$ 0.8 CO + 0.2 $CHAR_O$ | $1.80 \times 10^8$ | $6.50 \times 10^4$ |

### 5.2.4　模型验证

热重可以用来分析热解过程的中间产物的组成、热稳定性、热分解情况及生成的产物等与质量相联系的信息，是评价模型的重要指标。图 5-11 为新模型的热重预测结果与实验对比图。该模型遵循实验趋势，预测的质量损失与实验基本保持一致。当热解温度超过 800℃后，新模型的质量损失率略有降低，更贴近实验结果。含氧固体物质转化过程的改变也证明了在该温度区间，仍有部分含氧官能团依旧存留于固体产物中。

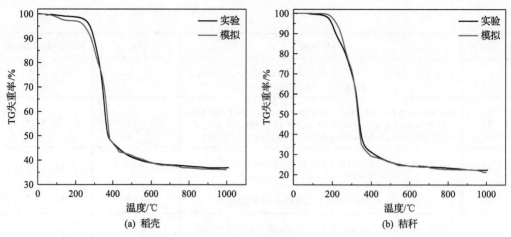

图 5-11　新模型的热重预测结果与实验对比图

　　正确预测生物炭产量及其元素组成至关重要，因为它强烈影响燃烧和气化过程中连续的生物炭反应性。图 5-12 为实验数据与新旧模型分别预测的结果对比。结果表明，新模型焦产率的预测结果相对误差小于 5%，表现出了很高的准确性，并没有受到生物质原料中灰分含量差异的影响。与旧模型相比，高温下的焦产率略有升高，对于稻壳相对误差由 10.34% 降低至 2.22%，秸秆由 12.56 降至 3.63%。在元素含量方面，新模型在低于 800℃时，计算结果与之前并无差距，依旧保持了原有的准确性。在高温条件下，新模型的碳含量降低，相对地氧含量升高至合理的范围，表现出了良好的预测能力。

　　以上结果表明，该模型在保持原有准确性的基础上，能够显著改进对高热解温度条件下各种类型的生物炭产量及其成分的预测。以相对误差不超过 10% 作为准确的标准，对来自数据库中实验数据的 C/H/O 含量和焦产率的准确性进行比对，结果如图 5-13 所示。结果表明，总体模拟精度超过 80%。正如已经讨论的，这些结果是在对旧模型进行特

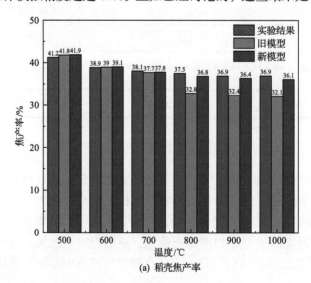

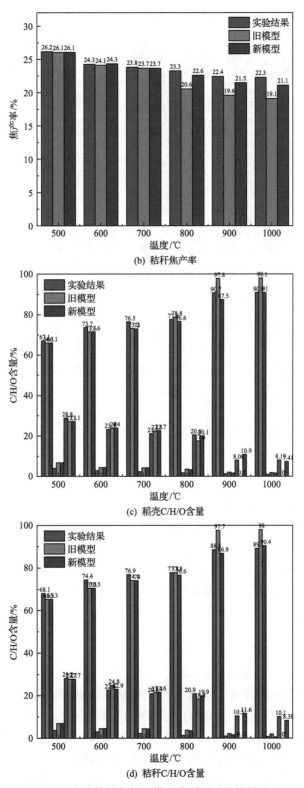

(b) 秸秆焦产率

(c) 稻壳C/H/O含量

(d) 秸秆C/H/O含量

图 5-12　实验数据与新旧模型分别预测的结果对比

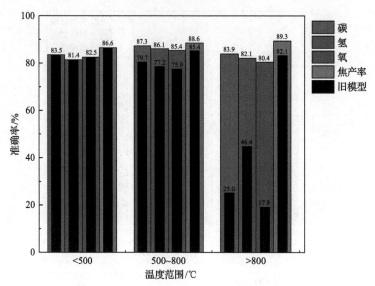

图 5-13　来自数据库中实验数据的 C/H/O 含量和焦产率的准确性

定调整后获得的。仍有部分实验数据预测不准确，可能是由生物质表征和热解模型的大幅简化造成的。同时，实验也存在不确定性，包括对生物质来源和组成的了解不足，以及对反应器和操作条件的不完整描述等。但高于 80% 的准确率已经足够证明新模型可以为描述热解产物复杂行为提供简单但灵活的计算方法。

# 5.3　生物质高温热解焦结构演变及分子模型构建

## 5.3.1　焦制备

先前的研究表明，在 1000℃ 下制备的焦具有最大的比表面积和最高的活性，并且在此温度下并未发现灰熔融现象，可以忽略灰熔融对气化过程的影响，因此选择此实验条件下的焦作为研究对象。

生物质原料经研磨机反复研磨，再通过粒度为 0.71～0.1mm 的筛网筛分。随后置于密封的坩埚中，以 20℃/min 的加热速度将坩埚加热至 1000℃，静置 40min，制成高温焦。

## 5.3.2　分析测试方法

（1）固体核磁碳谱分析

固体核磁碳谱（$^{13}$C NMR）技术主要用于分析样品碳骨架结构中碳原子的存在形态及相对含量。因其具有灵敏度高，能够更加准确地识别物质结构；化学位移范围宽（0～250ppm）；可以获得不与氢相连的碳的共振吸收峰等优点而被广泛使用。

本节使用 Bruker Avance Ⅲ 光谱仪分析木屑焦的碳质结构，该仪器配有 4mm 交叉极化魔角旋转双共振探头。测试温度为室温，$^{13}$C 的测试频率设置为 100.625MHz。将约 200mg 的木屑焦样品装入直径为 5mm 的氧化锆转子中，转子转速为 14kHz。频谱宽度、循环延迟时间和采集时间分别设置为 10kHz、6.5μs 和 10ms。使用 OriginPro 2021 软件对 $^{13}$C NMR 光谱进行曲线拟合，获得木屑焦中不同类型碳的分布。

（2）FTIR 分析

FTIR 测试技术主要用于样品中有机结构化学官能团的定性及半定量分析，该测试方法具有灵敏度高、方便快捷、对样品结构无破坏等优点。根据 FTIR 图谱中典型特征吸收峰的位置及相对强度，可以得出样品中官能团的组成及相对含量。

本节使用 Nicolet 5700 FTIR 光谱仪分析木屑焦的红外光谱，仪器分辨率设为 4cm$^{-1}$，扫描次数为 32，光谱测量范围为 4000～400cm$^{-1}$。使用 PeakFit 4.12 软件对 FTIR 谱图进行分峰拟合和定量计算，使用二阶导数寻找隐峰，确定峰的位置和数量。然后对拟合峰进行积分求取面积，根据分峰面积计算占比。

（3）XPS 分析

XPS 技术由于能够准确测量原子内层束缚能及化学位移等参数，可以提供样品中杂原子的存在形态、分子结构、元素组成和含量、化学键等相关信息。XPS 不但能够提供样品总体方面的化学信息，而且还能够获得样品表面微小区域及深度分布方面的信息。该方法检测过程对样品的破坏性极小，能够有效确定有机结构中杂原子的赋存形式及相对含量。

本节使用 Thermp Fisher ESCALAB 250Xi X 射线光谱仪分析木屑焦表面的官能团，入射辐射是 72W 的单色 Al Kα X 射线，运行功率为 150W。电子结合能为 284.8eV 的 C1s 峰被用作标准来进行能量校正，使用 PeakFit 4.12 软件对窄谱进行分峰拟合[55]。

### 5.3.3　实验结果分析

（1）碳结构分析

焦的 $^{13}$C NMR 分峰拟合图谱如图 5-14 所示，$^{13}$C NMR 谱图中不同类型的碳对应的化学位移值如表 5-5 所示。

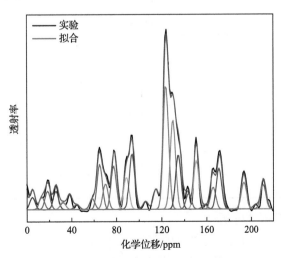

图 5-14　$^{13}$C NMR 分峰拟合图谱

根据图谱可以将木屑焦的碳质结构主要分为 3 个部分，脂肪族碳区域（0～90ppm）、芳香族碳区域（100～165ppm）和羰基碳区域（165～220ppm）。其中，脂肪族碳中以与氧相连的碳（R—O—R）最多，芳香族碳中质子化芳碳和芳桥碳最为丰富。而羰基碳和羧基碳的含量接近。基于 Solum 等[56,57]提出的 14 个碳骨架结构和衍生参数对不同碳结构进行了定量计算，结果见表 5-6。结果表明，在木屑焦中碳主要以芳香碳的形式存在，芳香结构单元的类型和数量是通过桥碳比（$X_{BP}$）确定的。木屑焦的 $X_{BP}$ 为 0.34，而四环和五环芳香化合物 $X_{BP}$ 值分别为 0.33 和 0.42，因此在木屑焦中每个芳香团簇的芳香环平均数为 4。亚甲基链的平均长度较小（0.39），这意味着木屑焦的脂肪链取代基以甲基为主。芳香环取代度为 0.59，表明每个芳环的平均取代基个数在 3～4。

表 5-5 $^{13}$C NMR 谱图中不同类型碳对应的化学位移值

| 化学位移/ppm | 碳的类型 | 符号 | 含量/% |
|---|---|---|---|
| 12～16 | 脂肪族甲基碳 | fal$^1$ | 1.45 |
| 16～22 | 芳香族甲基碳 | fal$^a$ | 3.04 |
| 22～36 | 脂肪族亚甲基碳 | fal$^2$ | 3.74 |
| 36～50 | 次甲基/季碳 | fal$^3$ | 3.66 |
| 50～90 | 氧接脂肪族碳 | fal$^O$ | 17.06 |
| 100～129 | 质子化芳香碳 | fa$^H$ | 23.01 |
| 129～137 | 桥接芳香碳 | fa$^B$ | 19.30 |
| 137～149 | 脂肪族取代碳 | fa$^S$ | 9.70 |
| 149～165 | 氧基芳香碳 | fa$^O$ | 4.57 |
| 165～180 | 羧基碳 | fa$^{CC1}$ | 6.29 |
| 180～220 | 羰基碳 | fa$^{CC2}$ | 8.19 |

表 5-6 木屑焦碳质结构参数

| 碳质结构名称 | 符号 | 定义 | 数值 |
|---|---|---|---|
| 脂肪族碳 | fa | fa= fa$^H$+ fa$^B$+ fa$^S$ +fa$^O$ | 56.58% |
| 芳香族碳 | fal | fal= fal$^1$+ fal$^a$+ fal$^2$+ fal$^3$+ fal$^O$ | 28.95% |
| 羰基/羧基碳 | fa$^{CC}$ | fa$^{CC}$= fa$^{CC1}$+ fa$^{CC2}$ | 14.47% |
| 桥碳比 | $X_{BP}$ | $X_{BP}$= fa$^B$/ fa | 0.34 |
| 亚甲基链平均长度 | $C_n$ | $C_n$= fal$^2$/ fa$^S$ | 0.39 |
| 芳香环取代度 | $\delta$ | $\delta$= (fa$^S$ +fa$^O$)/ fa | 0.59 |

（2）主要原子赋存形式分析

生物质焦中含氧官能团的含量可以由 XPS 的 C1s 和 O1s 信号进行分析确定。图 5-15 为 XPS 拟合图谱，表 5-7 和表 5-8 分别为焦中碳、氧赋存形式及相对含量。结果表明，生物质焦中的氧主要以 C—O、C=O 和—COO 的形式存在。其中，C=O（21.52%）和—COO（22.87%）的含量相近，C—O 的含量（55.61%）大概是其余两种的 2 倍。这与

$^{13}$C-NMR 得到了一致的结论，羧基碳与羰基碳含量相近而少于碳氧单键的含量。

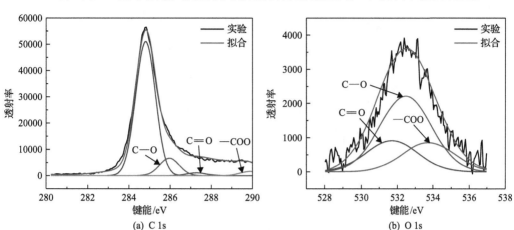

(a) C 1s　　　　　　　　　　(b) O 1s

图 5-15　XPS 拟合图谱

表 5-7　焦中碳赋存形式及相对含量

| 官能团 | 结合能/eV | 相对面积/% |
| --- | --- | --- |
| C—C/C—H | 284.80 | 80.18 |
| C—O | 285.96 | 10.42 |
| C=O | 287.28 | 4.55 |
| —COO | 289.49 | 4.85 |

表 5-8　焦中氧赋存形式及相对含量

| 官能团 | 结合能/eV | 相对面积/% |
| --- | --- | --- |
| C—O | 532.46 | 55.61 |
| C=O | 531.70 | 21.52 |
| —COO | 533.73 | 22.87 |

由于样品中氮元素的含量很少，XPS N 1s 光谱的信号较差，曲线呈现震荡状，图 5-16 为 XPS N 1s 拟合图谱。XPS N 1s 图谱中主峰为吡咯(400.3eV)，因此认为生物质焦中的氮主要以吡咯的形式存在。

(3)主要官能团分析

FTIR 光谱可以用来深入分析微观结构，图 5-17 为红外光谱拟合图谱，表 5-9 为红外光谱分峰拟合结果。吸收峰可以分为四个主要区域：O—H 基团的拉伸振动(3600~3000cm$^{-1}$)，脂肪族 C—H 基团的拉伸振动(3000~2700cm$^{-1}$)，含氧官能团和芳香基团(1800~1000cm$^{-1}$)，芳香族 C—H 基团平面外弯振动(900~700cm$^{-1}$)[58,59]。在氧元素方面，羟基结构中自缔合羟基氢键(3426cm$^{-1}$)最多，其次是羟基-π 氢键(3554cm$^{-1}$)，羧基基团和羰基基团同样出现了峰值(1654cm$^{-1}$)，这是由碱金属和碱土金属元素的存在使得生物质结构中与之相关的交联结构发生分解导致的[60,61]。

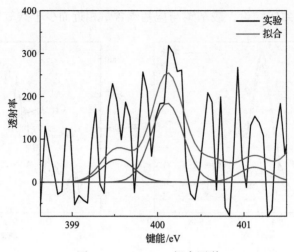

图 5-16　XPS N 1s 拟合图谱

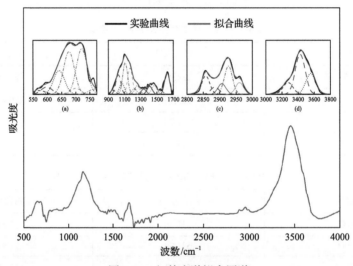

图 5-17　红外光谱拟合图谱

**表 5-9　红外光谱分峰拟合结果**

| 序号 | 峰位/cm⁻¹ | 相对面积 | 相对含量/% |
|---|---|---|---|
| 1 | 3554.73 | 5.73 | 17.33 |
| 2 | 3426.34 | 11.20 | 33.86 |
| 3 | 3274.90 | 3.27 | 9.89 |
| 4 | 2960.38 | 0.05 | 0.14 |
| 5 | 2926.30 | 0.11 | 0.33 |
| 6 | 1624.08 | 1.47 | 4.46 |
| 7 | 1546.84 | 0.31 | 0.93 |
| 8 | 1467.37 | 0.61 | 1.84 |
| 9 | 1411.88 | 0.56 | 1.69 |

续表

| 序号 | 峰位/cm$^{-1}$ | 相对面积 | 相对含量/% |
|---|---|---|---|
| 10 | 1339.96 | 0.35 | 1.06 |
| 11 | 1261.82 | 0.60 | 1.82 |
| 12 | 1224.08 | 0.37 | 1.12 |
| 13 | 1170.37 | 1.82 | 5.50 |
| 14 | 1108.66 | 2.19 | 6.63 |
| 15 | 1067.37 | 0.76 | 2.29 |
| 16 | 1023.86 | 1.35 | 4.09 |
| 17 | 958.16 | 0.28 | 0.84 |
| 18 | 721.20 | 0.73 | 2.19 |
| 19 | 699.14 | 0.09 | 0.28 |
| 20 | 675.69 | 0.68 | 2.05 |
| 21 | 641.01 | 0.38 | 1.14 |
| 22 | 598.42 | 0.12 | 0.35 |
| 23 | 573.17 | 0.06 | 0.18 |

可以通过计算积分面积比对化学结构进行评估[62,63]，$I_1$(2800~3000cm$^{-1}$/1624cm$^{-1}$)用于估计脂肪族和芳香族官能团之间的相对比例，$I_2$(700~900cm$^{-1}$/1624cm$^{-1}$)用于评估芳环缩合度，$I_3$(2960cm$^{-1}$/2926cm$^{-1}$)用于估计脂肪族侧链的长度和支化程度，结果如表 5-10 所示。与 $^{13}$C NMR 计算得到的结果相吻合。573cm$^{-1}$ 和 598cm$^{-1}$ 处的吸收峰认为是 Si—O 单键弯曲振动引起的。

表 5-10　红外光谱化学结构评估结果

| 符号 | $I_1$ | $I_2$ | $I_3$ |
|---|---|---|---|
| 值 | 50.45 | 0.55 | 0.42 |

(4)焦模型建立及优化

根据元素分析结果，木屑焦有机结构的主要元素原子比例为：H/C=0.7300，O/C=0.2550，N/C=0.0065，S/C=0.0002。由于 S 含量过低，因此在构建分子模型时不考虑 S 元素。以 N 原子个数为 1 建立生物质焦的分子式，赋值后 C 原子 152 个，H 原子 112 个，O 原子 40 个($C_{152}H_{112}N_1O_{40}$)。根据表 5-7 计算出 fal$^O$、fa$^H$、fa$^B$、fa$^S$、fa$^O$、fa$^{CC1}$、fa$^{CC2}$ 分别为 26 个、35 个、29 个、15 个、7 个、8 个、9 个。依据 $X_{BP}$=0.34，芳桥碳个数($N_{faB}$=29)，芳香族外围碳总和($N_{faw}$=55)计算得出，芳香族结构由 3 个四环、1 个六环及 1 个三环吡咯组成。由于链接桥键氧的脂肪碳数量为羰基碳和羧基碳的 2 倍，同时根据 XPS 中 C—O 为 C=O 及—COO 的 2 倍，认为各环间以桥键氧形式相连。

结合以上分析结果，初步构建生物质焦的分子结构式，随后根据徐芳[64]提出的共价键浓度修正法对分子模型进行修正，直至相对误差小于 5%为止，修正结果如表 5-11 所示。

最终的二维分子结构式如图 5-18 所示，分子式为 $C_{150}H_{113}N_1O_{42}$，与实验结果吻合良好。

**表 5-11 木屑焦及其分子模型的主要化学键浓度**

| 化学键类型 | 木屑焦/(mmol/g) | 模型/(mmol/g) | 相对误差/% |
|---|---|---|---|
| Car—Car | 14.59 | 14.02 | −3.91 |
| Car—Cal | 5.71 | 5.76 | 0.88 |
| Cal—Cal | 24.57 | 23.82 | −3.05 |
| Car—H | 13.55 | 13.06 | −3.62 |
| Cal—H | 21.17 | 20.88 | −1.37 |
| Car—O | 2.69 | 2.69 | 0.00 |
| Cal—O | 14.86 | 14.21 | −4.37 |
| Cal=O | 8.52 | 8.45 | −0.82 |

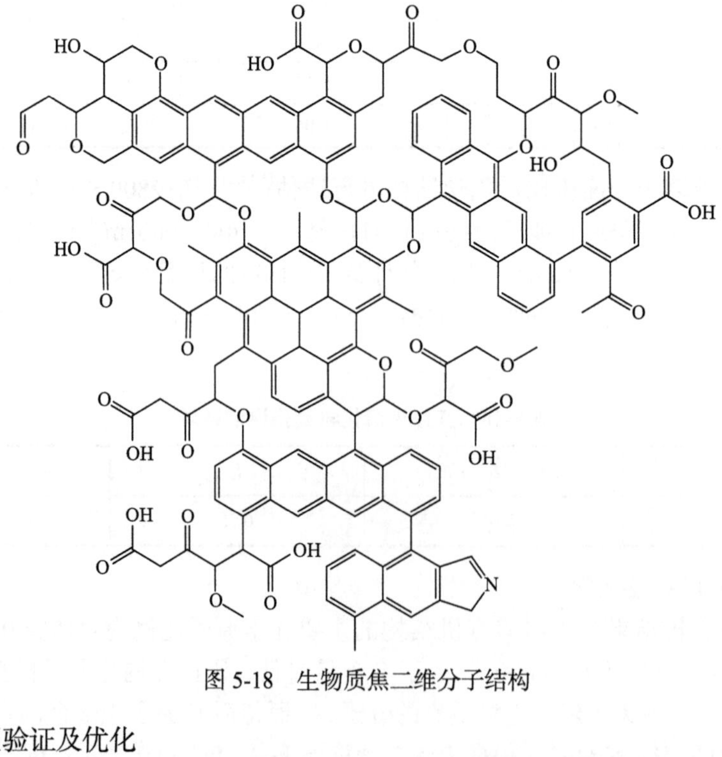

图 5-18 生物质焦二维分子结构

(5)模型验证及优化

密度被认为是评价分子模型的重要参数[65,66]，木屑焦的真实密度由 G-DenPyc 2900 真密度测定仪测试得出。其采用气体置换法，测试精度±0.02%，重复性±0.01%，测试分辨率 0.0001g/cm³，测试结果为 1.98g/cm³。模型密度计算是在 Materials Studio 2017 中的 Amorphous Cell 模块进行的。使用 NPT 系综对系统进行了 1000ps 的计算，如图 5-19 所示，得到稳定的密度值为 1.92g/cm³，与实验测试值吻合良好。因此，认为经过修正后的模型是可靠的。

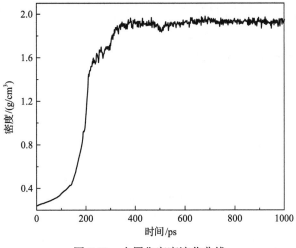

图 5-19　木屑焦密度演化曲线

　　分子动力学模拟过程往往需要在 ns 甚至 ps 内完成，这远低于实验的时间尺度。因此在使用 ReaxFF 力场模拟时，通常以升高温度来加快反应速率，但是模拟得到的产物分布和动力学参数与实验结果均具有很好的一致性[67,68]。以化学当量比为 1 时对反应系统进行了建模，包括 1 个生物质焦分子和 150 个水分子，首先在 300K 的温度下，使用 NVT 系综进行了 100ps 的弛豫以获得稳定构型。然后在 3000K 的恒温条件下模拟了木屑焦水蒸气气化过程，模拟时长为 500ps，控温方式使用 Berendsen 热浴法，时间步长为 0.25fs。模拟与实验结果对比图，如图 5-20 所示。

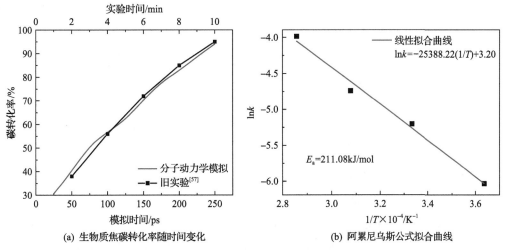

(a) 生物质焦碳转化率随时间变化　　　　　　(b) 阿累尼乌斯公式拟合曲线

图 5-20　模拟与实验结果对比图

图 5-20 中碳转化率 $x$ 由式(5-12)得到：

$$x(t) = 1 - \frac{C_{nt}}{C_0} \tag{5-12}$$

式中，$t$ 为反应时间；$C_{nt}$ 为 $t$ 时刻大于 $C_4$ 的碳原子个数；$C_0$ 为初始 SC 模型中的碳原子个数。

反应速率 $k$ 计算由式(5-13)得到：

$$-\ln(1-x) = kt \tag{5-13}$$

代入阿累尼乌斯公式得

$$k = A\mathrm{e}^{\frac{E_a}{RT}} \tag{5-14}$$

$$\ln\left[\frac{-\ln(1-x)}{t}\right] = \ln A - \frac{E_a}{R}\left(\frac{1}{T}\right) \tag{5-15}$$

式中，$E_a$ 为活化能；$A$ 为指前因子，均通过线性拟合计算得出。活化能为 211.08kJ/mol，计算结果与实验结果比对良好。

## 5.4　含氧官能团的气化动力学机理

生物质焦中存在大量的含氧官能团，氧原子大多附着在碳原子上，以羟基、环氧基、羧基、羰基等形式存在，同样会以芳香碳边界存在于生物质焦中。根据之前的研究结果，依据含氧官能团取代的个数将含氧芳香边界分为单氧边界和复合型边界。又依据存在形式的不同将边界分为羧基边界、羰基边界、邻位边界、间位边界、对位边界和相连边界 6 种形式。图 5-21 为含氧官能团作为芳香碳边界模型化合物。

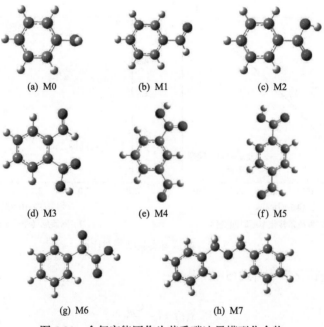

(a) M0　　　　　　(b) M1　　　　　　(c) M2

(d) M3　　　　　　(e) M4　　　　　　(f) M5

(g) M6　　　　　　　　(h) M7

图 5-21　含氧官能团作为芳香碳边界模型化合物

### 5.4.1　实验方法

气化实验系统包括配气供给系统、水平管式炉和气体分析系统。图 5-22 为高温蒸汽气化实验系统。配气供给系统由微型蠕动泵(精度：±0.01g/min)、FD-HG 蒸汽发生器(150℃)和过热器(550℃)三部分组成。微型蠕动泵将去离子水泵入蒸汽发生器，另一管路连接 $N_2$ 对水蒸气进行携带。混合气体经过热器加热后送入水平管式炉。水平管式炉主体为刚玉管，由 8 个 U 型硅钼棒进行加热，中心处可形成恒温区。在气化反应前，先将炉体升温至所需气化温度并停留 2h，确保炉内温度恒定。气化温度选取为 800~1200℃称取实验样品 2g 放置于坩埚中，通入水蒸气和 $N_2$ 的混合气体 10min，随后迅速将坩埚置于管式炉中心处。调整蒸汽流量为 5ml/min，$N_2$ 流量为 1.5L/min，使用 Gasboard- 3100P 红外气体分析仪对经过洗气瓶、干燥瓶后的产气进行实时测量。实验选取苯甲酸(M2)、邻羧基苯甲醛(M3)、3-羧基苯甲醛(M4)、4-甲酰苯甲酸(M5)和苯甲酰甲酸(M6)作为研究对象。实验所有化学药品均购于上海麦克林生化科技股份有限公司，纯度为 99%。

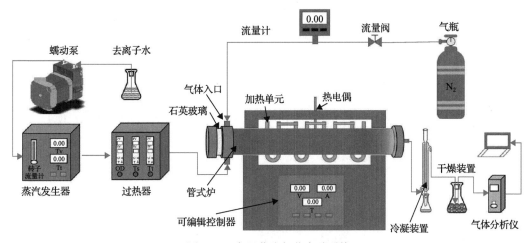

图 5-22　高温蒸汽气化实验系统

### 5.4.2　实验结果分析

为了更深入地了解气化温度对合成气组分生成的影响，对各实验样品分别在 800~1200℃条件下进行了研究。合成气中除去 $N_2$ 后 $H_2$ 与 CO 为主要产物，$CO_2$ 与 $CH_4$ 含量较低。图 5-23 为温度对合成气中 $H_2$ 含量的影响。总体趋势上，合成气中 $H_2$ 的比例随着温度的升高而升高，化学反应速率加快，$H_2$ 出现的时间逐渐推前。对于反应物 M2，$H_2$的最高占比出现在 1100℃，而其他 4 种反应物则出现在气化温度为 1200℃条件下。产 $H_2$ 量峰值高度与 M6 接近，为 13.58%，小于其他 3 种反应物，产 $H_2$ 量最高的是反应物 M5 为 31.28%。反应物 M3 的产 $H_2$ 量随温度几乎呈线性增长，其余反应物在气化温度高于 1000℃后增加比例明显，表现出更高的温度敏感性。

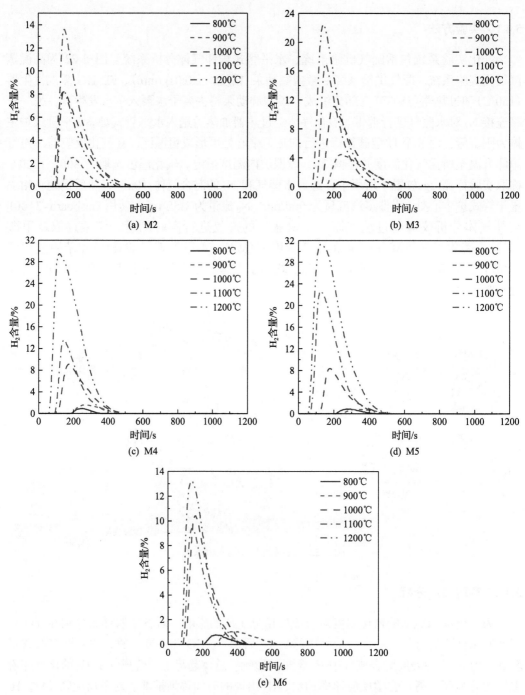

图 5-23　温度对合成气中 $H_2$ 含量的影响

图 5-24 为温度对合成气中 CO 含量的影响。与 $H_2$ 不同的是，不同反应物表现出的合成气中 CO 含量与温度的影响关系有所差异。对于 M2 和 M3，在气化温度为 800~1100℃时，CO 含量随温度升高而升高，当气化温度继续升高至 1200℃时有所下降。对于 M4，CO 含量峰值也出现在 1100℃条件下，但在气化温度由 800℃升至 900℃，CO 含量先降

低后升高。对于 M5，CO 含量峰值出现在 1200℃，当气化温度高于 1000℃后，CO 含量有明显升高，并未表现出与温度有明显单调性规律。同时，与其他 4 种反应物不同的是，CO 生成速率的最高值出现在 1100℃而不是 1200℃。对于 M6，CO 含量随温度的升高

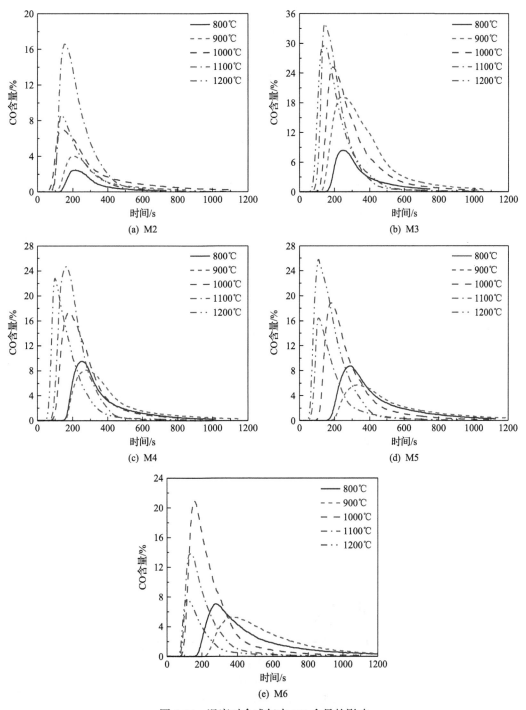

图 5-24　温度对合成气中 CO 含量的影响

先升高后降低，峰值出现在 1000℃。与产 $H_2$ 量分布规律不同，在各个温度下 CO 生成量最多的都是反应物 M3，在 1100℃时可达到 33.88%，远高于其他反应物。由此可见，不同含氧官能团以及含氧官能团所处的碳边界位置不同，对气化合成气组分会产生很大的影响。

由此，在气化温度为 1200℃条件下，探究了不同反应物气化产生的合成气组分的变化规律并对比了合成气中可燃气体($H_2$、CO 和 $CH_4$)的含量，如图 5-25 所示。相比于其他反应物，M2 缺少一个含氧官能团，分子量最小，因此 $H_2$ 含量最低。而对于反应物 M3、M4、M5、M6 四种同分异构体，随着羰基与羧基相对距离越来越远(指由相连到邻位最终变为对位)，$H_2$ 含量逐渐增加。在 CO 含量方面，最低的是反应物 M6，仅有 7.68%，除反应物 M3 之外，CO 含量均低于 $H_2$ 含量，同时可以发现 CO 的生成往往先于 $H_2$。气化产生的可燃气体含量最多的是反应物 M4 为 59.78%，M2 和 M3 的峰值产量相似与 M4 相差不大，而最低的是反应物 M1 峰值仅有 17.42%。说明，在气化反应过程中，当羧基和羰基分别与水蒸气发生反应时，气化产气中含有的可燃组分较多，热值较高。而仅有

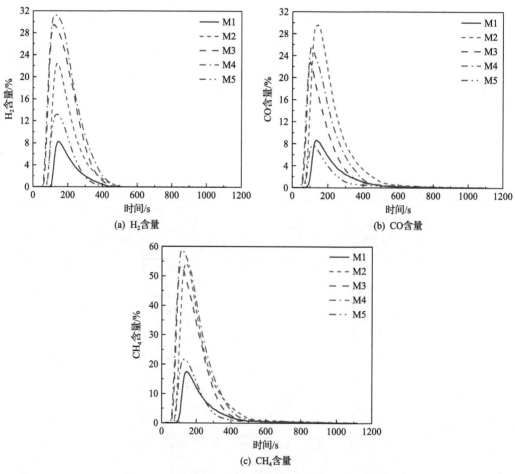

图 5-25　不同反应物气化产生的合成气组分的变化规律

一个含氧官能团时，从气化产气角度看气化效果并不好，因此证明含氧官能团的存在会促进生物质焦蒸汽气化过程中可燃气体含量的增加，有利于气化反应的进行。

### 5.4.3　计算方法

对于含氧官能团作为芳香碳边界焦模型水蒸气气化过程反应机理研究，是基于密度泛函理论（DFT）进行计算的。所有 DFT 计算均采用 Gaussian 16 程序进行，所有反应路径上的结构优化、过渡态搜索和模型频率分析均在 M062X/6-31（d, p）基组上进行。该基组能够更好地预测芳烃中氢反应的能量。此外，它在计算电荷转移方面显示出良好的准确性，这被认为适用于各种碳氢化合物和碳氢衍生物。为了获得更精确的能量数据，用 M062X/ 6-311 ++（d, p）计算所有单点的最终结构，过渡态采用 TS 方法计算，每个过渡态结构应该只有一个虚频率。通过本征反应坐标（IRC）计算确定能量最小路径，过渡态结构可以连接相应的反应物和生成物。在量子化学计算中，通常使用基态的势能面来计算分子的能量和振动频率。然而，这些计算通常会忽略零点能量（ZPE）对能量和频率的影响，因为在经典力学中，零点振动被认为是没有能量的。但是，在量子力学中，零点振动会导致分子的势能曲面略微向上弯曲，因此在计算分子能量和频率时，应考虑 ZPE 的校正。

### 5.4.4　计算结果

（1）M1 中 H 和 O 的迁移路径

反应物分子的电子性质可以反映化学反应过程中反应活性和初始路径的基本信息。为揭示前沿轨道电子特性，计算了反应物 M1 的最高占据分子轨道（highest occupied molecular orbital, HOMO）和最低未占分子轨道（lowest unoccupied molecular orbital, LUMO），结果如图 5-26 所示。其中，HOMO 起电子供体的作用，而 LUMO 主要起电子受体的作用。

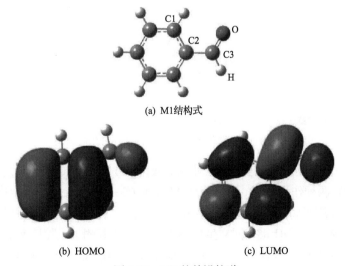

(a) M1结构式

(b) HOMO　　　　　(c) LUMO

图 5-26　M1 的前沿轨道

前沿轨道结果表明，在 M1 分子中含氧官能团存在两处明显活性位置，分别是 C3 处存在孤对电子，可作为电子供体，C2—C3 键处存在空轨道，可接收电子进行吸附。因此，气化反应发生时，这两处作为主反应位点将优先与水分子进行反应。M1 气化反应路径图如图 5-27 所示。M1 气化反应路径中的过渡态几何结构如图 5-28 所示。

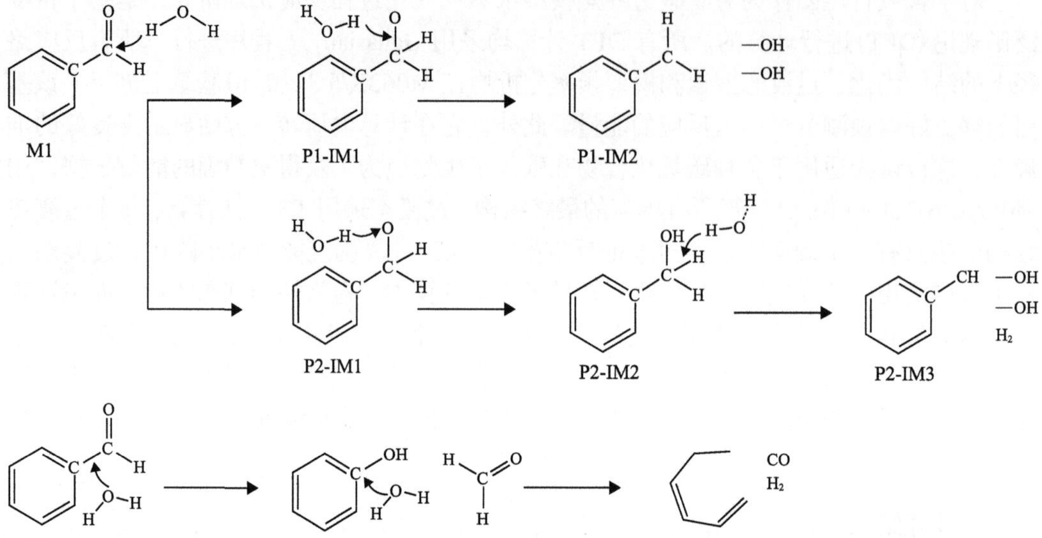

图 5-27　M1 气化反应路径图

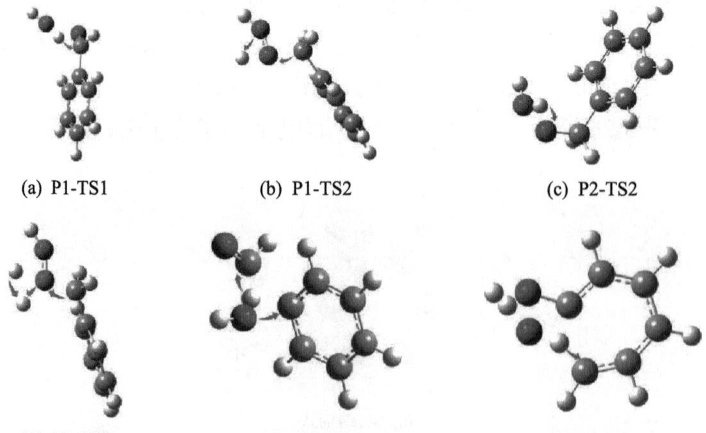

(a) P1-TS1　　　　(b) P1-TS2　　　　(c) P2-TS2

(d) P2-TS3　　　　(e) P3-TS1　　　　(f) P3-TS2

图 5-28　M1 气化反应路径中的过渡态几何结构

反应路径 1 中 $H_2O$ 分子首先在 C3 处完成吸附，H 转移至 C3 上，过渡态为 P1-TS1。随后 $H_2O$ 分子有两种作用方式，分别为直接破坏 C3—O 键，反应将生成两个活性 OH 基团，M1 中的 O 原子将迁移至此形式存在。另一种为 H 先吸附于 O 原子，经历过渡态 P2-TS2，随后破坏 C3—OH 键，同样生成两个活性 OH 基团，但随即有 $H_2$ 产生。若 $H_2O$ 分子先于 C2—C3 键空轨道处吸附，发生反应路径 3，H—OH 将会对 C2—C3 键进行破坏，直接生成甲醛释放，同时—OH 基吸附于 C2 上。气化反应的继续进行，将会导致芳香环发生开环反应，生成 $H_2$ 和 CO，其中 M1 的氧元素迁移至甲醛中。M1 反应路径能垒图如图 5-29 所示。

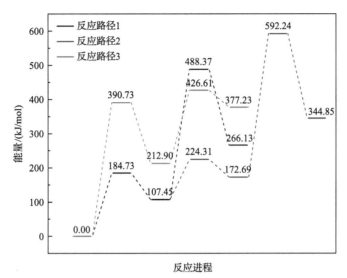

图 5-29　M1 反应路径能垒图

　　能量跨度是整个路径中最高能量和最低能量之间的能量差，而这种差决定了反应发生的难易程度。图 5-29 表明，M1 三条气化反应路径均为吸热反应，$H_2O$ 分子吸附于 C3 需要的能量 107.45kJ/mol 小于吸附于 C2—C3 空轨道的能量 212.90kJ/mol。在反应路径 1 和反应路径 2 中 P1IM1→P1IM2 过程和 P2IM2→P1IM3 过程被定义为反应速率决定步骤，因其过渡态 P1TS2 和 P2TS3 分别具有最高的反应能垒 488.37kJ/mol 和 592.24kJ/mol。H 迁移至 O 原子后形成了键能较强的 OH 键，导致后续的脱附过程更加困难，需要更多的能量。但也同时产生了 $H_2$，而反应路径 1 中的 H 则继续以活性 OH 基形式存在。对于反应路径 3 需要 $H_2O$ 作用于 C2—C3 键，直接完成脱附，因此该步骤需要消耗大量能量。而后续反应过程，则是芳香环开环，同样需要很高能量。因此，反应路径 3 的能量跨度是最大的，也表明该反应路径是最难发生的。

　　(2) M2 中 H 和 O 的迁移路径

　　反应物 M2 的 HOMO 轨道和 LUMO 轨道如图 5-30 所示。HOMO 轨道结果显示，M2 分子中含氧官能团部分 O1 原子处于活性位置，存在孤对电子为电子供体，易于对氧化物进行吸附。同样，在 C2—C3 处存在空轨道，易于接收电子。因此，反应物 M2 在蒸汽气化反应过程中，这两处活性位点最易受到水分子的攻击。M2 气化反应路径如图 5-31 所示。M2 气化反应路径中的过渡态几何结构如图 5-32 所示。

　　针对 M2 的两处活性位点，气化反应将进行不同的反应路径。水分子中的 H 直接吸附于 O1 原子处，形成羟基，是为第一种作用方式。随后水分子将有两种反应途径，分别是反应路径 1 和 2。反应路径 1 中，水分子直接作用于 C3—O1 键与 C3—O2 键，其中 C3—O1 键断裂，生成两个—OH 自由基。同时，由于氢键的作用，与 O2 相连的 H 被 H—OH 分解出的 H 吸引，形成 $H_2$。随后的气化反应中，水分子将对 C2—C3 键进行攻

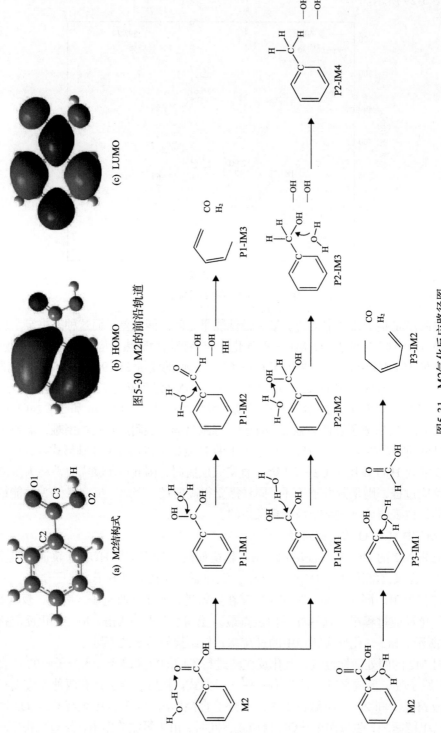

(a) M2结构式　　(b) HOMO　　(c) LUMO

图5-30　M2的前沿轨道

图5-31　M2气化反应路径图

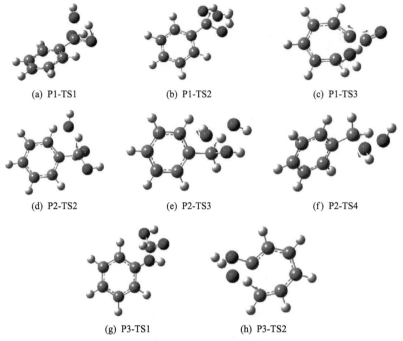

(a) P1-TS1　　　　　　　(b) P1-TS2　　　　　　　(c) P1-TS3

(d) P2-TS2　　　　　　　(e) P2-TS3　　　　　　　(f) P2-TS4

(g) P3-TS1　　　　　　　(h) P3-TS2

图 5-32　M2 气化反应路径中的过渡态几何结构

击，导致 C2—C3 键断裂的同时芳香环结构发生开环反应。反应生成 CO 与 $H_2$。反应路径 2 中，水分子中的 H 将首先吸附于 C3 原子，生成 P2-IM2。此时，P2-IM2 具有两个与 C3 相连的羟基，随后水分子将分别与两个羟基发生反应，每步将生成两个—OH 自由基，同时 C3 原子活性位点被水中的 H 所代替，整个过程最终产物为 P2-IM4。如果水分子直接作用于 C2—C3 键处的空轨道，导致 C2—C3 键断裂，水中一 H 原子与 C3 形成 CH 键，反应过程将直接生成甲酸，过渡态如 P3-TS1 所示。而 OH 将直接占据 C2 处的活性位点，在随后的气化反应中，将发生芳香环开环反应，生成 CO 和 $H_2$。

　　反应物 M2 气化过程的三条反应路径的能垒图如图 5-33 所示。总体比较得出，三条反应路径中除反应路径 1 第一步反应外均为吸热反应，且随气化反应的进行，吸收的能量越来越高。而反应路径 1 发生需要的能量最低为 323.07kJ/mol，是 M2 蒸汽气化过程最可能发生的反应路径。反应路径 1 中 P1-TS3 具有最高的反应能垒 518.89kJ/mol，是该路径的反应决速步骤。反应路径 3 中同样因为水分子直接攻击 C2—C3 键，导致其断裂，因此需要吸收大量能量，与前文得到的结论一致。综合反应物 M1 和 M2 的气化过程，可以得出，含氧官能团作为活性位点时，氧原子越多，气化反应需要能量越高。在活性位点方面，气化反应中 $H_2O$ 分子作用于含氧官能团处活性位点相较于与芳香环连接处的活性位点更容易发生。

　　(3) M3、M4、M5 中 H 和 O 的迁移路径

　　反应物 M3、M4、M5 为复合型边界的三种同分异构体，分别对应"相邻边界"、"间位边界"和"对位边界"，均由羰基和羧基组成。根据 Qiao 等[69]和 Abosadiya 等[70]的结

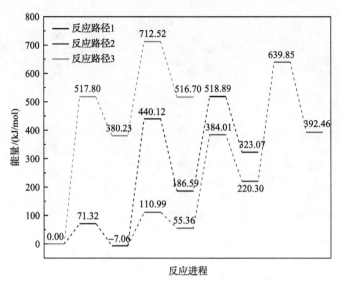

图 5-33　M2 反应路径能垒图

论，苯取代基异构化对分子化学位移和振动模式的影响可以忽略不计。同时，依据计算结果，两个含氧官能团取代基间不存在相互作用。因此，可以确定三种反应物的反应过程将取决于取代基含氧官能团的转化过程，即 M3、M4、M5 的反应路径为羰基和羧基分别与 $H_2O$ 分子气化的结果。根据前文结果，羰基和羧基的最佳反应路径已经确定，因此 M3、M4、M5 的可能最优反应路径如图 5-34 所示。

所有反应路径的反应能垒图如图 5-35 所示。反应能垒结果表明，含氧官能团取代位置的不同，会对气化反应路径及能量产生影响，M3 的最优反应路径为反应路径 2，即两个含氧官能团先依次发生各自的第一步气化反应，再依次进行各自的第二步气化反应。羰基总是优先于羧基进行转化。M4 和 M5 的最优反应路径为反应路径 1，即先发生羰基完全转化反应，再发生羧基完全转化反应。整体反应路径比较得出，M3 最优反应路径所需要吸收的能量最低，为 295.08kJ/mol，M5 与 M3 接近，为 301.39kJ/mol，而 M4 最优反应路径所需要吸收的能量最高为 451.42kJ/mol。各反应物的最优反应路径中决速步骤同样有所不同，M3 为羧基转化的第二步反应，过渡态最高能垒为 474.43kJ/mol，反应需要吸收 224.70kJ/mol。M4 和 M5 均为羰基转化的第二步反应，过渡态最高能垒分别是 720.03kJ/mol 和 655.36kJ/mol，反应分别需要吸收 167.63kJ/mol 和 163.68kJ/mol。这两步均为产生 $H_2$ 的重要反应，M3 所需能量更高，因此验证了前文实验结果中 M3 气化产氢量小于 M4 和 M5 的原因。

(4) M6 中 H 和 O 的迁移路径

反应物 M6 是由一个羰基和一个羧基连接而成的复合型边界"相连边界"，其结构式和分子前沿轨道如图 5-36 所示。HOMO-LUMO 能隙值的大小反映了电子从占据轨道向空轨道跃迁的能力，可以在一定程度上代表分子参与化学反应能力的强弱。与其余 5 种反应物相比，M6 能隙值高，更稳定，验证了前文实验结果中 M6 气化反应进行最慢、产物最少的结论。

(a) M3气化反应路径

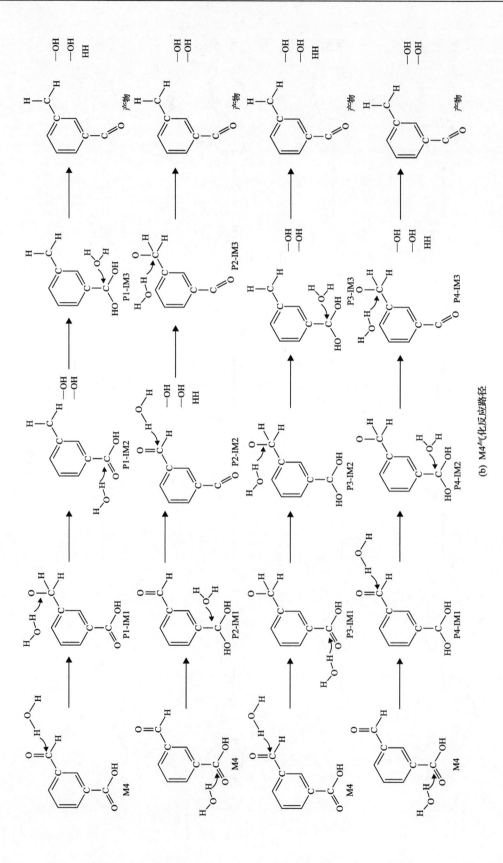

(b) M4气化反应路径

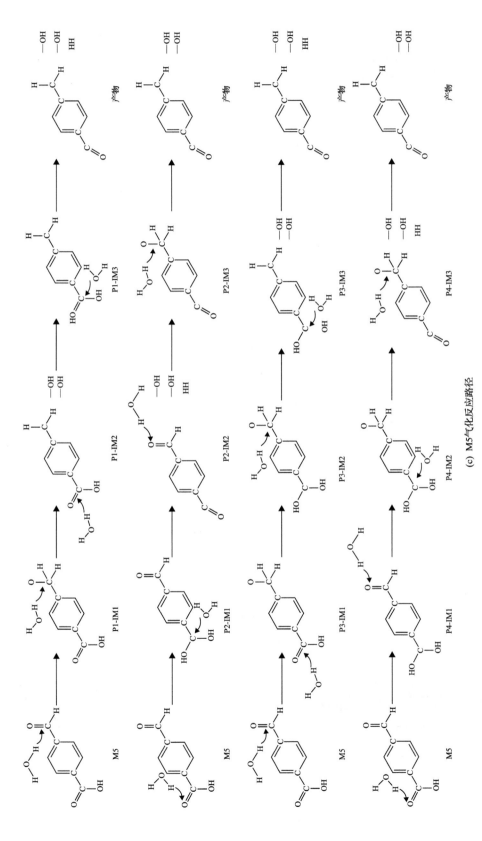

(c) M5气化反应路径

图5-34　不同反应物的气化反应路径

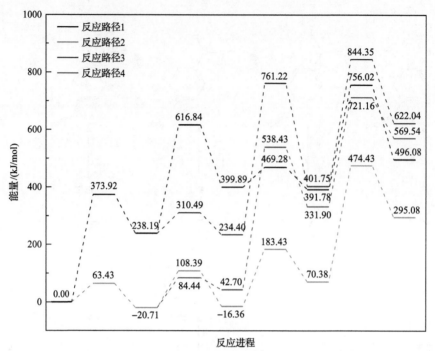

(a) M3反应路径

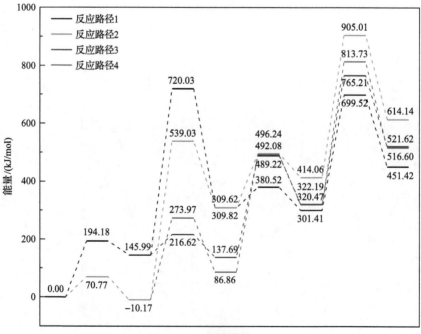

(b) M4反应路径

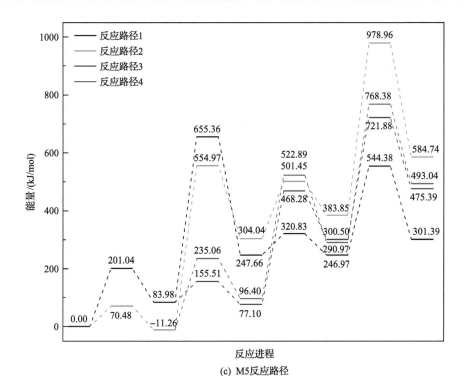

(c) M5反应路径

图 5-35 不同反应物反应能垒图

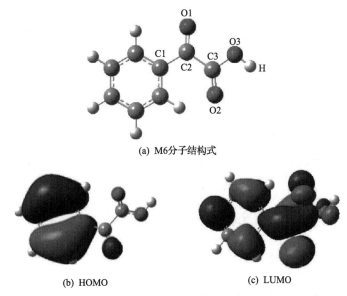

(a) M6分子结构式

(b) HOMO        (c) LUMO

图 5-36 M6 的前沿轨道

M6 的气化反应中，$H_2O$ 分子将对"相连边界"中的 C3—O3H 键进行攻击。其中，含氧官能团中的 H 与 $H_2O$ 中的一个 H 结合形成 $H_2$。随后 $H_2O$ 分子作用于 C2—C3 键，产生额外的两条反应路径。M6 气化反应路径如图 5-37 所示，反应路径中所有的过渡态分子结构如图 5-38 所示。第一种为反应经由过渡态 P1-TS2，生成 $CO_2$ 的同时 $H_2O$ 中的

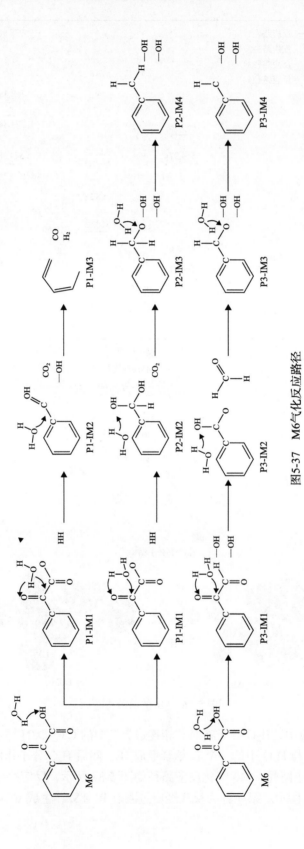

图5-37　M6气化反应路径

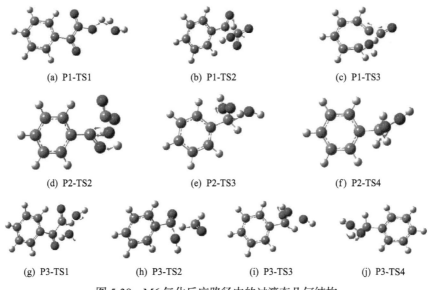

(a) P1-TS1　　　　　(b) P1-TS2　　　　　(c) P1-TS3

(d) P2-TS2　　　　　(e) P2-TS3　　　　　(f) P2-TS4

(g) P3-TS1　　(h) P3-TS2　　(i) P3-TS3　　(j) P3-TS4

图 5-38　M6 气化反应路径中的过渡态几何结构

H 吸附于 O1 形成新的—OH(P1-IM2)。随后 $H_2O$ 分子将攻击 C1—C2 键，两侧的碳原子向外拉扯，导致芳香环开环反应发生，需要消耗大量的能量。生成物为气化反应的最终产物 CO 和 $H_2$。相连边界中的 O 均迁移至 $CO_2$ 和 CO 中存在。另一反应路径是经由过渡态 P2-TS2，同样将 C3 挤出平面模型，生成 $CO_2$。但 $H_2O$ 中的 H 和 O 分别吸附于 O1 和 C2，形成相对稳定的中间体 P2-IM2。增加了芳香环开环反应的难度，因此后续气化反应发生取代反应。两个氧原子将先后脱附，最终生成物为 P2-IM4 和游离的—OH。若在第一步反应中直接导致 C3—O3 键断裂，反应将生成—OH 自由基，同时 $H_2O$ 中的 H 吸附于 C3 形成 P3-IM1。随后反应过程与反应路径 2 一致，只是气态生成物由 $CO_2$ 变为 $CH_2O$。M6 反应能垒图如图 5-39 所示。

结果表明，气化反应初始时的两种路径(反应路径 1 和反应路径 3)相比，C3—O3 键的断裂导致了能量跨度的增大，需要吸收更多的能量。直接脱附的难度高于 H 转移脱附。但从整体反应路径分析，影响气化过程的主要因素有两步反应。其一是 C2—C3 键断裂后产生的气化产物的种类。生成 $CH_2O$ 比生成 $CO_2$ 具有更大的能量跨度，需要吸收的能量也更高(143.26kJ/mol 与 90.96kJ/mol)。其二是 C2—C3 断裂后，$H_2O$ 分子吸附于 C2 产生的影响。吸附后的中间体具有更高的稳定性，尤其是 $H_2O$ 中的 O 吸附后，占据了 C2 空轨道形成 σ 键，导致后续气化过程解吸困难。C—H 键相较于 C—O 键略微稳定，后续反应需要能量略低于反应路径 2，最终需要总能量相差不大，其过渡态能垒最高为 734.53kJ/mol。反应路径 1 需要的总能量最低，是 M6 气化最佳反应路径。反应路径 2 和反应路径 3 最终需要的总能量接近，也证明了 $H_2O$ 分子吸附是影响 M6 转化的决定性步骤。

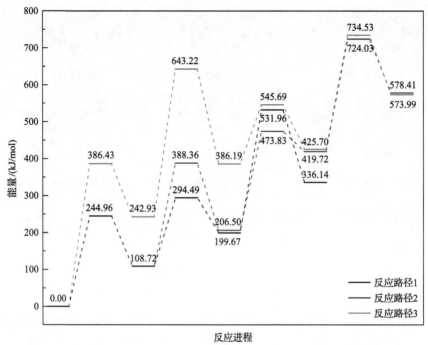

图 5-39　M6 反应能垒图

# 5.5　高温生物质焦气化动力学

氢元素是生物质焦的重要组成部分，主要存在于脂肪氢、芳香族氢和活性自由基中。不同形式的氢会对生物质焦的气化反应活性产生显著影响，并影响合成气的后续应用。蒸汽作为良好的气化介质，可以增加产气中 $H_2$ 的含量，有效降低碳排放，因此在本节被选为气化介质进行研究。

## 5.5.1　计算方法

本节所采用的分子动力学计算方法为 LAMMPS 软件包中的势函数反应力场 ReaxFF进行计算。ReaxFF 因其具有接近密度泛函理论的高计算精度，且不受原子规模限制、可用于大分子模型计算、计算时长短等优势而被广泛应用于研究反应机理和预测元素迁移过程。

ReaxFF 作为 LAMMPS 中一种基于经验键序的反作用力场，可以明确描述复杂系统内的化学反应。在 ReaxFF 力场中，连接性是由原子间距离计算的键序决定的，键序在每次迭代计算中不断更新，从而对化学键形成、断裂和转化过程进行动态描述。ReaxFF 力场利用键序来模拟复杂反应系统中原子和分子的化学和物理相互作用，能够准确描述键断裂和键形成反应。而其中的非键相互作用(范德瓦尔斯和库仑)是通过所有原子对之间的莫尔斯势和库仑势计算的，并且在短原子间距离处被屏蔽以防止这些相互作用产生的影响过大。此外，ReaxFF 通过使用依赖于几何的电荷计算方案来考虑极化效应[71]。所有 ReaxFF 势函数的完整描述可以在 van Duin 等的工作中找到[72,73]。

### 5.5.2　气化特性分析

为了深入研究木屑焦水蒸气气化过程，考虑气化温度和气化当量比的影响。气化当量比定义为气化过程理论需要的氧化剂含量/气化过程实际的氧化剂含量(CWR)。为了保证气体分子在不同系统中具有近似相同的数密度，即分子具有相同的碰撞概率，采用了不同的计算域大小。同时，分别在不同温度条件下进行了 ReaxFF 恒温气化模拟，模拟方法与前述一致。气化系统模拟工况如表 5-12 所示。

**表 5-12　气化系统模拟工况**

| CWR | 系统中水分子个数 | 系统温度/K |
| --- | --- | --- |
| 1.0 | 150 | 2750、3000、3250、3500 |
| 0.8 | 188 | 2750、3000、3250、3500 |
| 0.6 | 250 | 2750、3000、3250、3500 |
| 0.4 | 375 | 2750、3000、3250、3500 |

(1)主要产物分析

因焦气化过程中间产物较多，过程较为复杂，因此本节只针对其主要气体组分及过程产物进行分析。不同温度下 ReaxFF 模拟得到木屑焦气化反应的主要产物如图 5-40 所示。气化反应均在几百皮秒内完成。反应初期 $H_2O$ 分子几乎不消耗，表明焦-水蒸气气化系统先伴随着焦的高温热分解，当分子量变小，各活性基团暴露时，气化反应正式开始。随温度升高 $H_2O$ 分子消耗速度加快，消耗量升高，导致最终产物中分子数量增加，单分子含碳量降低。其中，CO 和 $H_2$ 的生成量明显高于 $CO_2$ 和 $CH_4$，这是因为本节所研究的木屑焦中，羧基碳和碳基碳含量较高易与 $H_2O$ 分子结合成氢键所导致的[74]。同时发现 CO 总是先于 $H_2$ 释放出来。

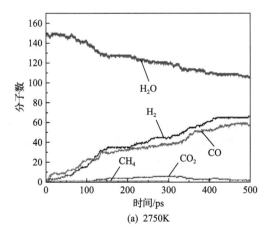

(a) 2750K

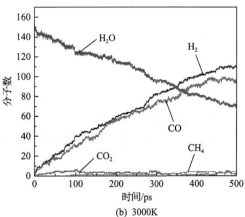

(b) 3000K

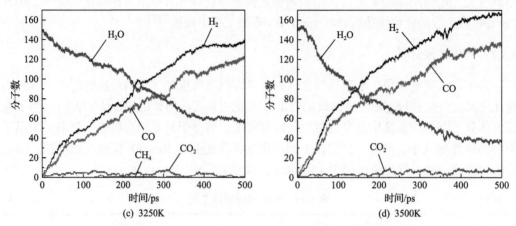

图 5-40　不同温度下 ReaxFF 模拟得到木屑焦气化反应的主要产物

不同温度下各组分分子含量变化如图 5-41 所示。$H_2$、CO 在全部生成物中的占比均在增加，但 $H_2$ 的增量高于 CO 的增量，二者间的分子数量差逐渐增大，从 2750K 的 9 个增加至 3500K 的 33 个。$H_2$ 占比由 0.26 升至 0.47，而 CO 占比则由 0.22 增长到 0.37，二者差值从 0.04 扩大到 0.1。当温度由 3250K 升至 3500K 时，CO 占比变化已经很小。以上结果均表明，温度的升高更易促进 $H_2$ 的生成，而达到一定温度后 CO 的含量几乎不再改变。

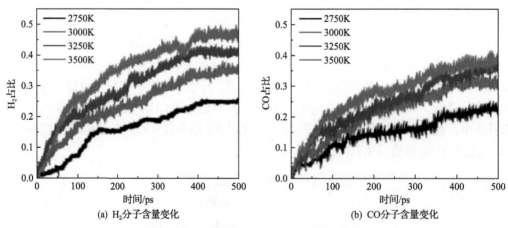

图 5-41　不同温度下各组分分子含量变化

不同气化当量比下主要气化产物分布如图 5-42 所示。随气化当量比的减小，$H_2$ 和 $CO_2$ 生成量都有明显的提升，其中 $H_2$ 分子数涨幅达 30%，$CO_2$ 占比由 3.2‰升至 2.2%。这是因为 CWR 的降低意味着系统中 $H_2O$ 分子数量的增加，氧化性增强，参加反应的水分子个数也从 78 增加至 102，导致产生更多的 $CO_2$。CO 分子数量变化不大，但从斜率看出生成速率明显提高。

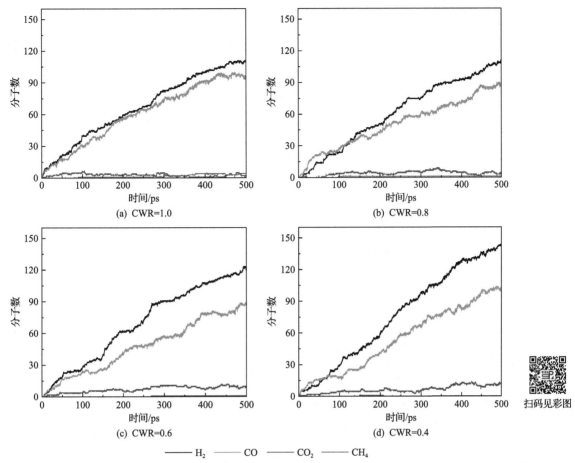

扫码见彩图

图 5-42　不同气化当量比下主要气化产物分布

由图 5-43（a）得到，同一时刻的碳转化率随 CWR 的降低而升高，说明气化反应得到了促进。图 5-43 同样展示了 $H_2$、CO 占比的变化规律。显然 $H_2O$ 分子的增加，导致 $H_2$ 总体占比降低，但是在全部生成物中的含量却升高了。这表明，生成物中的 $H_2$ 有相当一部分来自水蒸气而不是焦中的 H。图 5-43（d）展示了其余气态分子（$C_2 \sim C_4$）数量的变化和单分子中最高含碳数的变化。结果表明，$C_2$-$C_4$ 分子数量逐渐减小，说明气化反应进行更加彻底了，这也可能是 $CO_2$ 增多的另一原因。由于气化反应进行更加彻底了，产物中单分子最大含碳数在升高，逐渐出现了 C>4 的分子，即轻质焦油（$C_5 \sim C_{13}$），且分子量越来越大。这可以归因于反应系统中 $H_2O$ 分子数量的增多会阻碍轻质焦油与根点 O 自由基反应形成较小的碳质分子。随 $H_2O$ 分子的继续增多，可能引发焦油的重整。

（2）气化机理分析

图 5-44 为木屑焦水蒸气气化过程的转化机理。由前文可知，木屑焦的主要结构特征为以五元环、六元环芳香化合物为主体，通过桥键连接而成，主要含氧官能团为羰基和羧基。因此，在气化反应初期，以芳碳取代基与水的反应为主，生成物以 $CH_2O$ 和 $CH_2O_2$ 为代表。随后各芳香环间的桥键发生断裂，木屑焦大分子分裂成几个最高含碳数在 20～

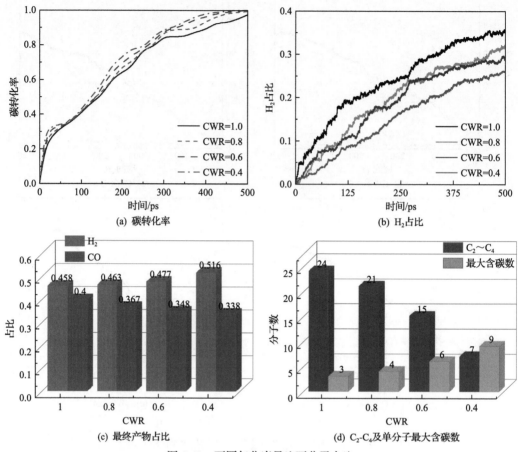

图 5-43　不同气化当量比下分子占比

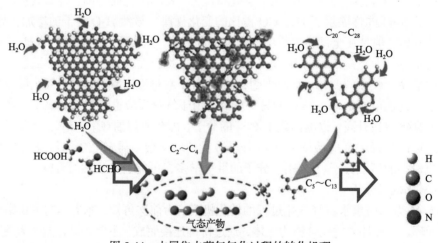

图 5-44　木屑焦水蒸气气化过程的转化机理

28 的芳香族化合物存在于系统中，同时裂解出一些 $C_2 \sim C_4$ 的气态产物。随着气化反应的继续进行，多元芳香环与 $H_2O$ 分子作用，发生开环裂解反应，生成物主要以 $C_5 \sim C_{13}$ 的产物居多，这一区间反应较为缓慢，约占总反应时间的 1/3。随后小分子生成物 $C_{5\sim13}H_mO_n$ 发生反应(5-16)，生成 $H_2$ 与 $CO_2$，此时水分子大量消耗，反应速率加快，$CO_2$ 含量也达到峰值。同时伴有反应(5-17)和(5-18)的发生，CO 生成速率升高，$H_2$ 的生成速率有所减缓。而随着 $C_2 \sim C_4$ 气态分子逐渐积攒增多，$CH_4$ 将发生重整反应，每 1 体积的 $CH_4$ 生成 3 体积的 $H_2$，此时 $H_2$ 增长速率加快。随着反应的继续进行，碳元素接近转化完成，CO 趋于平稳，$H_2$ 还略有增加，原因是小分子气态产物发生脱氢反应导致，同时会生成一部分 $C_2$，有文献表明可能为 Soot 的前驱体。

$$C_xH_yO_z + \alpha H_2O \longrightarrow H_2 + CO + CH_2O + CH_2O_2 + C_uH_vO_w \qquad (5\text{-}16)$$

$$C_uH_vO_w \longrightarrow nC_{20\sim28}H_pO_q + C_{2\text{-}4}\,(\text{gas}) \qquad (5\text{-}17)$$

$$C_{20\sim28}H_pO_q + \beta H_2O \longrightarrow C_{5\sim13}H_mO_n + H_2 + CO + CH_4 \qquad (5\text{-}18)$$

$$C_{5\sim13}H_mO_n + \gamma H_2O \longrightarrow H_2 + CO_2 \qquad (5\text{-}19)$$

$$C + CO_2 \longrightarrow 2CO \qquad (5\text{-}20)$$

$$C + 2H_2 \longrightarrow CH_4 \qquad (5\text{-}21)$$

$$CH_4 + H_2O \longrightarrow CO + 3H_2 \qquad (5\text{-}22)$$

SC 中 N 元素的转化路径如图 5-45 所示，初期的产物 CN 是由 SC 高温裂解下吡咯开环产生的，随后在水蒸气的氧化性气氛下生成了 CON。而后随着气化反应的进行，CO 逐渐增多，含氮化合物与 CO 作用先转化为 $C_{1\text{-}3}H_{1\text{-}3}N$，最终生成 HCN。反应过程如式(5-23)～式(5-25)所示。

$$SC\,(N_{\text{pyrrole}}) \longrightarrow CN + R \qquad (5\text{-}23)$$

$$CN + H_2O \longrightarrow CON + H_2 \qquad (5\text{-}24)$$

$$CON + CO + H \longrightarrow HCN + CO_2 \qquad (5\text{-}25)$$

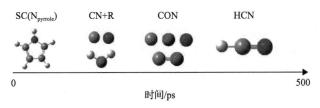

图 5-45　N 元素转化路径

# 5.6　本章小结

本章选取木质纤维素生物质作为研究对象，开发了生物质高温热解详细动力学模型。对近 10 年文献中的实验数据进行了验证，建立了生物质高温热解数据库。对高温热解得到的生物质焦进行了化学结构分析，在分子尺度上对生物质焦结构进行了建模并优化，分析了焦结构表面活性位点的分布规律和气化活性。随后对含氧官能团作为生物质焦碳边缘活性位点的模型进行了全面分析，明确了该类型焦在气化过程中的作用机制，预测了气化反应路径。依据碳的成键方式以及 O、N 元素适配关系对高温生物质焦中的碳质结构进行了分类，分别建立气化反应机理。最后结合生物质焦大分子模型气化总包反应，建立全局气化反应模型。主要结果如下：

1) 建立了能够全面描述高温生物质热解过程的集总动力学模型。模型预测的质量损失曲线良好地贴近实验结果，更好地表征了高温条件下的残留生物质焦产量和元素组成。建立了由近 15 年 107 篇文献中热解实验组成的数据库，包含不同生物质原料和生物质焦的组分分析以及实验条件。共计 101 种木质纤维素生物质，540 组实验数据。在证明模型普适性的同时，提供了实验数据查阅功能。

2) 高温热解焦中碳的主要存在形式为芳香族碳和脂肪族碳。碳骨架结构已趋于同一性和均质性。氧元素的主要赋存形式为桥键氧、羧基或羰基，氮元素主要以吡咯的形式存在。

3) 构建了生物质焦分子模型，主体由多元芳香环构成，通过桥键氧进行连接。含氧官能团将主要以芳香边界形式存在。与先前实验结果比对良好，验证了模型的准确性。

4) 热力学和动力学数据表明，含氧官能团的存在会促进生物质焦蒸汽气化过程中可燃气体产量的增加，有利于气化反应的进行。不同取代位置的含氧官能团对气化合成气组分的影响不同。复合型边界中各含氧官能团单独反应时产生的 $H_2$ 占比高于共同作用时。反应动力学揭示了含氧官能团的氧优先会以 CO 形式生成并释放，剩余的氧会转移至小分子气态产物中。这证明了含氧官能团的存在，对 $H_2$ 的产生有着促进作用，同时确定了各类型边界的最优反应路径及反应决速步骤。

5) 含氮结构在蒸汽气化下表现出高反应活性，N 的存在形式较为多变。芳香族碳气化产生的 $H_2$ 主要来源于处于芳香边界的 H。Soot 前驱体的产生与含氧官能团无关。脂肪族碳的蒸汽气化反应性高于芳香族碳。芳香族相连的 C—O 桥键将先断裂再进行反应。而与脂肪族相连的桥键断裂与气化反应同时发生。

6) 蒸汽气化过程可分为四个部分。首先芳香族边缘取代的含氧官能团作为活性位点先进行气化。随后桥键断裂，生物质焦分解为几个 $C_{20} \sim C_{28}$ 的多元芳香环。各多元环分别气化，生成物主要以 $C_5 \sim C_{13}$ 的产物居多，反应缓慢约占总反应时间的 1/3。最后小分子芳香族 $C_5 \sim C_{13}$ 发生气化，此时反应速率最快，生成大量 $H_2$，同时伴有 $CH_4$ 重整及小分子化合物脱氢反应。

# 参 考 文 献

[1] Wang S, Dai G, Yang H, et al. Lignocellulosic biomass pyrolysis mechanism: A state-of-the-art review[J]. Progress in Energy and Combustion Science, 2017, 62: 33-86.

[2] Peters J F, Banks S W, Bridgwater A V, et al. A kinetic reaction model for biomass pyrolysis processes in Aspen Plus[J]. Applied Energy, 2017, 188: 595-603.

[3] Di Blasi C. Modeling chemical and physical processes of wood and biomass pyrolysis[J]. Progress in Energy and Combustion Science, 2008, 34(1): 47-90.

[4] Wang S, Wu K, Yu J, et al. Kinetic and thermodynamic analysis of biomass catalytic pyrolysis with nascent biochar in a two-stage reactor[J]. Combustion and Flame, 2023, 251: 112671.

[5] Kissinger H E. Reaction kinetics in differential thermal analysis[J]. Analytical Chemistry, 1957, 29(11): 1702-1706.

[6] Capart R, Khezami L, Burnham A K. Assessment of various kinetic models for the pyrolysis of a microgranular cellulose[J]. Thermochimica Acta, 2004, 417(1): 79-89.

[7] Fisher T, Hajaligol M, Waymack B, et al. Pyrolysis behavior and kinetics of biomass derived materials[J]. Journal of Analytical and Applied Pyrolysis, 2002, 62(2): 331-349.

[8] Akita K, Kase M. Determination of kinetic parameters for pyrolysis of cellulose and cellulose treated with ammonium phosphate by differential thermal analysis and thermal gravimetric analysis[J]. Journal of Polymer Science Part A-1: Polymer Chemistry, 1967, 5(4): 833-848.

[9] Cordero T, Rodriguez-Maroto J M, Rodriguez-Mirasol J, et al. On the kinetics of thermal decomposition of wood and wood components[J]. Thermochimica Acta, 1990, 164: 135-144.

[10] Ranzi E, Dente M, Goldaniga A, et al. Lumping procedures in detailed kinetic modeling of gasification, pyrolysis, partial oxidation and combustion of hydrocarbon mixtures[J]. Progress in Energy and Combustion Science, 2001, 27(1): 99-139.

[11] Cai J, Wu W, Liu R. An overview of distributed activation energy model and its application in the pyrolysis of lignocellulosic biomass[J]. Renewable and Sustainable Energy Reviews, 2014, 36: 236-246.

[12] Beste A, Buchanan III A C. Kinetic simulation of the thermal degradation of phenethyl phenyl ether, a model compound for the β-O-4 linkage in lignin[J]. Chemical Physics Letters, 2012, 550: 19-24.

[13] Banyasz J L, Li S, Lyons-Hart J, et al. Gas evolution and the mechanism of cellulose pyrolysis[J]. Fuel, 2001, 80(12): 1757-1763.

[14] Zheng M, Wang Z, Li X, et al. Initial reaction mechanisms of cellulose pyrolysis revealed by ReaxFF molecular dynamics[J]. Fuel, 2016, 177: 130-141.

[15] Wang S, Ru B, Lin H, et al. Kinetic study on pyrolysis of biomass components: A critical review[J]. Current Organic Chemistry, 2016, 20(23): 2489-2513.

[16] Ramiah M V. Thermogravimetric and differential thermal analysis of cellulose, hemicellulose, and lignin[J]. Journal of Applied Polymer Science, 1970, 14(5): 1323-1337.

[17] Liu Q, Wang S, Zheng Y, et al. Mechanism study of wood lignin pyrolysis by using TG-FTIR analysis[J]. Journal of Analytical and Applied Pyrolysis, 2008, 82(1): 170-177.

[18] Ranzi E, Cuoci A, Faravelli T, et al. Chemical kinetics of biomass pyrolysis[J]. Energy & Fuels, 2008, 22(6): 4292-4300.

[19] Debiagi P E A, Gentile G, Pelucchi M, et al. Detailed kinetic mechanism of gas-phase reactions of volatiles released from biomass pyrolysis[J]. Biomass and Bioenergy, 2016, 93: 60-71.

[20] Guizani C, Jeguirim M, Gadiou R, et al. Biomass char gasification by $H_2O$, $CO_2$ and their mixture: Evolution of chemical, textural and structural properties of the chars[J]. Energy, 2016, 112: 133-145.

[21] Keown D M, Li X, Hayashi J I, et al. Evolution of biomass char structure during oxidation in $O_2$ as revealed with FT-Raman spectroscopy[J]. Fuel Processing Technology, 2008, 89: 1429-1435.

[22] He Q, Guo Q, Ding L, et al. $CO_2$ gasification of char from raw and torrefied biomass: Reactivity, kinetics and mechanism

analysis[J]. Bioresource Technology, 2019, 293:122087.

[23] Zhang H, Liu M, Yang H, et al. Impact of biomass constituent interactions on the evolution of char's chemical structure: An organic functional group perspective[J]. Fuel, 2022, 319: 123772.

[24] Dall'Ora M, Jensen P A, Jensen A D. Suspension combustion of wood: Influence of pyrolysis conditions on char yield, morphology, and reactivity[J]. Energy & Fuels, 2008, 22: 2955-2962.

[25] 林晓芬, 尹艳山, 李振全, 等. 压汞法分析生物质焦孔隙结构[J]. 工程热物理学报, 2006 (z2): 187-190.

[26] Fu P, Hu S, Xiang J, et al. Evolution of char structure during steam gasification of the chars produced from rapid pyrolysis of rice husk[J]. Bioresource Technology, 2012, 114: 691-697.

[27] Wu R, Beutler J, Price C, et al. Biomass char particle surface area and porosity dynamics during gasification[J]. Fuel, 2020, 264: 116833.

[28] Fatehi H, Bai X S. Structural evolution of biomass char and its effect on the gasification rate[J]. Applied Energy, 2017, 185:998-1006.

[29] Wang S, Wu L, Hu X, et al. Effects of the particle size and gasification atmosphere on the changes in the char structure during the gasification of mallee biomass[J]. Energy & Fuels, 2018, 32:7678-7684.

[30] Wu H, Yip K, Tian F, et al. Evolution of char structure during the steam gasification of biochars produced from the pyrolysis of various mallee biomass components [J]. Industrial & Engineering Chemistry Research, 2009, 48:10431-10438.

[31] Komarova E, Guhl S, Meyer B. Brown coal char $CO_2$-gasification kinetics with respect to the char structure. Part I: Char structure development[J]. Fuel, 2015, 152: 38-47.

[32] Tong W, Liu Q, Yang C, et al. Effect of pore structure on $CO_2$ gasification reactivity of biomass chars under high-temperature pyrolysis[J]. Journal of the Energy Institute, 2020, 93: 962-976.

[33] 戴贡鑫. 生物质热解机理及选择性调控研究[D]. 杭州: 浙江大学, 2020.

[34] 徐朝芬. 煤与生物质水蒸气共气化反应特性及机理研究[D]. 武汉: 华中科技大学, 2014.

[35] Liu X, Wang T, Chu J, et al. Understanding lignin gasification in supercritical water using reactive molecular dynamics simulations[J]. Renewable Energy, 2020, 161: 858-866.

[36] Chen C, Zhao L, Wu X, et al. Theoretical understanding of coal char oxidation and gasification using reactive molecular dynamics simulation[J]. Fuel, 2020, 260: 116300.

[37] Hong D, Liu L, Wang C, et al. Construction of a coal char model and its combustion and gasification characteristics: Molecular dynamic simulations based on ReaxFF[J]. Fuel, 2021, 300: 120972.

[38] Du Y, Xin H, Che D, et al. Competitive or additive behavior for $H_2O$ and $CO_2$ gasification of coal char? Exploration via simplistic atomistic simulation[J]. Carbon, 2019, 141: 226-237.

[39] Sendt K, Haynes B S. Density functional study of the chemisorption of $O_2$ across two rings of the armchair surface of graphite[J]. Journal of Physical Chemistry C, 2007, 111 (14): 5465-5473.

[40] Link S, Arvelakis S, Hupa M, et al. Reactivity of the biomass chars originating from reed, Douglas fir, and pine[J]. Energy & Fuels, 2010, 24 (12): 6533-6539.

[41] Tian H, He Z, Wang J, et al. Density functional theory study on the mechanism of biochar gasification in $CO_2$ environment[J]. Industrial & Engineering Chemistry Research, 2020, 59 (45): 19972-19981.

[42] Jiao W, Wang Z, Jiao W, et al. Influencing factors and reaction mechanism for catalytic $CO_2$ gasification of sawdust char using K-modified transition metal composite catalysts: Experimental and DFT studies[J]. Energy Conversion and Management, 2020, 208: 112522.

[43] Zhou Y, Zhu S, Yan L, et al. Interaction between $CO_2$ and $H_2O$ on char structure evolution during coal char gasification[J]. Applied Thermal Engineering, 2019, 149: 298-305.

[44] González J D, Mondragón F, Espinal J F. Effect of calcium on gasification of carbonaceous materials with $CO_2$: A DFT study[J]. Fuel, 2013, 114: 199-205.

[45] 赵登. 基于密度泛函理论的焦炭非催化/催化气化反应机理研究[D]. 哈尔滨: 哈尔滨工业大学, 2021.

[46] Collard F X, Blin J. A review on pyrolysis of biomass constituents: Mechanisms and composition of the products obtained from the conversion of cellulose, hemicelluloses and lignin[J]. Renewable and Sustainable Energy Reviews, 2014, 38: 594-608.

[47] Chen D, Cen K, Zhuang X, et al. Insight into biomass pyrolysis mechanism based on cellulose, hemicellulose, and lignin: Evolution of volatiles and kinetics, elucidation of reaction pathways, and characterization of gas, biochar and bio-oil[J]. Combustion and Flame, 2022, 242: 112142.

[48] Özsin G, Pütün A E. Kinetics and evolved gas analysis for pyrolysis of food processing wastes using TGA/MS/FT-IR[J]. Waste Management, 2017, 64: 315-326.

[49] Debiagi P, Gentile G, Cuoci A, et al. A predictive model of biochar formation and characterization[J]. Journal of Analytical and Applied Pyrolysis, 2018, 134: 326-335.

[50] Cuoci A, Frassoldati A, Faravelli T, et al. OpenSMOKE++: An object-oriented framework for the numerical modeling of reactive systems with detailed kinetic mechanisms[J]. Computer Physics Communications, 2015, 192: 237-264.

[51] Crombie K, Mašek O, Sohi S P, et al. The effect of pyrolysis conditions on biochar stability as determined by three methods[J]. Gcb Bioenergy, 2013, 5(2): 122-131.

[52] Peng C, Zhai Y, Zhu Y, et al. Investigation of the structure and reaction pathway of char obtained from sewage sludge with biomass wastes, using hydrothermal treatment[J]. Journal of Cleaner Production, 2017, 166: 114-123.

[53] Guizani C, Haddad K, Limousy L, et al. New insights on the structural evolution of biomass char upon pyrolysis as revealed by the Raman spectroscopy and elemental analysis[J]. Carbon, 2017, 119: 519-521.

[54] Wornat M J, Hurt R H, Yang N Y C, et al. Structural and compositional transformations of biomass chars during combustion[J]. Combustion and Flame, 1995, 100(1-2): 131-143.

[55] Tran T V, Lee I C, Kim K. Electricity production characterization of a Sediment Microbial Fuel Cell using different thermo-treated flat carbon cloth electrodes[J]. International Journal of Hydrogen Energy, 2019, 44(60): 32192-32200.

[56] Solum M S, Pugmire R J, Jagtoyen M, et al. Evolution of carbon structure in chemically activated wood[J]. Carbon, 1995, 33(9): 1247-1254.

[57] Solum M S, Pugmire R J, Grant D M. Carbon-13 solid-state NMR of Argonne-premium coals[J]. Energy Fuels, 1989, 3(2): 187-193.

[58] Song H, Liu G, Zhang J, et al. Pyrolysis characteristics and kinetics of low rank coals by TG-FTIR method[J]. Fuel Processing Technology, 2017, 156: 454-460.

[59] Černý J. Structural dependence of CH bond absorptivities and consequences for FT-ir analysis of coals[J]. Fuel, 1996, 75(11): 1301-1306.

[60] Feng D, Zhao Y, Zhang Y, et al. Catalytic mechanism of ion-exchanging alkali and alkaline earth metallic species on biochar reactivity during $CO_2/H_2O$ gasification[J]. Fuel, 2018, 212: 523-532.

[61] Feng D, Zhao Y, Zhang Y, et al. Steam gasification of sawdust biochar influenced by chemical speciation of alkali and alkaline earth metallic species[J]. Energies, 2018, 11(1): 205.

[62] Mastalerz M, Marc Bustin R. Electron microprobe and micro-FTIR analyses applied to maceral chemistry[J]. International Journal of Coal Geology, 1993, 24(1): 333-345.

[63] Wang S, Tang Y, Schobert H H, et al. FTIR and simultaneous TG/MS/FTIR study of Late Permian coals from Southern China[J]. Journal of Analytical & Applied Pyrolysis, 2013, 100(2013)75-80.

[64] 徐芳. 霍林河褐煤分子模型构建及其热解反应分子动力学模拟[D]. 哈尔滨: 哈尔滨工业大学, 2020.

[65] Ungerer P, Collell J, Yiannourakou M. Molecular modeling of the volumetric and thermodynamic properties of kerogen: Influence of organic type and maturity[J]. Energy & Fuels, 2015, 29(1): 91-105.

[66] Li W, Zhu Y, Wang G, et al. Molecular model and ReaxFF molecular dynamics simulation of coal vitrinite pyrolysis[J]. Journal of Molecular Modeling, 2015, 21(8): 1-13.

[67] Li W J, Yu S, Zhang L, et al. ReaxFF molecular dynamics simulations of n-eicosane reaction mechanisms during pyrolysis and

combustion[J]. International Journal of Hydrogen Energy, 2021, 46 (78): 38854-38870.

[68] Wang Q D, Wang J B, Li J Q, et al. Reactive molecular dynamics simulation and chemical kinetic modeling of pyrolysis and combustion of n-dodecane, combust[J]. Flame, 2011, 158 (2): 217-226.

[69] Qiao L, Zhang Y, Hu W, et al. Synthesis, structural characterization and quantum chemical calculations on 1- (isomeric methylbenzoyl) -3- (4-trifluoromethylphenyl) thioureas[J]. Journal of Molecular Structure, 2017, 1141: 309-321.

[70] Abosadiya H M, Anouar E H, Hasbullah S A, et al. Synthesis, X-ray, NMR, FT-IR, UV/vis, DFT and TD-DFT studies of *N*- (4-chlorobutanoyl) -*N'*- (2-,3-and 4-methylphenyl) thiourea derivatives[J]. Spectrochimica Acta Part A: Molecular and Biomolecular Spectroscopy, 2015, 144: 115-124.

[71] Chenoweth K, van Duin A C T, Goddard W A. ReaxFF reactive force field for molecular dynamics simulations of Hydrocarbon oxidation[J]. Journal of Physical Chemistry A, 2008, 112 (5): 1040-1053.

[72] van Duin A C T, Baas J M A, van de Graf B. Delft molecular mechanics: A new approach to hydrocarbon force fields. Inclusion of a geometry-dependent charge calculation[J]. Journal of the Chemical Society Faraday Transactions, 1994, 90 (19): 2881-2895.

[73] van Duin A C T, Dasgupta S, Lorant F, et al. ReaxFF: A Reactive Force Field for Hydrocarbons[J]. Journal of Chemistry A, 2001, 105 (41): 9396-9409.

[74] Liu S, Zhang Z, Wang H, Quantum chemical investigation of the thermal pyrolysis reactions of the carboxylic group in a brown coal model[J]. Journal of Molecular Modeling, 2012, 18 (1): 359-365.

# 第6章 生物质高温气化装置优化设计

生物质在高温气化过程中，首先因受热分解成 CO、$CO_2$、$H_2$ 等气态组分和固态的焦颗粒，接着焦颗粒会与气化剂或者自身热分解出的一些气态组分发生反应，转变成灰分及其他气态组分。在此过程中，分解出的部分可燃组分与气化剂中的 $O_2$ 发生反应并释放热量，所释放的热量除了要能够维持整个反应持续进行外，还需要使得气化反应温度高于生物质灰分的流动温度。如何通过匹配运行参数以满足生物质高温气化条件，并得到高品质气化产气是设计生物质高温气化装置首先需要解决的问题。此外，生物质高温气化装置的结构直接决定着装置中的流场形式，进而影响生物质颗粒在装置中的停留时间以及与气化剂的混合。因此，为保证生物质颗粒达到预期的气化目标，需要针对生物质高温气化的特点，合理设计生物质高温气化装置的结构，并对其进行优化。通过实验的方法，对整个工艺系统和装置结构进行分析，需要较高的投资成本和运行成本，而数值仿真是一种经济的方法。因此，本章首先建立生物质高温气化工艺方案的流程模型，分析运行参数对运行特性的影响，确定理论上满足该工艺方案的设计参数，接着依据设计参数并结合生物质高温气化行为设计生物质高温气化装置，最后通过数值模拟的方法考察结构参数对运行特性的影响规律，并对其结构进行优化。

## 6.1 生物质高温气化流程分析

本章提出的生物质高温气化工艺方案如图 6-1 所示。在该工艺方案中，生物质通过给料装置送入生物质高温气化装置中。气化所需的空气由空气泵提供。空气首先通过空气预热装置进行预热，再送入生物质高温气化装置中。预热空气可提高生物质高温气化装置中的气化温度，以保证气化过程中产生的焦油在高温下进一步裂解成不易凝结的轻质气体，并且气化后的熔渣以液态形式排入熔渣池中。高温产气经过余热利用装置降低至所需温度后，进行后续利用。生物质气化过程如图 6-2 所示，该过程可分为四个主要阶段：干燥、热解、部分氧化和还原。需要注意的是，在实际气化过程中，由于某个反应阶段的产物可能是其他反应阶段的反应物，这四个反应阶段通常没有明确的分界。

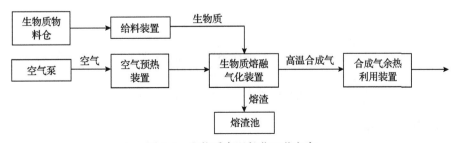

图 6-1 生物质高温气化工艺方案

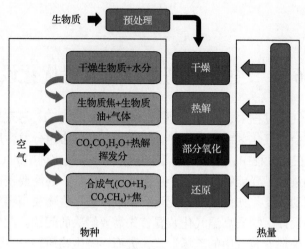

图 6-2　生物质气化过程示意图[1]

干燥阶段发生在 373K 左右，可以通过式(6-1)来表示。该阶段为物理转化过程，在此阶段，生物质中所含水分与干燥的生物质相分离。分离出的水分可能会接着参与后续的化学反应，或者与其他气体直接混合。

$$Biomass \longrightarrow H_2O + Dry\ Biomass \tag{6-1}$$

随着干燥的生物质温度升高，反应进入热解阶段，反应通式如式(6-2)所示。在该阶段，生物质中的大分子物质(纤维素、半纤维素和木质素)首先分解成中分子的碳氢化合物及焦，中分子的碳氢化合物将继续分解为小分子物质。

$$Dry\ Biomass \longrightarrow x_1CO + x_2CO_2 + x_3H_2 + x_4CH_4 + x_5C_nH_n + Char \tag{6-2}$$

式中，$x_1 \sim x_5$ 为未知系数。

在部分氧化阶段，热解产物中的气态可燃组分与 $O_2$ 发生的均相氧化反应如式(6-3)~式(6-5)所示，热解产物中的焦与 $O_2$ 发生的非均相氧化反应如式(6-6)所示。部分氧化阶段的反应产物主要是 $CO_2$ 和水蒸气，与此同时释放出大量的热量，该热量用于维持整个气化反应。

$$2CO + O_2 \longrightarrow 2CO_2 - 565.98kJ/mol \tag{6-3}$$

$$CH_4 + 2O_2 \rightleftharpoons CO + 2H_2O - 802.32kJ/mol \tag{6-4}$$

$$2H_2 + O_2 \longrightarrow 2H_2O - 483.66kJ/mol \tag{6-5}$$

$$Char + O_2 \longrightarrow CO_2 + CO \tag{6-6}$$

式中，"–"表示放热。

还原阶段，还原反应也分为均相还原反应和非均相还原反应。非均相反应主要是焦

与 $CO_2$ 和水蒸气反应，进而转化为小分子气态组分，如式(6-7)和式(6-8)所示。均相还原反应是在还原性气氛下，部分气态组分之间的重新整合，如式(6-9)～式(6-12)所示。

$$Char+CO_2 \longrightarrow CO \tag{6-7}$$

$$Char+H_2O \longrightarrow CH_4+CO \tag{6-8}$$

$$CO+H_2O \Longrightarrow CO_2+H_2-41.2kJ/mol \tag{6-9}$$

$$2CO+H_2 \longrightarrow CH_4+CO_2-247kJ/mol \tag{6-10}$$

$$CO+3H_2 \Longrightarrow CH_4+H_2O-206kJ/mol \tag{6-11}$$

$$CO+4H_2 \longrightarrow CH_4+2H_2O-165kJ/mol \tag{6-12}$$

### 6.1.1　流程模型

（1）模型建立

生物质气化流程模拟是在 Aspen Plus 软件上进行的。该软件是一个稳态化学流程模拟器，其内部具有广泛的物性数据库和过程单元模块库。通过选用软件中的过程单元模块来构建流程模型，并指定模块信息、物性方法，以对整个流程进行计算。在计算中严格遵循质量平衡、化学平衡及能量平衡。

本章所建立的生物质高温气化流程模型基于如下基本假设：

1）工艺中涉及的气体均为理想气体；

2）忽略颗粒间的碰撞；

3）生物质中的灰为惰性物质；

4）焦颗粒是由炭和惰性灰分组成的；

5）忽略灰分的催化作用。

根据生物质高温气化工艺方案，建立的生物质高温气化流程模型如图 6-3 所示。模型中包含 6 个反应模块，每个模块的描述如表 6-1 所示。

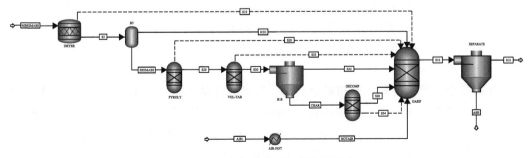

图 6-3　生物质高温气化流程模型

**表 6-1　生物质高温气化流程模型的单元模块描述**

| 模块类型 | 模块名称 | 模块作用 |
|---|---|---|
| RStoic | DRYER | 干燥生物质 |
| RYield | PYROLY | 计算焦产率 |
| | DECOMP | 将生物质焦转化为常规组分 |
| RGibbs | GASIF | 确定气化产物的组分含量 |
| | VOL-TAR | 计算挥发分组分含量 |
| SSplit | B18 | 分离挥发分和焦油 |
| | SEPARATE | 分离气化产物的灰和产气 |
| Heater | AIR-HOT | 预热空气 |
| Flash2 | B5 | 分离水分和生物质 |

气化所需空气(ID：AIR1)的预热过程由 Heater 模块(ID：AIR-HOT)描述，该模块允许直接指定空气的预热温度。预热后的空气(ID：HOTAIR)进入 RGibbs 模块(ID：GASIF)，该模块用于预测生物质气化反应平衡时的组分及其含量[2]。选择 RStoic 模块(ID：DRYER)来模拟生物质的干燥过程。RStoic 模块(ID：DRYER)将含水生物质分解为水分和非常规虚拟组分(ID：BIOMASS)，其中分解出的水分含量基于生物质的工业分析计算。Flash2 模块(ID：B5)可将非常规虚拟成分(ID：BIOMASS)与蒸发出的水分进行分离，其中水分直接进入 RGibbs 模块(ID：GASIF)，非常规虚拟组分(ID：BIOMASS)通过 RYield 模块(ID：PYROLY)分解为另一个非常规虚拟组分(ID：CHAR)和其余元素组分，其中 CHAR 的含量基于焦产率和热解温度的函数表达式计算，C 元素含量为焦中 C 元素含量与元素分析结果的差值，其余元素含量等于元素分析结果。将元素组分和 CHAR 组分送入 RGibbs 模块(ID：VOL-TAR)以计算热解过程中的挥发分和焦油组分，之后使用 SSplit 模块(ID：B18)，将非常规虚拟组分(ID：CHAR)与挥发分和焦油相分离。挥发分和焦油直接流向 RGibbs 模块(ID：GASIF)，而非常规虚拟组分(ID：CHAR)首先由 RYield 模块(ID：DECOMP)分解为其基本元素组成后，流入 RGibbs 模块(ID：GASIF)。RStoic 模块(ID：DRYER)、RYield 模块(ID：PYROLY 和 ID：DECOMP)和 RGibbs 模块(ID：VOL-TAR)所需能量均由 RGibbs 模块(ID：GASIF)提供。通过热流线连接 RGibbs 模块(ID：GASIF)、RYield 模块(ID：PYROLY 和 ID：DECOMP)和 RGibbs 模块(ID：VOL-TAR)。由 RGibbs 模块(ID：GASIF)流出的组分在 SSplit 模块(ID：SEPARATE)中分离后排出系统。

在模拟中，除生物质、焦和灰分被指定为非常规组分外，所有组分都被指定为常规组分。使用包含 Boston - Mathias 函数的 Peng Robinson 方程计算常规组分的物性参数[3]。在模型中设置的焦油组分是在 773K 和 1073K 热解过程中检测到的,数据来源于文献[4],具体成分为：硝基($CH_3NO_2$)、甲苯($C_7H_8$)、糠醛($C_5H_4O_2$)、对二甲苯($C_8H_{10}$)、苯乙烯($C_8H_8$)、2-呋喃乙醇($C_7H_{10}O_3$)、苯并呋喃($C_8H_6O_3$)、左旋葡萄糖酮($C_6H_6O_3$)、苯酚 2-

甲氧基-4-甲基($C_8H_{10}O_2$)、苯并呋喃($C_8H_8O$)。对于非常规物质的焓值和密度分别使用 HCOALGEN 和 DCOALIGT[5]模型依据元素和工业分析计算。在用于指定焦产率的模块（ID：PYROLY）中，通过拟合焦产率与热解温度的实验数据，得到焦产率与热解温度的函数表达式为 $CY=1.522-1.55\times10^{-3}T+4.63\times10^{-7}T^2$。式中，CY 为焦产率（wt.%），$T$ 为热解温度，相关系数为 0.982。

本章选择中国黑龙江省的秸秆作为研究样本，相应的元素分析及工业分析见表 4-2。由于建立的生物质高温气化流程模型为稳态热力学平衡模型，其计算结果与生物质处理量无关。在模拟中，生物质给料量为 1kg/s，环境温度设置为 300K。该方案包含 2 个运行参数：①空气预热温度（PT）；②气化当量比（ER）。其中，ER 定义为气化区实际空燃比与燃烧所需化学计量的空燃比的比值。空气的预热过程是在预热装置中完成的，考虑到工业上常用的空气预热装置可将空气预热至 1273K 以内，模拟中所设置的空气预热温度变化范围为 300～1273K。

(2) 模型验证

根据生物质高温气化流程模型，几乎所有的反应都是在 RGibbs 模块内计算的，因此有必要对 RGibbs 模块预测结果的准确性进行验证。图 6-4 为模型预测值与实验值的对比。实验方法已在 4.2 节进行了介绍。在实验中，生物质的气化过程是在密封的反应室（水平管）中进行的，反应室的体积不变，即参与反应的空气量是恒定的。根据不同 ER 下单位体积生物质所需的空气量，通过改变生物质的体积，以得到不同 ER 的气化条件。实验条件见表 6-2。实验的最终稳定状态是通过保证生物质颗粒在反应室内长时间停留（超过 1h）来实现的。整体上看，预测结果与实验结果具有相似的变化规律。预测结果与实验结果的差异主要是由两个方面的原因所引起的，一方面，流程模型是基于生物质颗粒物性均匀假设建立的，这在实验中很难实现，另一方面，生物质颗粒受传热传质的影响，颗粒内部存在温度梯度和气体组分梯度，而在建模时忽略了该影响。总体而言，模型预测结果与实验结果吻合较好。这说明，建立的生物质高温气化流程模型可以用于模拟生物质气化过程。

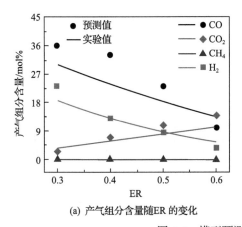
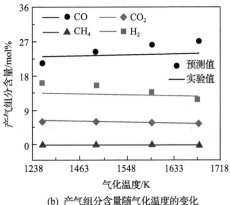

(a) 产气组分含量随ER的变化　　　　(b) 产气组分含量随气化温度的变化

图 6-4　模型预测值与实验值的对比

表 6-2　实验条件

| 序号 | 颗粒直径/mm | 颗粒长度/mm | ER | 反应温度/K |
|---|---|---|---|---|
| 1 | 9 | 11 | 0.4 | 1123 |
| 2 | 9 | 11 | 0.4 | 1218 |
| 3 | 9 | 11 | 0.4 | 1318 |
| 4 | 9 | 11 | 0.4 | 1404 |
| 5 | 9 | 14 | 0.3 | 1318 |
| 6 | 9 | 9 | 0.5 | 1318 |
| 7 | 9 | 7 | 0.6 | 1318 |

### 6.1.2　运行参数对气化过程的影响

图 6-5 展示了产气组分含量随预热温度的变化。可以看出，在气化产气中，$N_2$ 含量最高，其余依次为 CO、$H_2$、$H_2O$、$CO_2$ 和 $CH_4$。随着 ER 的增加，气化产气中 $N_2$ 含量始终呈现升高的趋势。这是因为，ER 的增加意味着反应区中引入的空气量增加，空气中含有大量 $N_2$ 成分，进而导致产气中 $N_2$ 含量的增加。产气中的 $CH_4$ 是在热解过程中产生的，随着 ER 的增加，反应区中的氧化反应得以强化，这导致 $CH_4$ 含量的降低[6]。此外，随着氧化反应的增强，反应区中的能量增加，这有利于促进焦的转化。焦的转化过程主要是焦中的固定碳与 $H_2O$ 和 $CO_2$ 反应生成 CO 和 $H_2$。因此，在一定程度上 (ER 约小于 0.25)，随着 ER 的提高，$H_2O$ 和 $CO_2$ 的含量逐渐减小，相应地，CO 含量逐渐增大。与 CO 相比，$H_2$ 反应所需能量低，$H_2$ 的氧化反应更容易进行，这导致在该阶段 $H_2$ 含量呈现降低趋势。继续增加 ER，$CH_4$、CO 和 $H_2$ 的氧化反应进一步增强，并且此时焦中的固定碳已完全反应，这使得 $CH_4$、CO 和 $H_2$ 的含量因与 $O_2$ 的反应而降低，反应生成物 $CO_2$ 和 $H_2O$ 的含量增加。空气预热温度的增加，增加了反应区的能量。当 ER<0.25 时，促进了 $CO_2$ 和 $H_2O$ 与固定碳的反应以及 $CH_4$ 的氧化反应。产气中 $CO_2$、$H_2O$ 及 $CH_4$ 的含量降低，相应的 CO 和 $H_2$ 增加。当 ER>0.25 时，焦中的固定碳已反应完全，并且 $H_2$ 比 CO 更容易反应，因而预热温度的增加对 $H_2$ 的氧化反应影响更加剧烈，进而造成 $H_2$ 含量的降低。由于 $O_2$ 供应的不足，大量的 $O_2$ 与 $H_2$ 反应，减少了 CO 的消耗，这使得产气中 CO 含量随预热温度的增加而增加。

图 6-6 显示了 ER 对低位热值、碳转化率和冷气化效率的影响。可以看出，当 ER<0.25 时，随着 ER 的增加，产气低位热值几乎保持不变，但是碳转化率和冷气化效率却

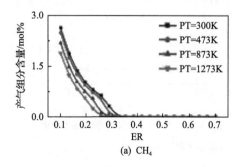

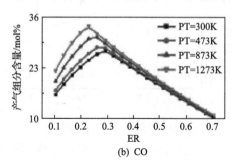

(a) $CH_4$　　　　　　　　　　　　　(b) CO

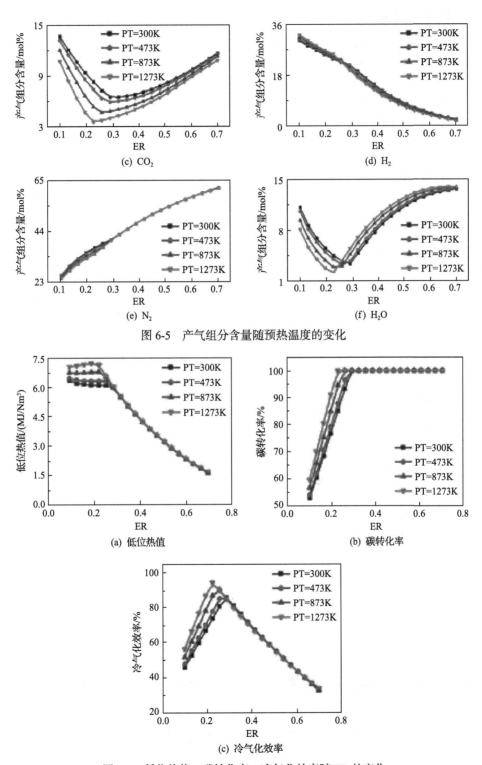

图 6-5　产气组分含量随预热温度的变化

图 6-6　低位热值、碳转化率、冷气化效率随 ER 的变化

明显增加。这就说明，ER 的增加有利于生物质的转化。但是由于过多的 $O_2$ 被引入，产气中的可燃组分被消耗，因此，产气低位热值变化并不明显。当 ER>0.25 时，焦颗粒中的固定碳转化完全，随着 ER 的增加，可燃组分被进一步消耗，同时，随着 ER 的增加，伴随着大量 $N_2$ 的引入。这两者共同导致气化效率和产气低位热值的减小。空气预热温度的影响主要集中在固定碳转化未完全的情况下。在此条件下，增加空气预热温度有利于固定碳与 $H_2O$ 和 $CO_2$ 的反应，进而促进了产气低位热值、冷气化效率及碳转化率的增加。随着生物质颗粒中固定碳转化完全，空气预热温度的影响可以被忽略。

### 6.1.3　运行参数群的确定

图 6-7 展示了 ER 和空气预热温度对气化温度的影响。可以观察到，随着 ER 的增加，气化温度先缓慢升高至一定程度，再迅速升高，拐点对应的温度约为 873K。提高预热温度可以使拐点向左移动，这是因为生物质气化过程中固定碳与 $H_2O$ 和 $CO_2$ 之间的反应是吸热反应，当气化温度在 773～873K 时，由于环境中能量不足，其能量主要用于焦的气化反应，因而限制了气化温度的升高[7]。随着预热温度的增加，气化区内的能量增大，这促进了固定碳与 $H_2O$ 和 $CO_2$ 之间的反应，因此，拐点出现在较低的 ER 处。当焦中的固定碳反应完全时，固定碳与 $H_2O$ 和 $CO_2$ 反应的吸热达到最大值，之后，随着预热温度和/或 ER 的升高，气化温度上升趋势明显加快。根据生物质高温气化方案，气化温度应维持在生物质灰分的流动温度以上。图 6-8 展示了满足生物质高温气化工艺时，ER 与最低预热温度的关系。可以看出，当 ER=0.47 时，即使空气不预热，气化温度也可达到灰分的流动温度。最低预热温度随 ER 的降低而升高。当 ER=0.33 时，最低预热温度为 1273K。在此运行参数范围，结合 4.2.2 节的分析，生物质高温气化工艺可得到的产气低位热值在 $3.5\sim5MJ/m^3$。

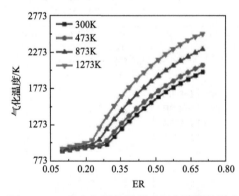

图 6-7　ER 和空气预热温度对气化温度的影响

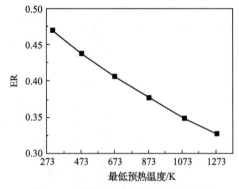

图 6-8　最低预热温度与 ER 的关系

## 6.2　生物质高温气化装置设计

本章设计的生物质高温气化装置如图 6-9 所示，该装置主要由高温气化室(分为圆柱段和圆台段)、进料管、二次风管、排渣口及排气口组成。适宜尺寸的生物质颗粒受重力作用沿进料管落入高温气化室中，进料口中的一次风作为保护气体，防止旋风高温气化室中的气体及颗粒从进料口处排出。二次风管的设置使二次风以切向喷入高温气化室中，进而在高温气化室中形成强烈的螺旋气流。进入高温气化室的生物质颗粒随螺旋气流沿着高温气化室的边壁螺旋向高温气化室的下游运动。根据对生物质高温气化特性的研究结果，当气化温度高于生物质灰流动温度时，在热解阶段，虽然生物质中的灰分因熔化而形成球形颗粒，但是生物质颗粒的整体形貌始终保持其初始结构，在焦的气化阶段，位于颗粒表面处的熔化灰分会从颗粒表面剥落。基于该气化行为，将高温气化室设置为圆柱段与圆台段相结合的形式。生物质热解阶段发生在圆柱段，焦的转化阶段发生在圆台段。在焦转化过程中，从颗粒表面剥落的熔化灰分，被圆台段壁面所捕集，在重力的作用下，沿着圆台段壁面从高温气化室后端向前端运动。排渣口设置在圆柱段与圆台段的结合处。液态熔渣最终从排渣口排出。气化后的产气由排气口排出。

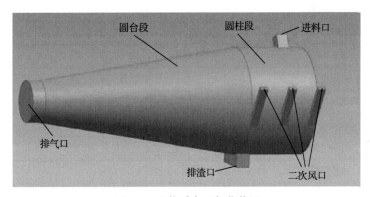

图 6-9　生物质高温气化装置

在生物质高温气化装置中，生物质热解阶段主要发生在圆柱段。热解产生的挥发分随之与气化剂中的氧气反应并释放热量。随着热量的释放，在圆柱段中的温度升高。圆柱段中的气体速度因膨胀而增加，这增加了气流的动量，进而有利于后续焦与气体间的非均相反应。为了进一步加强焦与气体的混合，圆柱段与圆台段相连，通过降低流道的截面积，以增加气体的动量。排渣口设置在高温气化室中圆柱段与圆台段的结合处，液态熔渣受重力的作用，由高温气化室的下游向上游运动，这导致液态熔渣在高温气化室中的停留时间增长，进而增加了高温气化室的蓄热能力，降低了高温气化室中热量损失速率。

对单颗粒生物质高温气化特性的研究表明，生物质颗粒在高温气化过程中，灰分的熔化并从颗粒表面剥离现象有利于颗粒内部的传热传质。该现象在气化温度高于 1600K 时表现得更加明显。结合 4.3.2 节的分析结果，为了满足生物质高温气化装置的运行温度高于 1600K，在 ER=0.4 时需要将空气预热至 1173K。本节中以此作为设计工况，具体的生物质高温气化装置的设计参数如表 6-3 所示。

表 6-3　生物质高温气化装置的设计参数

| 名称 | 符号 | 单位 | 数值 |
|---|---|---|---|
| 燃料量 | $B_1$ | kg/h | 1500.000 |
| 气化当量比 | ER | | 0.400 |
| 气化所需空气量 | $Q_v$ | m³/s | 0.740 |
| 空气预热温度 | $T$ | K | 1173.000 |
| 运行压力 | $P$ | Pa | 50000 |
| 预热空气密度 | $\rho$ | kg/m³ | 0.450 |
| 预热空气体积 | $Q'_v$ | m³/s | 2.140 |
| 一次风率 | | | 0.100 |
| 二次风率 | | | 0.900 |
| 一次风速度 | $V_1$ | m/s | 3.000 |
| 二次风速度 | $V_2$ | m/s | 100.000 |
| 二次风口个数 | | 个 | 3.000 |
| 一次风面积 | $S_1$ | m² | 0.025 |
| 一次风口长 | $D_1$ | m | 0.157 |
| 一次风口宽 | $L_1$ | m | 0.157 |
| 二次风面积 | $S_2$ | m² | 0.006 |
| 二次风长宽比 | | | 2.000 |
| 二次风口宽 | $D_2$ | m | 0.057 |
| 二次风口长 | $L_2$ | m | 0.113 |
| 圆柱段直径 | $D$ | m | 0.750 |
| 圆柱段长度 | $L$ | m | 0.928 |
| 圆台段长度 | $l$ | m | 2.784 |
| 出口直径 | $d$ | m | 0.300 |

# 6.3　生物质高温气化装置结构优化

## 6.3.1　生物质高温气化模型

（1）控制方程

质量守恒方程：

$$\frac{\partial \rho}{\partial t} + \frac{\partial(\rho u_i)}{\partial x_i} = S_m \tag{6-13}$$

式中，$u_i$ 为 $i$ 方向速度；$\rho$ 为密度；$t$ 为时间；$S_m$ 为质量源相；$x_i$ 为一维空间位置。

动量守恒方程：

$$\frac{\partial}{\partial t}(\rho u_i) + \frac{\partial}{\partial x_j}(\rho u_i u_j) = \frac{\partial}{\partial x_j}\left[\mu\frac{\partial u_i}{\partial x_j} - \rho\overline{u_i'u_j'}\right] - \frac{\partial p}{\partial x_i} + \rho g_i \tag{6-14}$$

式中，$\mu$ 为气体动力黏度系数；$p$ 为气体压力；$u_j$ 为 $j$ 方向速度；$g_i$ 为 $i$ 方向加速度；$u_i'$、$u_j'$ 为 $i$、$j$ 方向脉动速度；$x$ 为空间位置。

能量守恒方程：

$$\frac{\partial}{\partial t}(\rho E) + \frac{\partial}{\partial x_i}\left(u_i(\rho E + p)\right)$$
$$= \frac{\partial}{\partial x_i}\left(k_{\text{eff}}\frac{\partial T}{\partial x_i} - \sum_{j'}h_{j'}J_{j'} + u_j(\tau_{ij})_{\text{eff}}\right) + S_{\text{h}} \tag{6-15}$$

式中，$E$ 为气体内能与动能总和，$E = U + \frac{u_i^2}{2}$；$k_{\text{eff}}$ 为有效导热系数，$k_{\text{eff}} = k_t + k$；$\tau_{ij}$ 为应力张量，$\tau_{ij} = \left[\mu\left(\frac{\partial u_i}{\partial x_j} + \frac{\partial u_j}{\partial x_i}\right)\right] - \frac{2}{3}\mu\frac{\partial u_l}{\partial x_l}\delta_{ij}$；$S_{\text{h}}$ 为因化学反应所引起的能量变化；$J_{j'}$ 为扩散动量；$h_{j'}$ 为焓值。

组分守恒方程：

$$\frac{\partial(\rho Y_i)}{\partial t} + \nabla\cdot(\rho V Y_i) = -\nabla\cdot J_i + R_i + S_i \tag{6-16}$$

式中，$Y_i$ 为组分 $i$ 所占总气体的质量分数；$J_i$ 为组分 $i$ 的扩散通量；$R_i$ 为由化学反应所引起的组分变化率；$S_i$ 为异相反应、相变所导致组分 $i$ 的变化率。

(2)湍流模型

$k$-$\varepsilon$ 模型(标准 $k$-$\varepsilon$ 模型、RNG $k$-$\varepsilon$ 模型和可实现 $k$-$\varepsilon$ 模型)是目前广泛使用的湍流模型。标准 $k$-$\varepsilon$ 模型是基于实验结果所得到的关于扩散率和湍动能的半经验公式。在该模型中，由于忽略了湍流黏性的作用，因而在处理具有完全湍流状态的流场时更为有效。相比于标准 $k$-$\varepsilon$ 模型，RNG $k$-$\varepsilon$ 模型虽然考虑了湍流黏性的作用，提升了求解精度，但是由于该模型的建立是基于各向同性涡黏度的假设，因而在使用中也存在局限性。可实现 $k$-$\varepsilon$ 模型修正了湍流状态下的黏性作用，同时结合了耗散率和均方根涡波动的输运方程，因而适用范围广、计算精度高。

可实现 $k$-$\varepsilon$ 模型方程如下：

$$\frac{\partial}{\partial t}(\rho k) + \frac{\partial}{\partial x_i}(\rho u_i k) = \frac{\partial}{\partial x_i}\left[\left(\mu + \frac{\mu_t}{\sigma_k}\right)\frac{\partial k}{\partial x_j}\right] + G_k + G_b - \rho\varepsilon - Y_M + S_k \tag{6-17}$$

$$\frac{\partial}{\partial t}(\rho\varepsilon) + \frac{\partial}{\partial x_j}(\rho u_i \varepsilon)$$

$$= \frac{\partial}{\partial x_j}\left[\left(\mu + \frac{\mu_t}{\sigma_\varepsilon}\right)\frac{\partial \varepsilon}{\partial x_j}\right] + \rho C_1 E\varepsilon - \rho C_2 \frac{\varepsilon^2}{k + \sqrt{\dfrac{\mu\varepsilon}{\rho}}} + C_{1\varepsilon}\frac{\varepsilon}{k}C_{3\varepsilon}G_b + S_\varepsilon \qquad (6\text{-}18)$$

(3)气固两相流模型

生物质高温气化装置运行时涉及多相流动现象。当固体相的体积分数大于10%时，通过欧拉-欧拉方法处理；当体积分数小于10%时，通过欧拉-拉格朗日方法处理。结合生物质高温气化装置的特点，本章选用欧拉-拉格朗日方法。连续相对离散相的作用使用随机轨道模型进行计算。

直角坐标系下，气相脉动速度可由式(6-19)确定[8]：

$$\begin{cases} u'_x = \zeta\left(\overline{u}'^2_x\right)^{\frac{1}{2}} \\[2mm] u'_y = \zeta\left(\overline{u}'^2_y\right)^{\frac{1}{2}} \\[2mm] u'_z = \zeta\left(\overline{u}'^2_z\right)^{\frac{1}{2}} \end{cases} \qquad (6\text{-}19)$$

式中，$u'_x$、$u'_y$、$u'_z$ 为 $x$、$y$、$z$ 方向的脉动速度；$\zeta$ 为高斯分布随机数。

考虑重力和曳力的颗粒动量方程如式(6-20)所示[9]：

$$\begin{cases} \dfrac{\mathrm{d}u_{xp}}{\mathrm{d}t} = F_D\left(u_x - u_{xp}\right) + \dfrac{g_x\left(\rho_p - \rho\right)}{\rho_p} \\[3mm] \dfrac{\mathrm{d}u_{yp}}{\mathrm{d}t} = F_D\left(u_y - u_{yp}\right) + \dfrac{g_y\left(\rho_p - \rho\right)}{\rho_p} \\[3mm] \dfrac{\mathrm{d}u_{zp}}{\mathrm{d}t} = F_D\left(u_z - u_{zp}\right) + \dfrac{g_z\left(\rho_p - \rho\right)}{\rho_p} \end{cases} \qquad (6\text{-}20)$$

式中，$g_x$、$g_y$、$g_z$ 为 $x$、$y$、$z$ 方向重力加速度；$\rho$、$\rho_p$ 为连续相和离散相的密度；$u_{xp}$、$u_{yp}$、$u_{zp}$ 为 $x$、$y$、$z$ 方向离散相的瞬时速度；$F_D$ 为重力项系数，$F_D = \dfrac{18\mu}{\rho_p d_p^2}\dfrac{C_D Re}{24}$。

离散相速度通过式(6-21)计算：

$$\begin{cases} x_p = \displaystyle\int u_{xp}\mathrm{d}t \\[2mm] y_p = \displaystyle\int u_{yp}\mathrm{d}t \\[2mm] z_p = \displaystyle\int u_{xp}\mathrm{d}t \end{cases} \qquad (6\text{-}21)$$

式中，$x_p$、$y_p$、$z_p$ 分别为在 $x$、$y$、$z$ 方向上的运动距离。

颗粒在高温气化装置运动的过程中，部分颗粒会穿过高温气化装置壁面附近的气相边界层与壁面发生碰撞。碰撞率的定义为

$$\eta_{\mathrm{imp}} = \frac{N}{N_0} \tag{6-22}$$

式中，$N$ 为壁面处的颗粒个数；$N_0$ 为总颗粒个数。

颗粒在高温气化装置中的运动主要受拖曳力和惯性力的作用，其相对大小可由有效斯托克斯数衡量：

$$St_{\mathrm{eff}} = \psi \frac{\rho_p d_p^2 u_p}{9\mu_g D_c} \tag{6-23}$$

式中，$\psi$ 为修正系数，由式 (6-23) 和式 (6-24) 确定。

$$\psi(Re) = \frac{24}{Re_p} \int_0^{(Re_p)_{\max}} \frac{dRe_p}{C_d Re_p} \tag{6-24}$$

$$C_d = \frac{24\left(1 + Re_p^{2/3}/6\right)}{Re_p} \tag{6-25}$$

当 $St_{\mathrm{eff}} > 0.14$，碰撞率为[10]

$$\eta_{\mathrm{imp}} = \eta(St_{\mathrm{eff}}) = \left[1 + b\left(St_{\mathrm{eff}} - a\right)^{-1} + c\left(St_{\mathrm{eff}} - a\right)^{-2} + d\left(St_{\mathrm{eff}} - a\right)^{-3}\right]^{-1} \tag{6-26}$$

式中，$a$、$b$、$c$、$d$ 为模型常数。

若颗粒的动能小于颗粒和壁面间的表面能，颗粒黏附在壁面，黏附率由式 (6-26) 确定：

$$f_{\mathrm{dep}} = \frac{2\gamma A_d}{\dfrac{1}{2} m_p \left(u_p^r\right)^2} \tag{6-27}$$

式中，$\gamma$ 为颗粒与壁面之间的黏性力；$A_d$ 为颗粒与壁面接触面积；$u_p^r$ 为颗粒碰撞后反射的速度；$m_p$ 为颗粒质量。

(4) 计算方法

在计算中选用 SIMPLE 求解器，反应物及生成物的亚松弛因子设定为 0.8。本章所建立的模型与常规气化模型最大的不同在于颗粒与壁面的作用。在模型建立时，对颗粒边界条件和颗粒曳力系数使用 Fluent 软件 UDF 中的宏进行定义。

### 6.3.2　结构参数的影响

（1）进口速度的影响

图 6-10 展示了高温气化室 $X$=0 平面中，$Y$=$L$/2、$Y$=$L$、$Y$=1/3$l$ 及 $Y$=2/3$l$ 处切向速度随二次风进口速度的变化。可以看出，在高温气化室不同位置处的切向速度分布均符合兰金涡结构。外旋流动的速度梯度明显高于内旋流动的速度梯度，并且切向速度最大值的位置出现在 0.75 倍的半径处。二次风管仅设置在高温气化室的圆柱段单侧，进气动量的不对称性导致在圆柱段气流的偏心旋转。另外，二次风分为三级给入高温气化室中，每一级二次风的给入，高温气化室中的气体总动量增加，进而降低了下一级二次风气流的影响，因此在 $Y$=$L$ 处，气流旋转中心向高温气化室的轴心处移动。随着气流继续向下游运动，切向速度的对称性进一步增强，在 $Y$=1/3$l$ 及 $Y$=2/3$l$ 处，切向速度几乎已完全对称。这说明，高温气化室中高速旋转的气流足以消除进口速度不称性的影响。随着进口速度不对称性由 40m/s 增加至 100m/s，在 $Y$=$L$/2 处切向速度的最大值仅变化了 20m/s。这是因为，在一定二次风量的情况下，进气风速的提高，需降低进气截面积，进而使气流的刚性降低，加速了切向速度的衰减。但是进气速度的增加仍在一定程度上增加了气流的切向速度。

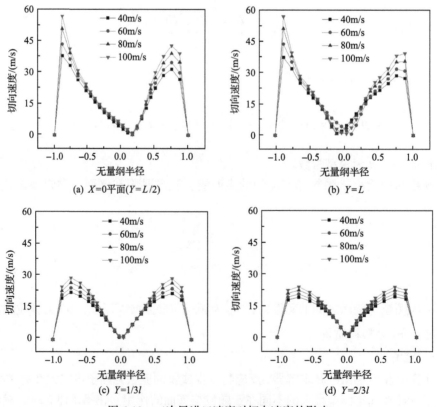

图 6-10　二次风进口速度对切向速度的影响

　　图 6-11 展示了二次风进口速度对高温气化室 $X$=0 平面轴向速度的影响。在图中，黑色线条标记出了轴向速度等于 0m/s 的等势线。随着二次风进口速度的增加，高温气化室中的回流区域逐渐增长。这是因为，在相同的出口流速条件下，出口压力几乎保持不变，而二次风进口速度的增加，降低了在二次风入口附近的压力，促进了高温室中的气流反向运行。图 6-12 展示了回流区体积占比随二次风进口速度的变化。可以发现，随着二次风进口速度的增加，回流区体积占比增加，考虑到回流区的出现有利于高温气化室内部传热传质，因此选择进口速度为 100m/s 较合适。

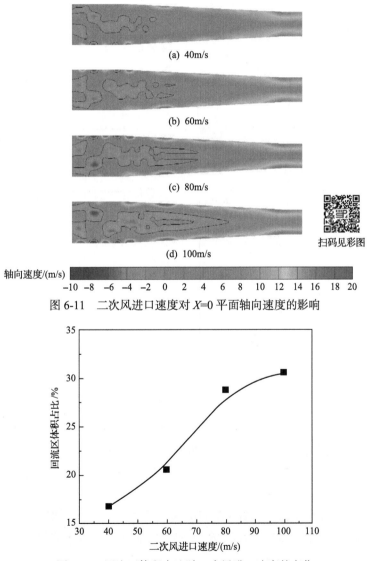

图 6-11　二次风进口速度对 $X$=0 平面轴向速度的影响

图 6-12　回流区体积占比随二次风进口速度的变化

**（2）$r/R$ 的影响**

　　图 6-13 展示了高温气化室 $X$=0 平面中，$Y$=$L$/2、$Y$=$L$、$Y$=1/3$l$ 及 $Y$=2/3$l$ 处切向速度

随圆台段与圆柱段相对尺寸($r/R$)的变化。可以看出，随着 $r/R$ 的增加，切向速度逐渐降低，这说明 $r/R$ 的增加加速了切向速度的衰减。出现该现象的原因是，随着 $r/R$ 的增加，圆台段的截面积随之增加，这导致了气流流速降低。由于气流在高温气化室中呈螺线运动，气流速度的降低，增加了气流在高温气化室中的运动路径，进而加速了气流速度的衰减。此外，还可以观察到，一旦 $r/R$ 大于 0.4，高温气化室中气流的对称性明显提高，这表明为了得到对称的流场结构，$r/R$ 应大于 0.4。

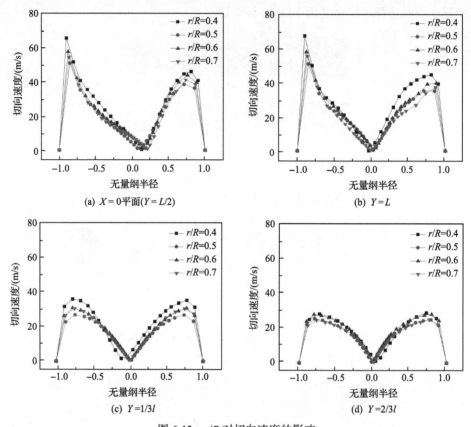

图 6-13　$r/R$ 对切向速度的影响

图 6-14 展示了 $r/R$ 对高温气化室 $X=0$ 平面轴向速度的影响。可以看出，随着 $r/R$ 的增加，在高温气化室圆台段的速度明显降低，这是由于在相同的气量条件下，圆台直径的增加，增大了圆台段的截面积，进而降低了气体速度。需要注意的是，过快的轴向速度不利于高温气化室中回流区的形成。由图可以观察出，当 $r/R=0.4$ 时，在高温气化室中形成的回流区为碎片状。随着 $r/R$ 的增加，碎片状的回流区增大。在 $r/R=0.6$ 时，碎片状的回流区已连成片。继续增加 $r/R$ 至 0.7 时，回流区的长度在高温气化室中会进一步增加。

图 6-15 展示了回流区体积占比随 $r/R$ 的变化。可以看出，回流区体积占比随 $r/R$ 的增加而增加，该趋势在 $r/R>0.6$ 时表现得更加明显，因而选择较大的 $r/R$ 更为合适。

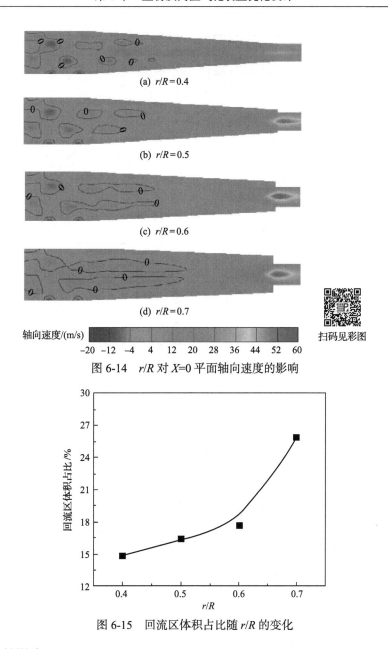

(a) $r/R$=0.4

(b) $r/R$=0.5

(c) $r/R$=0.6

(d) $r/R$=0.7

轴向速度/(m/s)

-20　-12　-4　4　12　20　28　36　44　52　60

扫码见彩图

图 6-14　$r/R$ 对 $X$=0 平面轴向速度的影响

图 6-15　回流区体积占比随 $r/R$ 的变化

（3）$l/L$ 的影响

图 6-16 展示了高温气化室 $X$=0 平面中，$Y$=$L$/2、$Y$=$L$、$Y$=1/3$l$ 及 $Y$=2/3$l$ 处切向速度与圆台段和圆柱段相对长度（$l/L$）的变化规律。在高温气化室的圆柱段，随着 $l/L$ 的增加，切向速度逐渐降低。这是因为，在相同的容积条件下，$l/L$ 的增加，增加了圆台段的长度。圆台出口尺寸相同，圆台段长度的增加意味着气流的加速度降低，导致气流在圆柱段的停留时间增加，进而加速了切线速度的衰减。$l/L$ 对高温气化室中圆台段切向速度的影响较小，尤其是当 $l/L$ 大于 3 后，$l/L$ 对切向速度几乎没有影响，并且切向速度分布的对称性好。因此，为了得到对称的流场分布，选择 $l/L$ 大于 3 更合适。

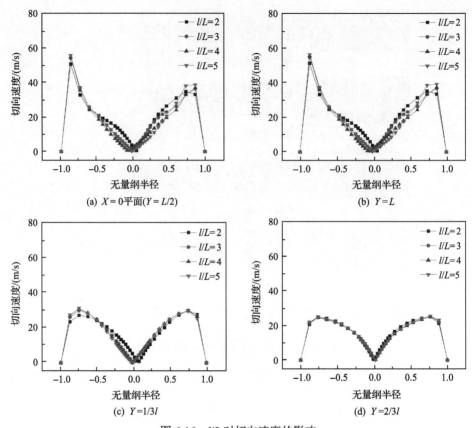

图 6-16　$l/L$ 对切向速度的影响

　　图 6-17 展示了高温气化室 $X=0$ 平面轴向速度分布。可以看出，在高温气化室中，除 $l/L=2$ 工况下回流区呈片状分布外，其余的工况回流区相互连接，并且呈现对称分布。该现象的出现主要是由于，随着 $l/L$ 的增加，圆台段增加，这加速了流场中轴线速度。速度的增加降低了局部压力，进而有利于回流区域的形成。图 6-18 展示了回流区体积占比随 $l/L$ 的变化。可以发现，随着 $l/L$ 的增加，回流区体积占比增加，因此，选择 $l/L$ 为 5 更加合适。

　　(4) $d$ 的影响

　　图 6-19 展示了高温气化室 $X=0$ 平面中，$Y=L/2$、$Y=L$、$Y=1/3l$ 及 $Y=2/3l$ 处切向速度随圆柱段直径($d$)的变化。可以看出，$d$ 对高温气化室中切向速度的影响遍及整个高温气化室中。虽然在相同体积条件下，$d$ 的增加延长了气流在高温气化室中的停留时间，进而在一定程度上加速了切向速度的衰减，但随着高温气化室直径的增加，气流所做的螺线运动的曲率增加，这削弱了切向速度的衰减。因此，可以观察到，随着 $d$ 的增加，切向速度逐渐升高。另外，当 $d$ 为 650mm 时，由于曲率半径较小，这不利于气流在流场中的发展，从而可以发现，此时在圆柱段的切向速度分布呈现明显不对称性。

　　图 6-20 展示了高温气化室 $X=0$ 平面 $d$ 对轴向速度的影响。对图 6-20 的分析表明，随着 $d$ 的增加，高温气化室中的切向速度增加。切向速度的增加，降低了局部的压力，

这加速了切向速度最大值附近的轴向速度。轴向速度的增加，带动中心处气体的运动，进而形成了回流区。另外，随着 $d$ 的增加，边壁轴向速度带动的中心气流区域减小。因此，可以看出，随着 $d$ 的增加，高温气化室中的回流区呈断开状。图 6-21 展示了回流区体积占比随 $d$ 的变化。可以发现，随着 $d$ 的增加，回流区体积占比呈现先增加再降低的趋势，最大回流区体积占比出现在 $d=750\text{mm}$ 处，这就表明选择 $d=750\text{mm}$ 更合适。

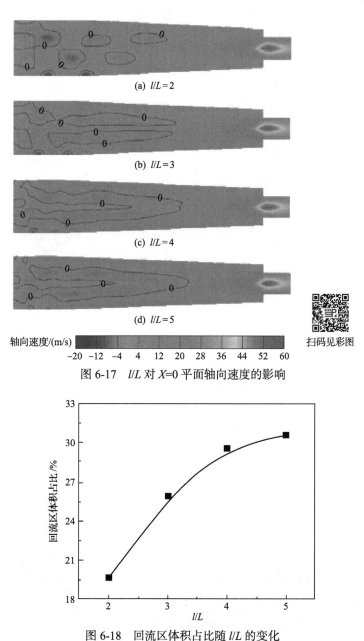

(a) $l/L=2$

(b) $l/L=3$

(c) $l/L=4$

(d) $l/L=5$

轴向速度/(m/s)

$-20\quad-12\quad-4\quad\quad4\quad\quad12\quad\quad20\quad\quad28\quad\quad36\quad\quad44\quad\quad52\quad\quad60$

扫码见彩图

图 6-17　$l/L$ 对 $X=0$ 平面轴向速度的影响

图 6-18　回流区体积占比随 $l/L$ 的变化

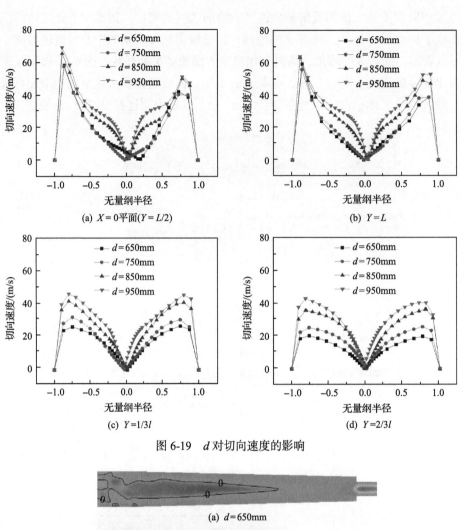

(a) $X = 0$平面$(Y = L/2)$

(b) $Y = L$

(c) $Y = 1/3l$

(d) $Y = 2/3l$

图 6-19　$d$ 对切向速度的影响

(a) $d = 650$mm

(b) $d = 750$mm

(c) $d = 850$mm

(d) $d = 950$mm

扫码见彩图

轴向速度/(m/s)
−20 −14 −8 −2 4 10 16 22 28 34 40 46 52 58 64 70

图 6-20　$d$ 对轴向速度的影响

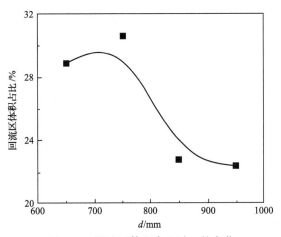

图 6-21　回流区体积占比随 $d$ 的变化

(5) 颗粒尺寸的影响

图 6-22 和图 6-23 分别展示了生物质颗粒尺寸对高温气化室中温度场和组分场的影响。整体上看，随着颗粒尺寸的增加，高温气化室中的温度分布和组分分布的对称性降低。这是因为，当生物质颗粒尺寸为 1mm 时，由于颗粒质量小，气流对颗粒的携带性强。随着颗粒尺寸的增加，颗粒质量随之提高，重力的影响加剧，进而降低了气流对颗粒的

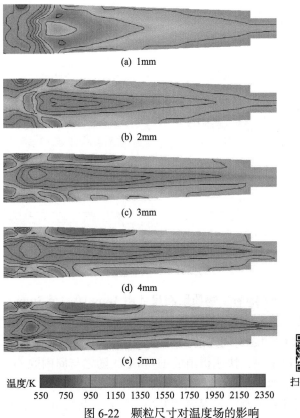

(a) 1mm

(b) 2mm

(c) 3mm

(d) 4mm

(e) 5mm

温度/K

550　750　950　1150　1350　1550　1750　1950　2150　2350

扫码见彩图

图 6-22　颗粒尺寸对温度场的影响

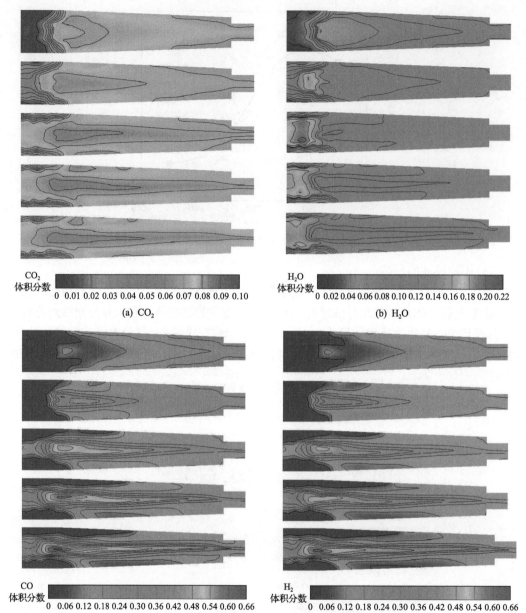

图 6-23　颗粒尺寸对组分场的影响

携带性。此外，可以观察到，随着生物质颗粒尺寸由 1mm 增加至 3mm，圆柱段中的 $H_2$、
$CO$、$CO_2$、$H_2O$ 及温度均随之增加。高温气化室中最初的 $H_2$ 和 $CO$ 是由生物质热解过程
产生的，产生的 $H_2$ 和 $CO$ 随之与周围的 $O_2$ 发生反应，生成 $CO_2$ 和 $H_2O$。对于较小尺寸
的生物质颗粒，其热解速率快，快速析出的 $H_2$ 和 $CO$ 随之与周围的 $O_2$ 发生反应，这有
利于圆柱段反应温度的增加。但是，温度的增加促进了焦与 $CO_2$ 和 $H_2O$ 的反应，这两种
反应为吸热反应，进而抑制了圆柱段温度的升高。随着颗粒尺寸的增加，虽然热解速率

扫码见彩图

降低，放热速率减慢，但是温度的缓慢增加抑制了焦与 $H_2O$ 和 $CO_2$ 的吸热反应。因此，圆柱段温度增加，并且 $CO_2$ 和 $H_2O$ 也随之增大。4.3 节结果表明，随着颗粒尺寸的增加，高温气化过程中的热解阶段和焦反应阶段的耦合性降低，这意味着在热解阶段发生的焦转化反应减少。因此，随着生物质颗粒尺寸继续增加，其热解速率进一步减慢，这导致高温气化室圆柱段的 $H_2$ 和 CO 的含量进一步增加，同时，圆柱段中 $CO_2$ 和 $H_2O$ 的含量降低，且温度也随之降低。

（6）处理量的影响

图 6-24 和图 6-25 分别展示了生物质处理量对高温气化室中温度场和组分场的影响。可以看出，随着生物质处理量由 1500kg/h 增加至 3000kg/h，圆柱段中的 $H_2$ 和 CO 含量随之增加，并且高温气化室中的温度也随之增加。这就表明，随着生物质处理量由 1500kg/h 增加至 3000kg/h，降低了在热解过程中焦的转化。另外，在此过程中，高温气化室中的 $CO_2$ 含量增加而 $H_2O$ 含量降低，这就暗示着，随着生物质处理量由 1500kg/h 增加至 3000kg/h，参与热解过程中焦的反应主要为焦与 $H_2O$ 之间的反应。当继续增加生物质处理量时，圆柱段温度下降，同时产气中 $CO_2$、$H_2O$、$H_2$ 和 CO 含量的降低趋势也变得平缓。这就说明，焦转化反应以及 $H_2$ 和 CO 的氧化反应都随着生物质处理量的增加而降低。出现该现象的原因是，在气化当量比和空气预热温度不变的前提下，随着生物

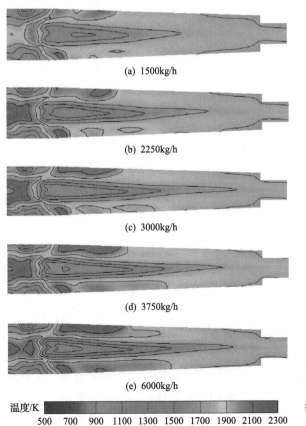

(a) 1500kg/h

(b) 2250kg/h

(c) 3000kg/h

(d) 3750kg/h

(e) 6000kg/h

扫码见彩图

温度/K

500　700　900　1100　1300　1500　1700　1900　2100　2300

图 6-24　处理量对温度场的影响

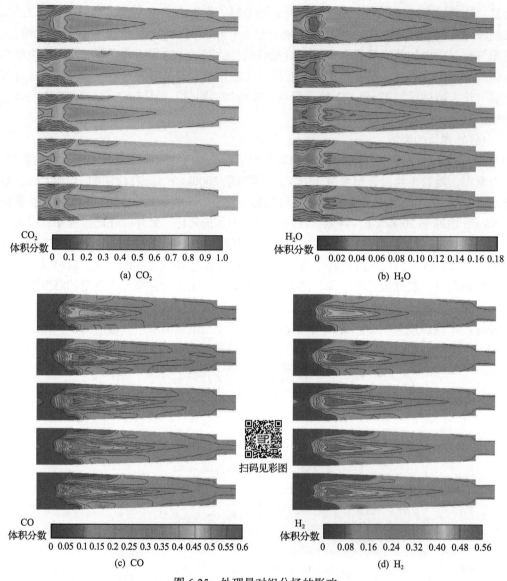

扫码见彩图

图 6-25　处理量对组分场的影响

质处理量的增加，进气量随之增加，这导致气流在高温气化室中的流速增加，进而不利于生物质颗粒在炉内的停留。

图 6-26 展示了不同尺寸生物质颗粒处理量与转化率之间的关系。可以看出，随着处理量的增加，颗粒的转化率呈现指数降低的趋势。这是因为，在相同气化当量比和空气预热温度下，随着生物质处理量的增加，高温气化室中的流速提高，进而降低了生物质颗粒在高温气化室中的停留时间，进而降低生物质颗粒的转化率。对比不同颗粒尺寸的转化率可以发现，随着颗粒尺寸的增加，生物质颗粒的转化率随之降低，这是因为颗粒尺寸的增加延长了生物质颗粒的转化时间。图 6-27 展示了单位体积生物质处理量最大值随颗粒尺寸的变化。可以发现，高温气化室单位体积处理量随着生物质颗粒尺寸的增

加而降低，当颗粒尺寸由 1mm 增加至 5mm，高温气化室单位体积处理量由 2900kg/hm³ 降低至 460kg/hm³。

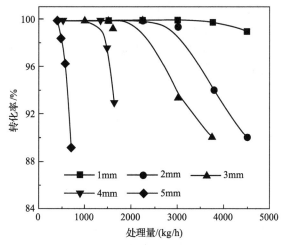

图 6-26　不同尺寸生物质颗粒处理量与转化率之间的关系

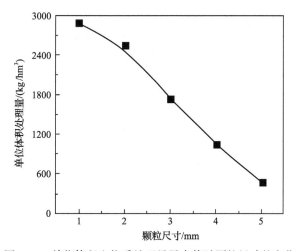

图 6-27　单位体积生物质处理量最大值随颗粒尺寸的变化

## 6.4　本章小结

本章首先根据提出的生物质高温气化工艺方案，建立了相应的流程模型，探究了工艺方案中运行参数对运行特性的影响，接着结合单颗粒生物质高温气化特性，设计了生物质高温气化装置，并通过数值模拟方法对装置的结构进行优化。结果表明，空气预热温度对产气组分的影响主要集中在 ER 小于 0.25 的范围内，在此范围内，增加空气预热温度有利于固定碳与 $H_2O$ 和 $CO_2$ 的反应，从而促进产气低位热值、冷气化效率及碳转化率的增加。在生物质高温气化中，由于 ER 需要大于 0.32，此时固定碳已转化完全，空气预热温度对气化产气组分的影响可以被忽略。空气预热温度与 ER 之间的匹配关系对生物质高温气化工艺方案的实现起决定性作用。当 ER 从 0.32 增加到 0.47 时，空气最低预热温度从 1273K 降低到 300K，可得到的产气低位热值在 3.5～5.5MJ/Nm$^3$。当二次风进口速度为 100m/s，$r/R$ 为 0.7，$l/L$ 为 5 时，生物质高温气化装置中的流场分布较为合理。生物质高温气化装置的单位体积处理量随着生物质颗粒尺寸的增加而降低，当颗粒尺寸由 1mm 增加至 5mm，单位体积处理量由 2900kg/hm$^3$ 降低至 460kg/hm$^3$。

## 参 考 文 献

[1] Xu Y, Zhai M, Zhang Y, et al. Effect of the ash melting behavior of a corn straw pellet on its heat and mass transfer characteristics and combustion rate[J]. Fuel, 2021, 286: 119483.

[2] Marcantonio V, Bocci E, Ouweltjes J P, et al. Evaluation of sorbents for high temperature removal of tars, hydrogen sulphide, hydrogen chloride and ammonia from biomass-derived syngas by using Aspen Plus[J]. International Journal of Hydrogen Energy, 2020, 45: 6651-6662.

[3] Bryden K M, Ragland K W. Numerical modeling of a deep, fixed bed combustor[J]. Energy & Fuels, 1996, 10: 269-275.

[4] Feng D, Guo D, Shang Q, et al. Mechanism of biochar-gas-tar-soot formation during pyrolysis of different biomass feedstocks: Effect of inherent metal species[J]. Fuel, 2021, 293: 120409.

[5] Ahmed A M A, Salmiaton A, Choong T S Y, et al. Review of kinetic and equilibrium concepts for biomass tar modeling by using Aspen Plus[J]. Renewable and Sustainable Energy Reviews, 2015, 52: 1623-1644.

[6] Cavaliere A, de Joannon M. Mild combustion[J]. Progress in Energy and Combustion Science, 2004, 30: 329-366.

[7] El-Rub Z A, Bramer E A, Brem G. Experimental comparison of biomass chars with other catalysts for tar reduction[J]. Fuel, 2008, 87: 2243-2252.

[8] Gosman A D, Loannides E. Aspects of computer simulation of liquid-fueled combustors[J]. Journal of Energy, 1983, 7: 482-490.

[9] Han J, Kim H. The reduction and control technology of tar during biomass gasification/pyrolysis: An overview [J]. Renewable and Sustainable Energy Reviews, 2008, 12: 397-416.

[10] Li S, Whitty K J. Physical phenomena of char-slag transition in pulverized coal gasification[J]. Fuel processing Technology, 2012, 95: 127-136.